高等职业教育教材

食品分析

邱万山　主编

化学工业出版社

·北京·

内容简介

《食品分析》根据行业现行标准、规范进行编写。知识系统、结构合理、重点突出，内容简明扼要、通俗易懂，符合当前高职教育教学模式。本书内容包括：食品分析概述及实验室安全、食品样品的采集与处理、食品感官检验、食品的物理性质检验、食品中一般成分的分析、食品中食品添加剂的分析、食品中有毒有害物质的分析、食品包装材料及容器的分析。本书全面贯彻党的教育方针，落实立德树人的根本任务，在教材中有机融入党的二十大精神，并配套有二维码数字资源。

本书可作为高等职业教育食品质量与安全、食品检验检测技术、分析检验技术及相关专业的教学用书，还可以作为食品生产质量控制、食品质量检验、食品安全检验、安全卫生监督人员以及工商、检验检疫等食品行业相关从业人员的参考用书。

图书在版编目（CIP）数据

食品分析/邸万山主编．—北京：化学工业出版社，2024.8

ISBN 978-7-122-45673-1

Ⅰ.①食…　Ⅱ.①邸…　Ⅲ.①食品分析　Ⅳ.①TS207.3

中国国家版本馆CIP数据核字（2024）第098446号

责任编辑：刘心怡　　文字编辑：杨凤轩　师明远
责任校对：李露洁　　装帧设计：关　飞

出版发行：化学工业出版社
（北京市东城区青年湖南街13号　邮政编码100011）
印　　装：河北延风印务有限公司
787mm×1092mm　1/16　印张16　字数396千字
2024年9月北京第1版第1次印刷

购书咨询：010-64518888　　售后服务：010-64518899
网　　址：http：//www.cip.com.cn
凡购买本书，如有缺损质量问题，本社销售中心负责调换。

定　　价：39.80元　

前言

食品分析是高职高专分析检验技术专业、食品质量与安全、食品检验检测技术一门重要的专业课。为适应经济社会发展，培养高素质技术技能型应用人才，本教材突出了以应用为主、理论够用的高职高专教育特色，以人才培养方案为核心，结合国家职业技能鉴定标准，以实现职业核心能力培养为目标，将食品分析知识、技能及岗位工作任务必须具备的关键能力整合为一体，构建了“任务引领，行动导向”课程体系，重构教学内容。

本教材按照企业职业岗位（群）的任职要求，以现行食品安全国家标准为依据，选择典型工作任务，设计了两个学习单元、六个任务单元，包括食品分析概述及实验室安全、食品样品的采集与处理、食品感官检验、食品的物理性质检验、食品中一般成分的分析、食品中食品添加剂的分析、食品中有毒有害物质的分析和食品包装材料及容器的分析。主要介绍测定方法、测定原理、测定步骤、测定结果、技术关键等。原理浅显易懂，测定步骤简练易做，测定结果阐述明了，符合学生的认知水平和食品分析岗位对知识、能力、素质的要求。

本教材中学习单元 1、学习单元 2、任务单元 1 由辽宁石化职业技术学院刘永生编写；任务单元 2、任务单元 6 由辽宁石化职业技术学院司颐编写；任务单元 3、任务单元 4 由辽宁石化职业技术学院邸万山编写；任务单元 5 由辽宁石化职业技术学院王新编写。全书由邸万山担任主编，辽宁石化职业技术学院温泉担任主审。

由于编者水平有限，可能出现疏漏和不足，敬请批评指正，提出宝贵建议，在此表示感谢。

编者

2024 年 1 月

目录

学习单元 1

食品分析概述及实验室安全

【学习目标】

1. 了解食品分析的性质、任务及内容。
2. 了解食品分析国内外发展动态。
3. 掌握食品分析实验安全与环保及事故处理方法。

知识 1-1 食品分析的性质、任务及内容

一、食品分析的性质和任务

1. 食品分析的性质

食物是人体生长发育、维持生命的物质基础，也是产生热量、保持体温、进行活动的能量来源。

食品是指各种供人食用或者饮用的成品和原料，以及既是食品又是药品的物品，但是不包括以治疗为目的的物品。食品对人体的作用主要有营养功能和感官功能以及调节作用。食品应当符合人的营养要求，并具有相应的色、香、味等感官性状。食品质量的优劣，不仅要看其色、香、味是否令人满意，还要看它所含的营养成分的质量高低，更重要的是有毒有害的物质是否存在，这一切都要通过食品分析来实现。食品分析是研究各类食品组成成分的检测方法及其理论，进而是评定食品品质的一门技术性学科。

2. 食品分析的任务

食品分析的任务，一是根据食品安全国家标准，对加工过程的物料及产品品质进行控制和管理。运用物理、化学、生物化学等学科的基本理论及现代科学技术和分析手段，对各类食品工业生产中的物料（包括原材料、辅助材料、中间产品、成品、副产品及“三废”等）的主要成分和含量进行检测，以保证生产出质量合格的产品。二是对贮藏和销售过程中食品的安全进行全程质量控制。三是为新资源和新产品的开发、新工艺的探索提供科学依据。

二、食品分析的内容

食品分析主要包括：食品样品的采集与处理、食品感官检验、食品的物理性质检验、食品中一般成分的分析、食品添加剂的分析、有毒有害物质的分析以及食品包装材料及容器的分析等。

1. 食品感官检验

就是依靠视觉、嗅觉、味觉、触觉等来鉴定食品的外观形态、色泽、气味、滋味和硬度（稠度），通常在理化和微生物检验之前进行。食品质量的优劣最直接表现在它的感官性状上，各种食品都具有各自的感官特征，除了色、香、味是所有食品共有的感官特征外，液态食品还有澄清、透明等感官指标；固体、半固体食品还有软、硬、弹性、韧性、黏、滑、干燥等一切能被人体感官判定和接受的指标。

2. 一般成分的分析

食品中一般成分，也可看作是食品营养成分，主要包括水分、灰分、挥发酸、矿物元素、脂肪、碳水化合物、蛋白质与氨基酸、维生素八大类，这是构成食品的主要成分。不同的食品所含食品营养成分的种类和含量各不相同。天然食品能够提供的食品营养成分的种类较少，人类必须根据人体对营养的要求进行合理搭配，以获得较全面的营养。因而对各种食品进行食品营养成分分析，以评价其营养价值，是十分重要的。食品营养成分分析是食品分析中的主要内容。

3. 食品添加剂的分析

食品添加剂是指为改善食品品质、色、香、味，以及为防腐和加工工艺的需要而加入食品中的人工合成的化学物质或天然物质。经常使用的食品添加剂有：着色剂、发色剂、漂白剂、防腐剂、抗氧化剂、甜味剂等等。随着食品工业的快速发展，食品添加剂已经成为现代食品工业的重要组成部分，并且已经成为食品工业技术进步和科技创新的重要推动力。在食品添加剂的使用中，除保证其发挥应有的功能和作用外，最重要的是应保证食品的安全卫生。为了规范食品添加剂的使用、保障食品添加剂使用的安全性，根据《中华人民共和国食品安全法》的有关规定，制定颁布了 GB 2760 2014《食品安全国家标准 食品添加剂使用标准》。该标准规定了食品中允许使用的添加剂品种，并详细规定了使用范围、使用量。食品添加剂分析主要集中在禁用添加剂的分析和合法添加剂用量的分析。因此，食品添加剂分析也是食品分析中的一项重要内容。

4. 有毒有害物质的分析

在食品生产、加工、包装、运输、储存、销售等过程中，带入的对人体有害的物质，根据性质主要分为以下几类。

（1）有害元素　由生产原料、工业“三废”、生产设备、包装材料等中含有的有害元素对食品造成污染，主要有砷、镉、铬、汞、铅、铜、锡、锌、硒等。

（2）农药及兽药　农药在农作物生长过程中为消灭病虫害而广泛使用。施用的农药经动植物的富集作用及食物链的传递，最终造成食品中农药的残留。兽药（包括兽药添加剂）在畜牧业中为降低牲畜发病率与死亡率、提高饲料利用率、促进牲畜生长和改善产品品质也被广泛使用。但是，由于不规范使用或经济利益的驱使，畜牧业生产中存在着滥用兽药和超标使用兽药的现象，这将导致动物性食品中兽药残留超标。

(3) 细菌、霉菌及其毒素　食品在生产或储藏过程中，由于处置不当而引起的生物性污染。例如黄曲霉毒素、贝类毒素、苦杏仁中存在的氰化物等。

(4) 包装材料带来的有害物质　由于使用了质量不符合要求的包装材料，例如聚氯乙烯、多氯联苯、荧光增白剂等有害物质，造成包装材料对食品的污染。

(5) 食品加工中形成的有害物质　如在腌制、发酵等食品加工过程中，可形成亚硝胺等有害物质；在高温油炸、烧烤、烟熏等加工过程中，可形成3,4-苯并芘。

三、食品分析的方法

在食品分析过程中，由于目的不同，或被测组分和干扰成分的性质不同以及它们在食品中存在的数量差异，所选择的分析方法也各不相同。食品分析常用的方法有食品感官检验法、化学分析法、仪器分析法、微生物分析法和酶分析法。

1. 食品感官检验法

食品感官检验法是通过人体的各种感觉器官（眼、耳、鼻、舌、皮肤）所具有的视觉、听觉、嗅觉、味觉和触觉，结合平时积累的实践经验，并借助一定的仪器对食品的色、香、味、形等质量特性和卫生状况做出判定和客观评价的方法。食品感官检验法作为食品分析的重要方法之一，具有简便易行、快速灵敏、不需要特殊器材等特点，特别适用于目前还不能用仪器定量评价的某些食品特性分析，如水果滋味分析、食品风味分析以及烟、酒、茶的气味检验等。

2. 化学分析法

化学分析法以物质的化学反应为基础，使被测成分在溶液中与试剂作用，根据生成物的量或消耗试剂的量来确定被测组分含量的方法。化学分析法包括定性分析和定量分析。定量分析又包括称量法和滴定法。如食品中水分、灰分、脂肪、果胶、纤维等成分的测定，常规法都是称量法。滴定法包括酸碱滴定法、氧化还原滴定法、配位滴定法和沉淀滴定法。如酸度、蛋白质的测定常用到酸碱滴定法，还原性糖、维生素C的测定常用到氧化还原滴定法。

3. 仪器分析法

仪器分析法是以物质的物理或物理化学性质为基础，利用光电仪器来测定物质含量的方法，包括物理分析法和物理化学分析法。物理分析法，是通过测定密度、黏度、折光率、旋光度等物质特有的物理性质来确定被测组分含量的方法。如密度法可测定糖液的浓度、酒中酒精含量，检验牛乳是否掺水、脱脂等；折光率法可测定果汁、番茄制品、蜂蜜、糖浆等食品的固形物含量，牛乳中乳糖含量等；旋光法可测定饮料中蔗糖含量、谷类食品中淀粉含量等。物理化学分析法是通过测量物质的光学性质、电化学性质等物理化学性质来确定被测组分含量的方法。它包括光学分析法、电化学分析法、色谱分析法、质谱分析法等。光学分析法又分为紫外-可见分光光度法、原子吸收分光光度法、荧光分析法等，可用于测定食品中的无机物、碳水化合物、蛋白质、氨基酸、食品添加剂、维生素等成分。电化学分析法又分为电导分析法、电位分析法、极谱分析法等。电导分析法可测定糖品灰分和水的纯度等，电位分析法广泛应用于测定pH、无机元素、酸根离子、食品添加剂等成分，极谱分析法测定重金属、维生素、食品添加剂等成分。色谱分析法常用的是薄层色谱法、气相色谱法和高效液相色谱法，可用于测定有机酸、氨基酸、维生素、农药残留量、黄曲霉毒素等成分。

4. 微生物分析法

微生物分析法基于某些微生物生长需要特定的物质，该方法条件温和，克服了化学分析法和仪器分析法中某些被测成分易分解的缺点，选择性高，常用于维生素、抗生素残留量、激素等成分的分析。

5. 酶分析法

酶分析法是利用酶的反应进行定性、定量的方法。酶分析法的主要优点在于高效性和专一性，克服了化学分析法测定时，某些共存成分产生干扰以及类似结构的物质也可发生反应，从而使测定结果偏高的缺点。酶分析法测定条件温和，结果准确，已应用于食品中有机酸、糖类和维生素的测定。

四、国内外食品分析的检验方法及发展动态

随着科学技术的迅猛发展，各种食品分析的方法不断得到完善、更新，在保证分析检验结果准确度的前提下，食品分析向着微量、快速、自动化的方向发展。许多高灵敏度、高分辨率的分析仪器越来越多地应用于食品分析中，为食品的开发与研究、食品的安全与卫生检验提供了强有力的手段。例如色谱分析、核磁共振和免疫分析等一些分析新技术也在食品分析中得以应用。另外食品快速检测技术正在迅猛发展。例如，农药残留试纸法、硝酸盐试纸法及兽药残留检测用的酶联免疫吸收试剂盒法等。

目前，对转基因产品的检测是一个热门话题。国内外转基因检测方法有三种：第一种是以核酸为基础的 PCR 检测方法，包括定性 PCR、实时荧光定量 PCR、PCR-ELISA 半定量和基因芯片等方法；第二种是检测外源基因的表达产物——蛋白质的方法，分为试纸条、ELISA 和蛋白芯片三种方法；第三种是利用红外检测转基因产品化学及空间结构。

知识 1-2
食品分析实验安全与环保及事故处理

一、食品分析实验室的基本配置

食品分析实验室的基本配置应该符合食品分析实验本身的特点与要求。

1. 功能室配置

为确保食品分析实验的规范、合理，食品分析实验室至少应具有以下几个功能室：药品室、仪器室、准备室、更衣室（可以与准备室合在一起）、学生实验室、贮气室和分析室。

（1）药品室　存放药品、试剂等实验原料，辅材料（以下统称药品）的地方。常规药品可以在一个室内存放，强氧化剂、强还原剂、有毒、有害、易燃、易爆、强腐蚀性药品应该按规定单独存放。药品室应由专人管理。从规范上看，应该采用立体式三维货架，分类存放，电脑管理，通过编号（坐标值）可以从电脑中查找药品的存放位置及余量。

（2）仪器室　存放仪器、设备的地方。管理方式与药品室相同，可以两室一人管理。专用高档仪器应由专门人员管理和维护。

（3）准备室　是实验员为实验做准备的地方。通常应该与学生实验室相邻，实验员可以通过可视幕墙看到实验室中的情况。

（4）贮气室　放置气体钢瓶的地方。通常设在一楼，并有明显标志。如高于室外地坪，应设上下台阶，应通风、干燥，避免阳光直射。不准堆放其他易燃、易爆物品。室内照明设备应设防爆装置，电器开关应设在室外。室内应留有通道，有明显的“严禁烟火”的标志，应配备消防灭火器材。

（5）分析室　实验中原料、辅材料检验及实验结果分析的地方。分析室应具有常规化学分析、仪器分析的条件，能够满足实验教学分析检测的要求。

2. 公用设施配置

实验室应具备多功能实验台，把学生实验室的水、电接到实验台面上。通风、排风良好，备有冲洗器（洗眼器）、医药柜。医药柜内的药品应该定期更换，确保药品不过期。还要配备适量的安全帽及防毒面具等。

从环保角度看，实验室应备有废物箱，“三废”（废气、废液、废渣）处理有措施，科学合理；要注意消音，噪声应小于70dB；废物收集应分类。

3. 实验室的环境要求

（1）布局　学生实验室、仪器室、药品室、分析室和准备室分开，并与办公室、普通教室、电脑室、语音室及活动室等保持一定距离。学生实验的空间留出尽量大，减少视线遮挡。实验室课桌结构尽量简洁，如钢木结构优于全饰面板结构。实验室家具颜色要明快，适合学生实验并和周围环境协调，实验桌面不宜采用花色，减少桌面颜色对一些实验观察对象的影响。

（2）面积　实验室内，每个学生的使用面积不低于$2m^2$，每室不低于$80m^2$。

（3）地面与墙裙　实验室地面一般做水泥砂浆面层，也可做水磨石面层，通常不做木面层。有条件的或确因实验需要的，可做防静电地板漆层。专用仪器分析室做防静电地板漆层。实验室墙裙通常用涂料涂层，高度在1～1.2m，颜色以浅色为宜。

（4）管道　电源线穿线管可埋于地下，也可以沿墙设置并加线盒，但不可使用明线。上下水管道可埋设地下，也可以沿墙下端设置明管，但不可将明管设在实验桌下和过道上。管道埋设地下应该开挖地沟，上盖水泥预制盖板，便于维修。

（5）门窗　门的大小应当以实验设备能够通过为宜，不设门槛，门朝外开，其宽度不小于0.8m。窗户要尽可能大，但应该安装防护装置。

（6）通风与换气　实验室必须保持良好通风，药品室应安装排风扇，学生实验室应该既可自然通风，又设置集中强制排风。新建实验室必须通风到桌面，换气标准为每小时换气20次，学生实验桌上方的排风口立管内的风速基本在5～10m/s的范围内。

（7）照明　实验室照明灯具布置合理，照度均匀，桌面日光灯照度为100～150lx。

（8）用电　每间功能室均应有总开关，根据情况分别控制，线径要与实验用电容量相适应。

（9）消防设施　实验室的各功能室均应备有防火、灭火设备，在必要的情况下，还要配备防爆、防盗、防破坏的基本设备。

二、实验室守则

为了保证食品分析实验的顺利进行，培养严谨的科学态度和良好的实验习惯，创造一个高效和清洁的学习、工作环境，必须遵守下列实验室规则。

① 实验前，必须做好预习，明确实验目的，熟悉实验原理和实验步骤。

② 实验操作开始前，首先检查仪器种类与数量是否与需要相符，仪器是否有缺口、裂缝或破损等；再检查仪器是否干净（或干燥），确定仪器完好、干净；仪器装置安装完毕，要请教师检查合格后才能开始实验。

③ 实验操作中，要仔细观察现象，积极思考问题，严格遵守操作规程，实事求是地做好实验记录。要严格遵守安全守则与每个实验的安全注意事项，一旦发生意外事故，应立即报告教师，采取有效措施，迅速排除事故。

④ 实验室内应保持安静，不得谈笑、打闹和擅自离开岗位，不得将书报、体育用品等与实验无关的物品带入实验室，严禁在实验室吸烟、饮食。

⑤ 服从指导，有事要先请假，不经教师同意，不得离开实验室。

⑥ 要始终做到台面、地面、水槽、仪器的"四净"。火柴梗、滤纸等废物应放入废物缸中，不得丢入水槽或扔在地上。废酸、酸性反应残液应倒入废酸缸中，严禁倒入水槽。实验完毕，应及时将仪器洗净，并放回指定位置。

⑦ 要爱护公物，节约药品，养成良好的实验习惯。要节约使用水、电、煤气及消耗性药品。要严格按照规定称量或量取药品，使用药品时不得乱拿乱放，药品用完后，应盖好瓶盖放回原处。公用设备和材料使用后，应及时放回原处，对于特殊设备，应在指导教师示范后方可使用。

⑧ 学生轮流值日，打扫、整理实验室。值日生应负责打扫卫生，整理公共器材，倒净废物缸，检查水、电、煤气、窗户是否关闭。

⑨ 实验完毕及时整理实验记录，写出完整的实验报告，按时上交让教师审阅。

⑩ 师生均需穿工作服。

三、实验室安全与环保守则

安全第一、预防为主，这是安全工作的一贯方针。食品分析实验的主要特点之一在于实验的安全与环保必须得到足够的重视，以确保实验安全、符合环保要求。为此，食品分析实验员必须遵守实验室安全守则及实验室环保守则。

1. 安全守则

① 进入实验室应穿实验服或工作服，严禁赤脚或穿带孔的鞋子（如凉鞋或拖鞋）进入实验室。在进行有毒、有刺激性、有腐蚀性的实验时，必须戴上防护眼镜、口罩、耐酸碱手套或面罩。

② 绝对禁止在实验室内吸烟，严禁把明火带入实验室。

③ 进入实验室首先要熟悉实验室的水阀、电源总开关、灭火器、沙箱或其他消防器材的位置。

④ 当有化学药品溅入眼睛时，立即用自来水冲洗。若是被酸灼伤，立即用大量的冷水冲洗受伤部位（如是浓 H_2SO_4，最好先用干布轻轻擦去），再用 5%碳酸氢钠溶液淋洗灼伤处；若是被强碱灼伤，立即用大量冷水冲洗，再用 5%的醋酸溶液洗涤，并及时去医院治疗。

⑤ 如果被烫伤，且并不严重，立即用冷水或冰水冲洗皮肤，减小对皮肤表皮的危害。不要在烧伤处涂药膏或油类。对于烧、烫伤严重者，立即就医。

⑥ 开启装有腐蚀性物质（如硫酸、硝酸等）容器的瓶塞时，不能面对瓶口，以免液体溅出或腐蚀性烟雾造成伤害，也不能用力过猛或敲打，以免瓶子破裂；在搬运盛有浓酸的容器时，严禁用一只手握住细瓶颈搬动，防止瓶底裂开脱落。在取用有毒和易挥发药品（如醋酸、盐酸、二氯甲烷、苯等）时，应在有良好通风的通风橱内进行，以免中毒。有中毒症状者，应立即转移到室外通风处。

⑦ 取用易燃、易爆物品（如汽油、乙醚、丙酮等）时，周围绝不能有明火，并应在通风橱内进行，避免易燃物蒸气浓度增大时发生燃烧、爆炸事故。

⑧ 使用电器时，应防止人体与电器导电部分直接接触，不能用湿手或手握湿的物品接触电插头。为了防止触电，装置和设备的金属外壳等都应接地线。实验后应切断电源，拔下插头。

⑨ 实验中所用药品不得随意散失、遗弃，以免造成环境污染，影响身体健康。实验结束后要认真洗手，严禁在实验室内饮食等。

⑩ 了解灭火器种类、用途及位置，学会正确使用。一旦发生火灾，应立即采取相应措施。首先要立即熄灭附近所有的火源，切断电源，并移开附近的易燃物。少量溶剂（几毫升）着火，可任其烧完。反应容器内着火，火小时可用湿布或黄沙盖住瓶口灭火，火大时根据具体情况选用适当的灭火器材灭火。

四氯化碳灭火器，用以扑灭电器内或电器附近火灾，但不能在狭小和不通风的实验室中应用，因四氯化碳在高温时生成剧毒的光气；此外，四氯化碳和金属钠混合也会发生爆炸。

二氧化碳灭火器，是实验室中最常用的一种灭火器，其钢筒内装有压缩的液态二氧化碳，使用时打开开关，二氧化碳气体即会喷出，用以扑灭有机物及电气设备的着火。使用时一只手提灭火器，另一只手握住喷二氧化碳喇叭筒的把手，因喷出的二氧化碳压力骤然降低，温度也骤降，手若握在喇叭筒上易被冻伤。

泡沫灭火器，内部分别装有含发泡剂的碳酸氢钠溶液和硫酸铝溶液，使用时将碱液颠倒，两种溶液立即反应生成硫酸氢钠、氢氧化铝及大量二氧化碳泡沫喷出。除非大火，通常不用泡沫灭火器，以免后处理比较麻烦。

油浴和有机溶剂着火时绝对不能用水灭火，否则会使火焰蔓延开来。

若衣服着火，切勿奔跑，用厚的外衣包裹使火熄灭。较严重者应躺在地上（以免火焰烧向头部）用防火棉紧紧包住，直至熄灭，或打开附近的自来水开关用水冲淋熄灭。烧伤严重者应立即送医院治疗。

2. 环保守则

按照国家环境保护总局《关于加强实验室类污染环境监管的通知》的规定，从 2005 年 1 月 1 日起，科研、监测（检测）、试验等单位实验室、化验室、试验场将按照污染源进行管理，实验室、化验室、试验场的污染纳入环境监管范围。实验室排放的废液、废气、废渣等虽然数量不大，但不经过必要的处理直接排放，会对环境和人身造成危害，也不利于养成良好的习惯。因此在实验室必须遵守实验室环保守则。

① 爱护环境、保护环境、节约资源、减少废物产生，努力创造良好的实验环境，不对实验室外的环境造成污染。

② 实验室所有药品、中间产品、收集的废物等，必须贴上标签，注明名称，防止误用和因情况不明而处理不当造成环境污染。

③ 废液必须集中处理，应根据废液种类及性质的不同分别收集在废液桶内，并贴上标

签，以便处理。严格控制向下水道排放各类污染物，向下水道排放废水必须符合排放标准。严禁把易燃、易爆和容易产生有毒气体的物质倒入下水道。

④ 严格控制废气的排放，必要时要对废气吸收处理。处理有毒性、挥发性或带刺激性物质时，必须在通风橱内进行，防止逸散到室内。排放到室外的气体必须符合排放标准。

⑤ 严禁乱扔固体废弃物，要将其分类收集，分别处理。

⑥ 接触过有毒物质的器皿、滤纸应该分类收集后集中处理。

⑦ 控制噪声，使环境噪声符合国家规定的《声环境质量标准》(GB 3096—2008)，积极采取隔声和消声措施，噪声应小于70dB。

⑧ 一旦发生环境污染事件，应及时处理、上报。

四、实验室事故处理办法

在实验中充分发挥实验室医药箱的作用，一旦发生意外应冷静处理。为此，实验室医药箱应备有下列急救药品和器具：医用酒精、碘酒、红药水、创可贴、止血粉、烫伤油膏（或万花油）、1%硼酸或2%醋酸溶液、1%碳酸氢钠溶液、20%硫代硫酸钠溶液、70%酒精、3%双氧水等，医用镊子、剪刀、纱布、药棉、棉签和绷带等。下面介绍几种实验室内发生事故时的急救处理方法。

(1) 眼睛的急救　实验室中应配有喷水洗眼器，如果没有洗眼器应该配有一根软管的洗涤槽。学生应该记住最近的洗眼器（或洗涤槽）的位置。如果化学试剂溅入眼内，立即用缓慢的流水彻底冲洗，再把患者送往眼科医院治疗。玻璃屑进入眼睛，绝不要用手揉擦，尽量不要转动眼球，可任其流泪。也不要试图让别人取出碎屑，用纱布轻轻包住眼睛后，送往医院处理。

(2) 烧伤的急救　如为化学烧伤，则必须用大量的水充分冲洗患处。如为有机化合物灼伤，则用乙醇擦去。溴的灼伤要用乙醇擦至患处不再有黄色为止，再涂上甘油保持皮肤滋润。酸灼伤，先用大量水冲洗，以免深部受伤，再用1% $NaHCO_3$ 溶液或稀氨水浸洗，最后用水洗。碱灼伤，先用大量水冲洗，再用1%硼酸或2%醋酸溶液浸洗，最后用水洗。明火烧伤，要立即离开火源，迅速用冷水冷却。轻度烧伤，用冰水冲洗是一种极有效的急救方法。如果皮肤并未破裂，那么可再涂擦治疗烧伤用药物，使患处及早恢复。当大面积的皮肤表面受到伤害时，可以用湿毛巾冷却，然后用洁净纱布覆盖伤处防止感染，然后立即送医院请医生处理。

(3) 割伤的急救　不正确地处理玻璃管、玻璃棒则可能引起割伤。若小规模割伤，则先将伤口处的玻璃碎片取出，用水洗净伤口，挤出一点血后，再消毒、包扎；也可在洗净的伤口贴上“创可贴”，立即止血且易愈合。若严重割伤，出血多时，则必须立即用手指压住或扎住相应动脉，尽快止血，包上压定布，不能用脱脂棉。若绷带被血浸透，不要换掉，再盖上一块施压，立即送医院治疗。

(4) 烫伤的急救　被火焰、蒸汽、红热的玻璃或铁器等烫伤时，立即将伤处用大量的水冲淋或浸泡，以迅速降温避免深部烧伤。若起水泡，不宜挑破。对轻微烫伤，可在伤处涂烫伤油膏或万花油。严重烫伤应送医院治疗。

(5) 中毒的急救　当发生急性中毒时，紧急处理十分重要。若在实验中感到咽喉灼痛、嘴唇脱色或发绀、胃部痉挛或恶心呕吐、心悸、头晕等症状时，则可能是由中毒所致。

因口服引起中毒时，可饮温热的食盐水（1杯水中放3～4小勺食盐），把手指放在嘴中，触及咽喉后部引发呕吐。当中毒者失去知觉或因溶剂、酸、碱及重金属盐引起中毒时，不要使其呕吐。误食碱者，先饮大量水再喝些牛奶；误食酸者，先喝水，然后服 $Mg(OH)_2$ 乳剂，再饮些牛奶，不要用催吐剂，也不要服用碳酸盐或碳酸氢盐。重金属盐中毒者，喝一杯含有几克 $MgSO_4$ 的水溶液，立即就医，不得使用催吐剂。因吸入引起中毒时，要把中毒者立即抬到空气新鲜的地方，让其安静地躺着休息。

思考题

1. 食品分析的内容包括什么？
2. 食品分析的方法有哪些？
3. 常见实验室事故处理方法有哪些？

阅读材料

转基因食品及分析技术

一、转基因食品

转基因食品是指利用基因工程（转基因）技术在物种基因组中嵌入了（非同种）特定的外源基因的食品，包括转基因植物食品、转基因动物食品和转基因微生物食品。转基因作为一种新兴的生物技术手段，它的不成熟和不确定性，使得转基因食品的安全性成为人们关注的焦点。

1. 转基因植物食品

为了提高农产品的营养价值，更快、更高效地生产食品，科学家们应用转基因技术改变生物的遗传信息，组成新基因，使农作物具有高营养、耐贮藏、抗病虫和抗除草剂的能力，不断生产新的转基因食品。例如，面包生产需要高蛋白质含量的小麦，而目前的小麦品种蛋白质含量较低，将高效表达的蛋白基因转入小麦，将会使做成的面包具有更好的焙烤性能。

2. 转基因动物食品

如向牛体内转入了人的基因，牛长大后产生的牛乳中含有基因药物，提取后可用于人类病症的治疗。在猪的基因组中转入人的生长素基因，猪的生长速度增加了一倍，猪肉质量大大提高。

3. 转基因微生物食品

转基因微生物比较容易培育，是转基因最常用的转化材料，应用也最广泛。例如，生产奶酪的凝乳酶，以往只能从被杀死小牛的胃中取出，现在利用转基因微生物已能够使凝乳酶在体外大量产生，避免了小牛的不幸死亡，也降低了生产成本。

二、转基因产品测定方法

目前转基因成分的检测方法主要有酶联免疫吸附法（ELISA）和侧向流动免疫测定法、实时荧光 PCR 法、恒温荧光 PCR 检测方法等。

1. 酶联免疫吸附法

是把抗原及抗体的免疫反应和酶的高效催化反应有机地结合而发展起来的，用酶作为标记物或指示剂进行抗原或抗体定性和定量测定的综合技术。试纸条检测方法也是转基因产品抗血清检测方法。该法反应的高灵敏度和抗原抗体反应的特异性，具有简便、快速、费用低等特点，但易出现本底过高的问题，且只能检测目的蛋白抗原性没有明显变化的粗加工产品。

2. 侧向流动免疫测定法

该方法之前主要用于医学领域。与 ELISA 相似，这种测定方法也是基于三明治夹心式技术原理。该方法是在一种固相支持物上而不是在管子里进行，标记的抗原-抗体复合物侧向迁移，直至遇到在一种固定表面上的抗体。侧向流动免疫测定试纸条是一种快速简便的定性检测方法，将试纸条放在待测样品抽提物中，5～10 分钟就可得出结果，不需要特殊仪器和熟练技能。但一种试纸只能检测一种蛋白质，且只能检测是否存在外源蛋白而不能区分具体的转基因品种。侧向流动免疫测定法是定性或半定量测定方法。

3. 实时荧光 PCR 法

此法是目前最有发展前途的定量检测方法，也是目前最适合出入境检验检疫的检测技术之一。所谓实时荧光定量 PCR 技术，是指在 PCR 反应体系中加入荧光基团，利用荧光信号积累，实时监测整个 PCR 进程，最后通过标准曲线对未知模板进行定量分析的方法。该方法可以有效地提高检测的准确性和灵敏度。它既能做定性检测，加入标准品也能做定量检测。

4. 恒温荧光 PCR 检测方法

此法比 PCR 更准确、快速、易于实现。因实现恒温扩增、特殊的引物设计，使得检测更准确；无变性、退火等环节，全过程均在进行 DNA 片段的复制，没有时间损耗，使检测更快速；无热循环需求，设备简单，更易于推广应用。

学习单元 2 食品样品的采集与处理

【学习目标】

1. 了解食品分析的一般程序。
2. 学会食品样品的采集、制备及保存方法。
3. 掌握食品样品的预处理方法。

知识 2-1 食品样品的采集、制备及保存

食品分析是一项操作比较复杂的工作过程，必须按照一定的程序和顺序进行。食品分析的一般程序是：食品样品的采集、制备及保存，样品的预处理，成分分析，分析数据处理及分析报告的撰写等。食品样品的采集、制备及保存是食品分析结果准确与否的关键，也是分析检验专业人员必须掌握的一项基本技能。

一、食品样品的采集

从大量的分析对象中抽取少量有代表性的样品作为分析检验样品，这项工作称为样品的采集或采样。

食品的数量较大，种类繁多，成分复杂，必须从整批食品中采取一定比例的样品进行检验。同一种类的食品，其成分及其含量也会因品种、产地、成熟期、加工或保存条件不同而存在相当大的差异；同一分析对象的不同部位，其成分及其含量也可能有较大差异。从大量的、组成成分不均匀的被检测物质中采集能代表全部被检测物质的分析样品（平均样品），必须采用正确的采样方法。如果采取的样品不足以代表全部物料的组成成分，即使以后的样品处理、分析检测等一系列环节非常精密、准确，其分析检测的结果亦毫无价值，甚至导出错误的结论。可见，采样是食品分析工作非常重要的环节。

1. 正确采样的原则及重要性

首先，正确采样必须遵守两个原则：一是采集的样品要均匀、有代表性，能反映全部被

测食品的组分、质量和卫生状况；二是采样过程要设法保持原有的理化指标，防止成分逸散或带入杂质。

其次，食品采样的目的在于检验试样感官性质上有无变化，食品的一般成分有无缺陷，加入的添加剂等物质是否符合国家的标准，食品的成分有无掺假现象，食品在生产、运输和贮藏过程中有无重金属、有害物质和各种微生物的污染以及有无变化和腐败现象。由于分析检验时采样很多，其分析检验结果又要代表整箱或整批食品的结果，所以样品的采集是分析检验中重要环节的第一步。采取的样品必须代表全部被检测物质的性质，否则后续的样品处理及检测、计算结果无论多严格准确也没有任何价值。

2. 采样的一般程序

采样一般按照以下程序进行：

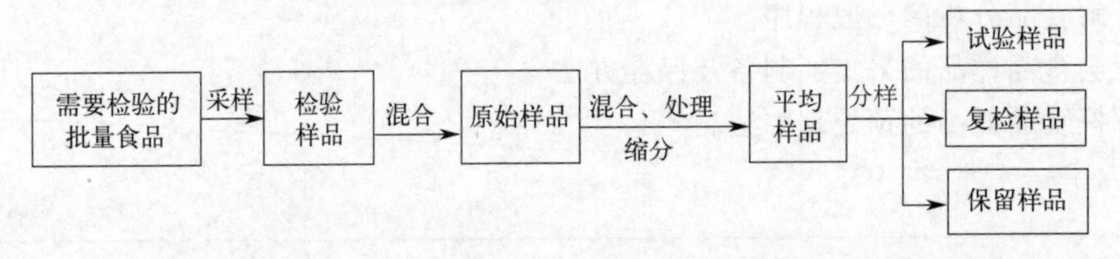

检验样品：由整批食品的各个部分采取的少量样品（也称作检样、小样或分样）。

原始样品：把所有采取的检验样品混合在一起的样品。

平均样品：原始样品经过处理再抽取其中一部分作为分析检验样品。

平均样品一式三份，分别供试验、复检及备查使用。每份样品数量一般不少于0.5kg。

制备平均样品通常有两种方法：四分法和机械法。

四分法是将采取的原始样品置于一大张干净的纸或一块干净平整的布上，用洁净玻璃棒充分搅拌均匀后堆成一个圆锥，将圆锥顶压平为厚度3cm左右的圆台，再将圆台等分为四份，弃去对角两份，剩下两份按上法再进行混合，重复上述操作至剩余量为所需样品量为止，见图2-1。

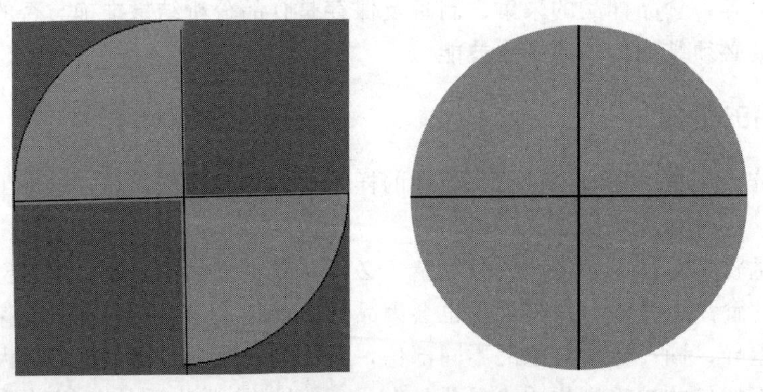

图2-1 四分法

试验样品：由平均样品中分出用于全部项目检验的样品。

复检样品：对检验结果有怀疑、争议或有分歧时可根据具体情况进行复检用的样品。故必须有复检样品。

保留样品：为防止发生质量争议、混淆，做到质量标准统一提供的样品。

3. 采样的一般方法

食品种类繁多，有罐头类食品、乳制品、蛋制品和各种小食品（糖果、饼干类）等。另外，食品的包装类型也很多，有散装（如粮食、砂糖），还有袋装（如食糖）、桶装（如蜂蜜）、听装（如罐头、饼干）、木箱或纸盒装（如禽、兔和水产品）和瓶装（如酒和饮料）等。因此，食品采样的类型也不一样，有的是成品样品，有的是半成品样品，还有的是原料类型的样品。尽管商品的种类不同，包装形式也不同，但是采取的样品一定要具有代表性。各种食品采样方法中都有明确的采样数量和方法。

采样通常有两种方法：随机抽样和代表性取样。随机抽样是按照随机的原则，从分析的整批物料中抽取出一部分样品。随机抽样时，要求整批物料的各个部分都有被抽到的机会。代表性取样则是用系统抽样法进行采样，即已经掌握了样品随空间（位置）和时间变化的规律，按照这个规律采取样品，从而使采集到的样品能代表其相应部分的组成和质量。如对整批物料进行分层取样、在生产过程的各个环节取样、定期对货架上陈列不同时间的食品取样等。

两种方法各有利弊。随机抽样可以避免人为的倾向性，但是，在有些情况下，如难以混匀的食品（如黏稠液体、蔬菜等）的采样，仅仅使用随机抽样是不行的，必须结合代表性取样，从有代表性的各个部分分别取样。因此，采样通常采用随机抽样与代表性取样相结合的方式。具体的抽取方法，因分析对象性质的不同而异。

（1）均匀固体物料（如粮食、粉状食品）

① 有完整包装（袋、桶、箱等）的物料。可先按$\sqrt{总件数/2}$确定采样件数，然后从样品堆放的不同部位，按采样件数确定具体采样袋（桶、箱），再用双套回转取样管插入包装容器中采样，回转180°取出样品，每一包装须由上、中、下三层取出三份检验样品；将采取的检验样品混合均匀得到原始样品；再用“四分法”或“机械法”将原始样品缩分得到所需数量的平均样品。

② 无包装的散堆样品。先划分若干等体积层，然后在每层的四角和中心点用双套回转取样器分别采取少量的检验样品，将采取的检验样品混合均匀得到原始样品；再用“四分法”或“机械法”将原始样品缩分得到所需数量的平均样品。

（2）较稠的半固体物料（如稀奶油、动物油脂、果酱等） 这类物料不易充分混匀，可先按$\sqrt{总件数/2}$确定采样件（桶、罐）数，打开包装，用采样器从各桶（罐）中分上、中、下三层分别取出检验样品。将采取的检验样品混合均匀得到原始样品，再用“四分法”或“机械法”将原始样品缩分得到所需数量的平均样品。

（3）液体物料（如植物油、鲜乳等）

① 包装体积不太大的物料，可先按$\sqrt{总件数/2}$确定采样件数。开启包装，用混合器充分混合（如果容器内被检物不多，可采用由一个容器转移到另一个容器的方法混合）。然后用长形管或特制采样器从每个包装中采取一定量的检验样品。将采取的检验样品混合均匀得到原始样品，再用“四分法”或“机械法”将原始样品缩分得到所需数量的平均样品。

② 大桶装的或散（池）装的物料，不易混合均匀，可用虹吸法分层取样，每层500mL左右，得到多份检验样品。将采取的检验样品混合均匀得到原始样品，再用“四分法”或“机械法”将原始样品缩分得到所需数量的平均样品。

（4）组成不均匀的固体食品（如肉、鱼、果品、蔬菜等） 这类食品各个部位组成极不均匀，个体大小及成熟程度差异很大，取样时更应注意代表性，可按下述方法采样。

① 肉类。根据分析目的和要求不同而定，有时从不同的部位取得检验样品，混合后形成原始样品，再分取缩减得到动物的平均样品。有时从一只或很多只动物的同一部位采取检验样品。将采取的检验样品混合均匀得到原始样品，再用“四分法”或“机械法”将原始样品缩分得到所需数量的平均样品。

② 水产品小鱼、小虾。可随机采取多个检验样品，切碎、混合后形成原始样品，再分取缩减得到所需数量的平均样品；对个体较大的鱼，可从若干个体上切割少量可食部分得到检验样品，切碎、混合后形成原始样品，再用“四分法”或“机械法”将原始样品缩分得到所需数量的平均样品。

③ 果蔬。体积较小的（如山楂、葡萄等），可随机采取若干个整体作为检验样品，切碎、混合均匀形成原始样品，再分取缩减得到所需数量的平均样品；体积较大的（如西瓜、苹果、萝卜等），可按成熟度及个体大小的组成比例，选取若干个个体作为检验样品。对每个个体按生长轴纵向剖开分 4 份或 8 份，取对角线 2 份，切碎、混合均匀得到原始样品，再分取缩减得到所需数量的平均样品；体积蓬松的叶菜类（如菠菜、小白菜等），由多个包装（一筐、一捆）分别抽取一定数量作为检验样品，混合后捣碎、混合均匀形成原始样品，再用“四分法”或“机械法”将原始样品缩分得到所需数量的平均样品。

（5）小包装食品（罐头、袋或听装奶粉、瓶装饮料等） 这类食品一般按班次或批号连同包装一起采样。如果小包装外还有大包装（如纸箱），可在堆放的不同部位抽取一定量（$\sqrt{总件数/2}$）的大包装，打开大包装，从每箱中抽取小包装（瓶、袋等）作为检验样品，将检验样品混合均匀形成原始样品，再用“四分法”或“机械法”将原始样品缩分得到所需数量的平均样品。

① 罐头

a. 一般按生产班次取样，取样数按 1/3000，尾数超过 1000 罐时增加 1 罐，但是每天每个品种取样数不得少于 3 罐。

b. 某些罐头生产量较大，则以每班产量总数 20000 罐为基数，其取样数按 1/3000；超过 20000 罐的部分，其取样数可按 1/10000，尾数超过 1000 罐时增加 1 罐。

c. 个别产品生产量过小，同品种、同规格者可合并班次取样，但并班总数不超过 5000 罐。每个生产班次取样数不少于 1 罐，并班后取样数不少于 3 罐。

d. 按杀菌取样，每锅检取 1 罐，但每批每个品种不得少于 3 罐。

② 袋、听装奶粉。乳粉用箱或桶包装者，则采样总数的 1%，先杀菌，然后用 83cm 长的开口采样插，自容器的四角及中心采取样品各一插，放在盘中搅拌均匀，采取约总量的 1/1000 作检验用，但不得少于 2 件，尾数超过 500 件时增加 1 件。

4. 采样数量

食品分析检验结果的准确与否通常取决于两个方面：①采样的方法是否正确；②采样的数量是否得当。因此，从整批食品中采取样品时，通常按一定的比例确定采样的数量，应考虑分析项目、分析方法的要求和被分析物的均匀程度三个因素。一般平均样品的数量不少于全部检验项目的四倍；试验样品、复检样品和保留样品一般每份数量不少于 0.5kg。检验掺伪物的样品与一般的成分分析的样品不同，分析项目事先不明确，属于捕捉性分析，因此，相对来讲，取样数量要多一些。

5. 采样要求

（1）采样原则

① 采样必须注意样品的生产日期、批号、代表性和均匀性，采样数量应能反映食品卫生质量及检验项目对试样量的要求。一式三份供试验、复检与保留使用，每一份不少于 0.5kg。

② 盛放样品的容器不得含有待测定物质及干扰物质，一切采样工具必须清洁、干燥、无异味，在检验之前应防止一切有害物质或干扰物质带入样品。

③ 要认真填写采样记录。写明采样单位、地址、日期、样品批号、采样条件、包装情况、采样数量、现场卫生状况、运输和贮藏条件、外观、检验项目及采样人等。

④ 采样后应在 4h 内迅速送实验室检验，尽量避免样品在检验前发生变化，使其保持原来的理化状态。检验前不应发生污染或变质、成分逸散、水分增减及酶的影响。

（2）采取样品的保留

一般样品在检验结束后应保留 1 个月以备需要时复查，保留期限从检验报告单签发日计算，易变质食品不予保留。保留样品应加封，保存在适当的地方，避光，选择适宜的保存温度，尽可能保持其原状。

6. 采样工具

（1）采样专用工具（如图 2-2 所示）。

① 长柄勺、采样管（玻璃或金属），用以采集液体样品，如图 2-2 中 5 所示。

② 采样铲，用以采集散装特大颗粒样品，如花生等。

③ 半圆形金属管，用以采集半固体。

④ 金属探管、金属探子，用以采集袋装颗粒或粉状食品，如图 2-2 中 2 所示。

⑤ 双层导管采样器，适用于奶粉等的采样，主要防止奶粉等采样时受外部环境污染。

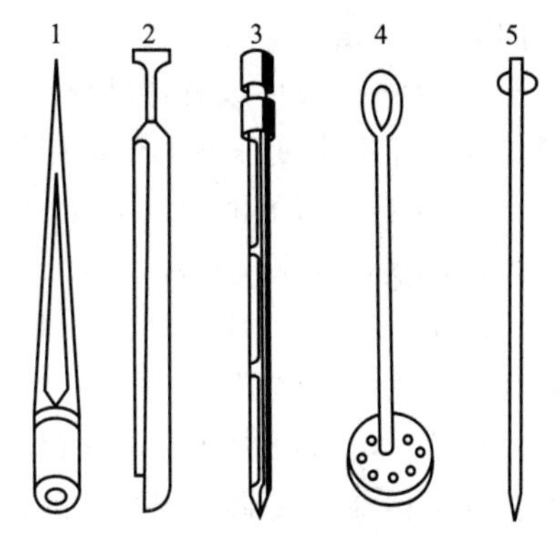

图 2-2 食品样品采样工具

1—固体脂肪采样器；2—谷物、糖类采样器；3—套筒式采样器；4—液体采样搅拌器；5—液体采样器

（2）采样容器

① 装载样品的容器可选择玻璃或塑料的，可以是瓶式、试管式或袋式。容器必须完整无损，密封不能漏出液体。

② 盛装样品的容器应密封、清洁、干燥，不应该含有待测定物质及干扰物质，不影响样品气味、风味、pH 值。

③ 盛装液体样品的容器应有防水、防油功能，可以是带塞玻璃瓶或塑料瓶。

④ 酒类、油性样品不宜用橡胶塞。

⑤ 酸性食品不宜用金属容器。

⑥ 测定农药的样品不宜用塑料容器。

⑦ 黄油不能与纸或任何吸水、吸油的表面接触。

7. 采样注意事项

① 一切采样工具（如采样器、容器、包装纸等）都应清洁、干燥、无异味，不应将任何杂质带入样品中。例如，测定3,4-苯并芘的样品不能用石蜡封瓶口或用蜡纸包，因为有的石蜡含有3,4-苯并芘；检测微量和超微量元素时，要对容器进行预处理。测定锌的样品不能用含锌的橡皮膏封口；测定汞的样品不能使用橡皮塞；检测微生物的样品，应严格遵守无菌操作规程。

② 设法保持样品原有微生物状况和理化指标。进行检测之前样品不得被污染，不得发生变化。例如，分析黄曲霉毒素B_1时，样品要避免阳光、紫外灯照射，以免黄曲霉毒素B_1发生分解。

③ 感官性质极不相同的样品，切不可混在一起，应另行包装，并注明其性质。

④ 样品采集完后，应在4h之内迅速送往分析室进行分析检测，以免发生变化。

⑤ 盛装样品的器具上要贴上标签，注明样品名称、采样地点、采样日期、样品批号、采样方法、采样数量、分析项目及采样人。

二、食品样品的制备

按采样规程采取的样品往往数量较多、颗粒较大，而且组成也不十分均匀，为了确保分析结果的正确性，必须对采集到的样品进行适当的制备，以保证样品十分均匀，在分析时采取任何部分都能代表全部样品的成分。

样品的制备是指对样品的粉碎、混匀、过筛、缩分等过程。样品的制备方法因产品类别不同而异。

① 液体、浆体或悬浮液体。一般将样品摇匀，充分搅拌。常用的简便搅拌工具是玻璃搅拌棒，还有带变速器的电动搅拌器，可以任意调节搅拌速度。

② 互不相溶的液体（如油和水的混合物）。应首先将不相溶的成分分离，然后分别进行采样，再制备成平均样品。

③ 固体样品。应用切细、粉碎、捣碎、研磨等方法将样品制成均匀状态。水分含量少、硬度比较大的固体样品（如谷类）可用粉碎机或研钵磨碎混合均匀，质地较软的样品（水果、蔬菜）可取可食部分放入组织捣碎机中捣匀。各种机具应尽量选用惰性材料的，如不锈钢、合金材料、玻璃、陶瓷、高强度塑料等。

为控制颗粒度均匀一致，可采用标准筛过筛，标准筛为金属丝编制的不同孔径的配套过筛工具，可根据分析的要求选用。过筛时，要求全部样品都通过筛孔，未通过的部分应继续粉碎并过筛，直至全部样品都通过为止，而不应该把未过筛的部分随意丢弃，否则将造成食品样品中的成分构成改变，从而影响样品的代表性。经过磨碎过筛的样品，必须进一步充分混匀。固体油脂应加热熔化后再混匀。

④ 罐头。水果罐头在捣碎前需清除果核，肉禽罐头应预先清除骨头，鱼类罐头要将调味品（葱、辣椒及其他）分出后再捣碎。常用捣碎工具有高速组织捣碎机等。

在样品制备过程中，应注意防止易挥发性成分的逸散和避免样品组成和理化性质发生变化。微生物检验的样品，必须根据微生物学的要求，按照无菌操作规程制备。

三、食品样品的保存

采取的样品，为防止其水分或挥发性成分散失以及其他待测成分含量的变化，应在短时间内进行分析，尽量做到当天样品当天分析。

1. 样品在保存过程中的变化

（1）吸水或失水　原来含水量高的样品易失水，反之则易吸水；含水量高的还易发生霉变，细菌繁殖快。保存样品用的容器有玻璃、塑料、金属等，原则上保存样品的容器不能同样品的主要成分发生化学反应。

（2）霉变　特别是新鲜的植物性样品易发生霉变，当组织有损坏时更容易发生褐变，因为组织受伤时，氧化酶发生作用样品变成褐色，组织受伤的样品不易保存，应尽快分析。例如，茶叶采下来时，可先脱活（杀青），也就是先加热脱去酶的活性。

（3）细菌污染　食品由于营养丰富，往往容易产生细菌，所以为了防止细菌污染，通常采用冷冻的方法进行保存。样品保存的理想温度是－20℃，有的为了防止细菌污染加防腐剂。例如，牛奶中可加甲醛作为防腐剂，但是不能加入过多，一般是1～2滴/100mL。

2. 样品在保存过程中应注意的问题

当采集的样品不能马上分析时，用密封塞加封，妥善保存。食品在保存的过程中应注意以下几点。

（1）盛样品的容器　应是清洁干燥的优质磨口玻璃容器，容器外贴上标签，注明食品名称、采样日期、编号、分析项目等。

（2）易腐败变质的样品　须进行冷藏、避光保存，但时间也不宜过长。

（3）已经腐败变质的样品　应弃去不要，重新采样分析。

（4）保存方法做到净、密、冷、快　“净”是指采集和保存样品的一切工具和容器必须清洁干净，不得含有待测成分，是防止样品腐败变质的措施；“密”是指样品包装应是密闭的，以稳定水分，防止挥发成分损失，避免在运输、保存过程中引进污染物质；“冷”是指将样品在低温下运输、保存，以抑制酶活性，抑制微生物的生长；“快”是指采样后应尽快分析，对于含水量高、分析项目多的样品，如不能尽快分析，应先将样品烘干测定水分，再保存烘干样品。

总之，样品在保存过程中要防止受潮、风干、变质，保证样品的外观和化学组成不发生变化。分析结束后的剩余样品，除易腐败变质的样品不予保留外，其他样品一般保存期为一个月，以备复查。

知识 2-2
食品样品的预处理技术

食品的成分复杂。当用某种化学方法或物理方法对其中某种组分的含量进行测定时，其他组分的存在常给测定带来干扰，为了保证分析工作的顺利进行、分析结果准确可靠，必须在分析前消除干扰组分。此外，有些被测组分（如农药、黄曲霉毒素等污染物）在食品中含量极低，要准确测定它们的含量必须在测定前对待测组分进行浓缩，这种在测定前进行的消除干扰成分、浓缩待测组分的操作过程称为样品的预处理。食品样品预处理的目的就是消除干扰成分，浓缩待测组分，使制备的样品溶液满足分析方法的要求。

样品的预处理是食品分析的一个重要环节。其效果的好坏直接关系到分析成败，常用的样品预处理方法较多，应根据食品的种类、分析对象、被测组分的理化性质及所选用的分析方法来选择样品的预处理方法。总的原则是：消除干扰成分，完整地保留待测组分，使待测组分浓缩。

一、食品样品的常规处理

按采样规程采取的样品往往数量较多、颗粒较大、组成不均匀，有些食品还有些非食用部分，这就需要先按食用习惯除去非食用部分，将液体或悬浮液体充分搅拌均匀，将固体样品、罐头样品等均匀化，以保证样品的各部分组成均匀一致，使分析时取出的任何部分都能获得相同的分析结果。

1. 除去非食用部分

对植物性食品，根据品种剔除非食用的根、茎、皮、柄、叶、壳、核等；对动物性食品，剔除羽毛、鳞爪、骨头、胃肠内容物、胆囊、甲状腺、皮脂腺、淋巴结等。对罐头食品，消除果核、骨头及葱和辣椒等调味品。

2. 均匀化处理

常用的均匀化处理工具有：磨粉机、万能微型粉碎机、切割型粉碎机、球磨机、高速组织捣碎机、绞肉机等。对较干燥的固体样品，采用标准分样筛过筛。过筛要求样品全部通过规定的筛孔，未通过的部分应再粉碎并过筛，而不能将未过筛部分随意丢弃。

二、无机化处理法

无机化处理法主要用于食品中无机元素的测定，通常是采用高温或高温结合强氧化条件，使有机物质分解并成气态逸散，待测成分残留下来，根据具体操作条件的不同，可分为湿消化法和干灰化法两大类。

1. 湿消化法

湿消化法简称消化法，是常用的样品无机化方法之一，通常是在适量的食品样品中加入硝酸、高氯酸、硫酸等氧化性强酸，结合加热来破坏有机物，使待测的无机成分释放出来，并形成各种不挥发的无机化合物，以便做进一步的分析测定。有时还需加一些氧化剂（如 $KMnO_4$、H_2O_2 等）或催化剂（如 $CuSO_4$、K_2SO_4、MnO_2、V_2O_5 等）以加速样品的氧化分解。

（1）湿消化法特点　湿消化法分解有机物的速度快，所需时间短，加热温度较低，可以减少待测成分的挥发损失。缺点是在消化过程中，产生大量的有害气体，操作必须在通风橱中进行。消化初期易产生大量泡沫使样品外溢，消化过程中，可能出现炭化引起待测成分损失。试剂用量大，空白值有时较高。

（2）常用的氧化性强酸

① 硝酸。通常使用的浓硝酸，其质量分数为 48%～65%，具有较强的氧化能力，能将样品中有机物氧化生成 CO_2 和 H_2O。所有的硝酸盐都易溶于水，硝酸的沸点较低，在 84℃沸腾。硝酸与水的恒沸混合物（69.2%）的沸点为 121.8℃。过量的硝酸容易通过加热除去。由于硝酸的沸点较低，易挥发，因而氧化能力不能持久，当需要补加硝酸时应将消化液放冷，以免高温时硝酸迅速挥发损失，既浪费试剂又污染环境。消化液中常残存较多的氮氧

化物，氮氧化物对待测成分的测定有干扰时，需要加热驱赶，有的还要加水加热才能去除氮氧化物。对于锡、锑这两种金属容易形成难溶的锡酸（H_2SnO_5）和偏锑酸（H_2SbO_3）或其盐。

在很多情况下，单独使用硝酸尚不能完全分解有机物，常与不同种无机酸配合使用，利用硝酸将样品中大量易氧化有机物分解。

② 高氯酸。冷的高氯酸没有氧化能力，浓热的高氯酸是一种强氧化剂，其氧化能力强于硝酸和硫酸。几乎所有的有机物都能被它分解，消化食品的速度也快，这是由于高氯酸在加热条件下能产生氧和氯的缘故。

一般的高氯酸盐都易溶于水，高氯酸与水形成含72.4%$HClO_4$的恒沸混合物。通常说的浓高氯酸，其沸点为203℃，高氯酸的沸点适中，氧化能力较为长久，过量的高氯酸也容易加热除去。

在使用高氯酸时，需要特别注意安全，因为在高温下高氯酸直接接触某些还原性较强的物质，如酒精、甘油、脂肪、糖类以及次磷酸或其盐，因反应剧烈而有发生爆炸的可能。一般不单独使用高氯酸处理食品样品，而是用硝酸和高氯酸的混合酸来分解有机物质。在消化过程中注意随时补加硝酸，直到样品不再炭化为止。通风橱不应露出木质骨架，最好用陶瓷材料建造，在三角瓶或凯氏烧瓶上装一个玻璃罩子与抽气的水泵连接来抽走蒸气。勿使消化液烧干，以免发生危险。

③ 硫酸。稀硫酸没有氧化性，而热的浓硫酸具有较强的氧化性，对有机物有强烈的脱水作用，并使其炭化，进一步氧化生成CO_2。浓硫酸受热分解时，放出氧、二氧化硫和水。

硫酸可使食品中的蛋白质氧化脱氨，但不能进一步氧化成氮氧化物。硫酸的沸点高（338℃），不易挥发损失；在与其他酸混合时，加热蒸发到出现二氧化硫白雾时，有利于消除低沸点的硝酸、高氯酸、水及氮氧化物。硫酸的氧化能力不如高氯酸和硝酸；硫酸所形成的某些盐类，溶解度不如硝酸盐和高氯酸盐好。如钙、锶、钡、铅的硫酸盐在水中的溶解度较小，沸点高，不易加热除去，应注意控制加入硫酸的量。

（3）常用的消化方法　在实际工作中，除了单独使用硫酸的消化法外，经常采用几种不同的氧化性酸类配合使用，利用各种酸的特点，取长补短，以达到安全快速、完全破坏有机物的目的。几种常用的消化方法如下。

① 单独使用硫酸的消化法。此法在消化样品时，仅加入硫酸一种氧化性酸，在加热情况下，依靠硫酸的脱水炭化作用，破坏有机物。由于硫酸的氧化能力较弱，消化液炭化变黑后，保持较长的炭化阶段，使消化时间延长。为此，常加入硫酸钾或硫酸铜以提高其沸点。加适量硫酸铜或硫酸汞作为催化剂来缩短消化时间。如用凯氏定氮法测定食品中蛋白质的含量就是利用此法来进行消化的。在消化过程中，蛋白质中的氮转变成硫酸铵留在消化液中，不会进一步氧化成氮氧化物而损失。在分析一些含有机物较少的样品如饮料时也可单独使用硫酸，有时可适当配合一些氧化剂如高锰酸钾和过氧化氢等。

② 硝酸-高氯酸消化法。此法可先加硝酸进行消化，待大量有机物分解后，再加入高氯酸。或者以硝酸-高氯酸混合液将样品浸泡过夜，或小火加热待大量泡沫消失后，再提高消化温度，直至消化完全为止。此法氧化能力强，反应速率快，炭化过程不明显，消化温度较低，挥发损失少。但由于这两种酸经加热都容易挥发，故当温度过高，时间过长时容易烧干，并可能引起残余液体燃烧或爆炸。为了防止这种情况发生，有时加入少量硫酸以防烧干，同时加入硫酸后可适当升高消化温度，充分发挥硝酸和高氯酸的氧化作用。对某些还原

性较强的样品，如酒精、甘油、油脂和大量磷酸盐存在的样品不宜采用本法。

③ 硝酸-硫酸消化法。此法是在样品中加入硝酸和硫酸的混合液，或先加入硫酸加热使有机物分解，在消化过程中不断补加硝酸。这样可缩短炭化过程，减少消化时间，反应速率适中。此法因含有硫酸，不宜用于食品中碱土金属的分析，因碱土金属的硫酸盐溶解度较小。对较难消化的样品，如含较大量的脂肪和蛋白质的样品，可在消化后期加入少量高氯酸或过氧化氢以加快消化的速度。

上述几种消化方法各有优缺点，在处理不同样品或做不同测定项目时，做法略有差异，在加热温度、加酸的次序和种类、氧化剂和催化剂的加入与否方面，可按要求和经验灵活掌握，并同时做空白试验，以消除试剂及操作条件不同所带来的误差。

(4) 消化的操作技术　根据消化的具体操作不同，可分为敞口消化法、回流消化法、冷消化法和密封罐消化法。

① 敞口消化法。这是最常用的消化操作，通常在凯氏烧瓶或硬质锥形瓶中进行消化。凯氏烧瓶是一种底部梨形具有长颈的硬质烧瓶，如图 2-3 所示。操作时，在凯氏烧瓶中加入样品和消化液，将瓶倾斜 45 度，瓶口加一支长颈漏斗防止水分快速蒸发。用电炉、电热板或煤气灯加热，直至消化完全为止。由于本法系敞口加热操作，有大量消化酸雾和消化分解产物逸出，需要在通风橱内进行。为了克服凯氏烧瓶因颈长圆底而取样不方便，可采用硬质锥形瓶进行消化。

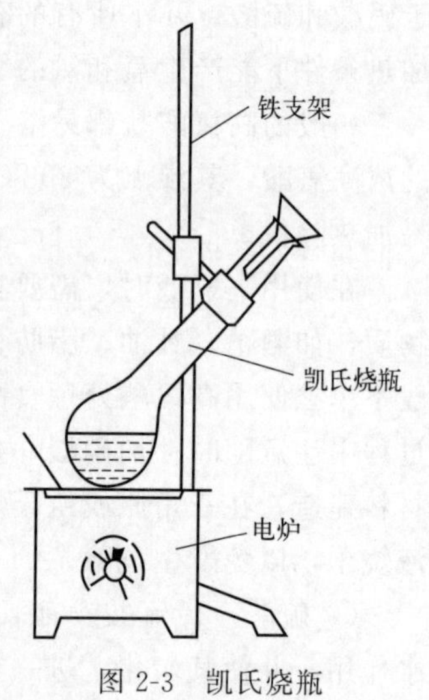

图 2-3　凯氏烧瓶

② 回流消化法。测定具有挥发性的成分时，可在回流装置中进行消化，这种回流装置在上端连接冷凝器，可使挥发性成分随同冷凝酸雾形成酸液流回反应瓶内，不仅可避免被测成分的挥发损失，也可防止烧干。

③ 冷硝化法。冷消化法又称低温硝化法，是将样品和消化液混合后，置于室温或 37～40℃的烘箱内放置过夜。由于在低温下消化可避免极易挥发的元素（如汞）的挥发损失，无需特殊的设备，较为方便，但仅适用于含有机物较少的样品。

④ 密封罐消化法。这是近年来开发的一种新型样品消化技术。在聚四氟乙烯容器中加入样品，如果样品量为 1g 或 1g 以下，可加入 4mL 30％过氧化氢和一滴硝酸于密封罐内，放入 150℃的烘箱中保温 2h，待自然冷却至室温，摇匀，开盖，便可取此液直接测定，不需要冲洗转移。由于过氧化氢和硝酸经加热分解后，均生成气体逸出，故空白值较低。

(5) 消化操作的注意事项

① 消化所用的试剂，应采用纯净的酸或氧化剂，所含杂质要少，并同时按与样品相同的步骤做空白试验，以扣除消化试剂对测定数据的影响。如果空白值较高，应提高试剂纯度，并选择质量较好的玻璃器皿进行消化。

② 消化瓶内可加玻璃珠或瓷片以防止暴沸。凯氏烧瓶的瓶口应倾斜，不应该对着自己或他人，加热时火力应集中于底部。瓶颈部位应保持较低的温度以冷凝酸雾，并减少被测成分的挥发损失，消化时如果产生大量泡沫，除了迅速减少火力外，也可将样品和消化液在室温下浸泡过夜，第二天再进行加热消化。

③ 在消化过程中需要补加酸或氧化剂时，首先要停止加热，待消化液冷却后再沿瓶壁

缓缓加入以免发生剧烈反应引起喷溅，造成对操作者的危害和样品的损失。在高温下补加酸会使酸迅速挥发，既浪费酸，又会对环境增加污染。

2. 干灰化法

干灰化法简称灰化法或灼烧法，同样是破坏有机物质的常规方法，通常将样品放在坩埚中，在高温灼烧下食品样品脱水、焦化，并在空气中氧气的作用下，有机物氧化分解成二氧化碳、水和其他气体而挥发，剩下无机物（盐类或氧化物）供测定用。

（1）灰化法的优缺点　灰化法不加或加入很少的试剂，因而有较低的空白值，它能处理较多的样品。很多食品经灼烧后灰分少、体积小，故可加大样品量（可达 10g 左右），在方法灵敏度相同的情况下，可提高检出率。灰化法适用范围广，很多痕量元素的分析都可采用。灰化法操作简单，需要的设备少，适合做大批量样品的前处理，省时省事。灰化法的缺点是，由于敞口灰化，温度高，故容易造成被测成分的挥发损失；坩埚材料对被测成分有吸留作用，由于高温灼烧使坩埚材料结构改变造成微小空穴，某些被测成分吸留于空穴中很难溶出，致使回收率降低，灰化时间长。

（2）提高回收率的措施　用灰化法破坏有机物时，影响回收率的主要因素首先是高温挥发损失，其次是容器壁的吸留。提高回收率的措施有：

① 采取适宜的灰化温度。灰化食品样品应在尽可能低的温度下进行，但温度过低会延长灰化时间，通常选用 500～550℃灰化 2h 或在 600℃灰化，一般不要超过 600℃。控制较低的温度是克服灰化缺点的主要措施。近年来，开始采用低温灰化技术，将样品放在低温灰化炉中，先将炉内抽至接近真空（10Pa 左右），然后不断通入氧气（0.3～0.8L/min），用射频照射使氧气活化，在低于 150℃的温度下便可将有机物全部灰化，但低温灰化炉仪器较贵，尚难普及推广。用氧瓶燃烧法来灰化样品不需要特殊的设备，较易办到。将样品包在滤纸内，夹在燃烧瓶塞下的托架上，在燃烧瓶中加入一定量吸收液，并充满纯的氧气，点燃滤纸包后立即塞紧燃烧瓶瓶口，使样品中的有机物燃烧完全。剧烈振摇，让烟全部吸收在吸收液中，最后取出分析。本法适用于植物叶片、种子等少量固体样品，也适用于少量被纸色谱分析分离后的样品斑点分析。

② 加入助灰化剂。加入助灰化剂可以加速有机物的氧化，并可防止某些组分的挥发损失和增强吸留。例如，加氢氧化钠或氢氧化钙可使卤族元素转变成难挥发的碘化钠和氟化钙等；灰化含砷样品时，加入氧化砷和硝酸镁，能够使砷转变成不挥发的焦砷酸镁，硝酸镁还起衬垫材料的作用，减少样品与坩埚的接触和吸留。

③ 促进灰化和防止损失的措施。样品灰化后如仍不变白，可加入适量酸或水搅动，帮助灰分溶解，解除低熔点灰分对炭粒的包裹，再继续灰化，这样可缩短灰化时间，但必须让坩埚稍冷后才加酸或水，加酸还可以改变盐的组成形式，如加硫酸可使一些易挥发的氧化铅、氧化砷转变成难挥发的硫酸盐；加硝酸可提高灰分的溶解度，但是酸不宜加得过多，否则会对高温炉造成损害。

三、蒸馏法

蒸馏法是利用液体混合物中各组分的挥发度不同而进行分离的一种方法，可以用于除去干扰组分，也可以用于被测组分的蒸馏逸出，收集馏出液进行分析。根据样品组分性质不同，蒸馏方式有常压蒸馏、减压蒸馏、水蒸气蒸馏。

1. **常压蒸馏**

当被蒸馏的物质受热后不易发生分解时或在沸点不太高的情况下，可在常压下进行蒸馏。常压蒸馏的装置比较简单，见图 2-4。加热方式要根据被蒸馏物质的沸点来确定，如果沸点不高于 90℃可用水浴加热；如果沸点超过 90℃，则可改用油浴、沙浴、盐浴和石棉浴；如果被蒸馏的物质不易爆炸或燃烧，可用电炉或酒精灯直火加热；如果是有机溶剂则要用水浴。并注意防火。

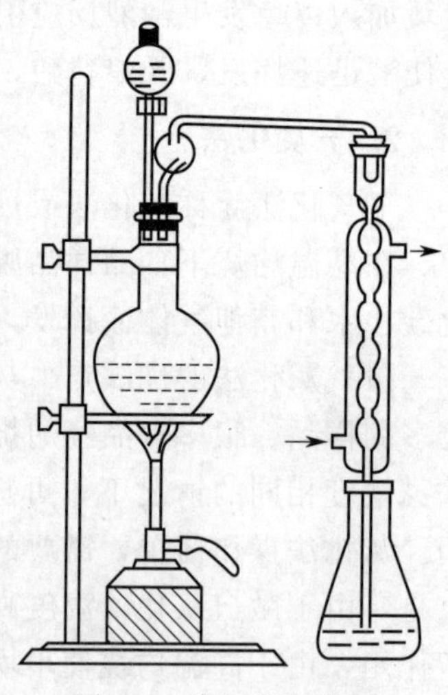
图 2-4　常压蒸馏装置

2. **减压蒸馏**

如果样品中待蒸馏组分易分解或沸点不太高时，可采取减压蒸馏。该法装置比较复杂，如图 2-5 所示。如海产品中无机砷的减压蒸馏分离，在 2.67kPa（20mmHg）压力下，于 70℃进行蒸馏，可使样品中的无机砷在盐酸存在下生成三氯化砷而被蒸馏出来。而有机砷在此条件下不挥发也不分解，仍留在蒸馏瓶内，从而达到分离的目的。

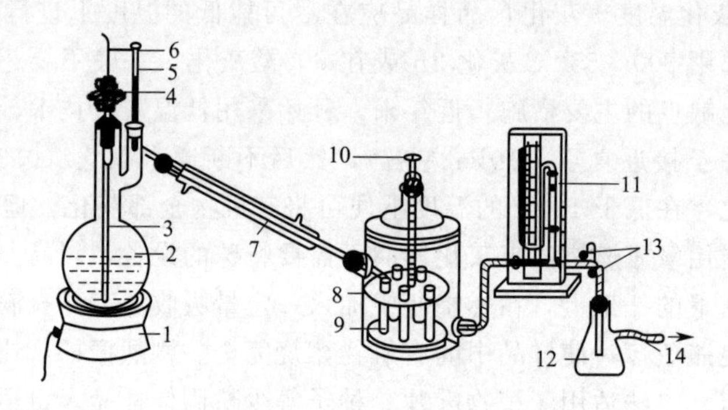

图 2-5　减压蒸馏装置

1—电炉；2—克莱森瓶；3—毛细管；4—螺旋止水夹；5—温度计；6—细铜丝；7—冷凝器；8—接收瓶；9—接收器；10—转动柄；11—压力计；12—安全瓶；13—三通阀门；14—接抽气机

3. **水蒸气蒸馏**

某些物质沸点较高，直接加热蒸馏时，因受热不均匀引起局部炭化；还有些被测组分，当加热到沸点时可能发生分解。这些成分的提取可用水蒸气蒸馏。水蒸气蒸馏是用水蒸气加热水和与水互不相溶的混合液体，使具有一定挥发度的被测组分与水蒸气按分压成比例地从溶液中一起蒸馏出来，该法装置较复杂，如图 2-6 所示。例如，防腐剂苯甲酸及其钠盐的测定、从样品中分离六六六等，均可用水蒸气蒸馏法进行处理。

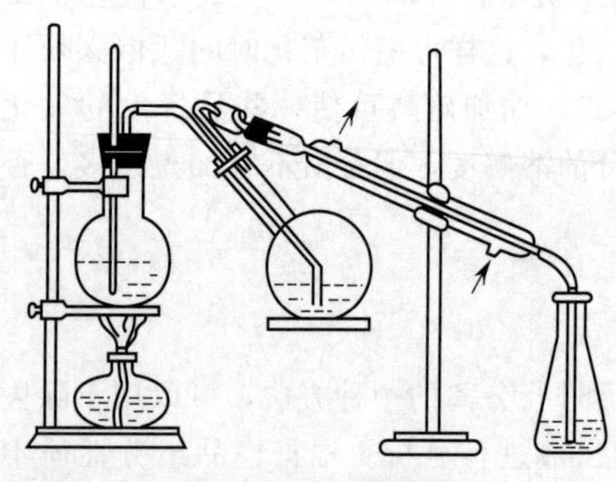
图 2-6　水蒸气蒸馏装置

四、溶剂提取法

同一溶剂中不同的物质有不同的溶解度，同一物质在不同的溶剂中的溶解度也不同。利用样品中各组分在特定溶液中的溶解度的差异，使其完全或部分分离的方法即为溶剂提取法。最常用的是溶剂分层法和浸提法。若被提取的组分是有色化合物，则可取有机相直接进行比色测定，这种方法叫作萃取比色法。萃取比色法具有较高的灵敏度和选择性。

1. 萃取法

又叫溶剂分层法，是利用某组分在两种互不相溶的溶剂中分配系数的不同，使其从一种溶剂转移到另一种溶剂中，而与其他组分分离的方法。此法操作迅速，分离效果好，应用广泛，但萃取剂通常易燃、易挥发，且有毒性。

（1）萃取溶剂的选择　萃取溶剂应与原溶剂互不相溶，对被测组分有最大溶解度，而对杂质有最小溶解度。即被测组分在萃取溶剂中有最大的分配系数，而杂质有最小的分配系数，经萃取后，被测组分进入萃取溶剂中，与留在原溶剂中的杂质分离开。此外，还应考虑两种溶剂分层的难易以及是否会产生泡沫等问题。

（2）萃取方法　萃取通常在分液漏斗中进行，一般需经4～5次的萃取才能达到分离的目的。当用密度小于水的溶剂从水溶剂中提取分配系数较小，或振荡后易乳化的物质时，采用连续液体萃取器比分液漏斗效果更好。

对于酸性或碱性组分的分离，可通过改变溶液的酸碱性来改变被测组分的极性，以利于萃取分离。例如，分离食品中的苯甲酸钠时应先加酸使溶液酸化，苯甲酸钠转变成苯甲酸后，再用乙醚萃取；鱼中组胺以盐的形式存在时，需要加碱变为组胺，才能用戊醇进行萃取，然后加盐酸，此时组胺以盐酸盐的形式存在，易溶于水，被反萃取至水相，达到较好的分离。海产品中无机砷与有机砷的分离，可利用无机砷在大于8mol/L盐酸中易溶于有机溶剂，小于2mol/L盐酸中易溶于水的特性，先加8mol/L盐酸于海产品中，并以乙酸丁酯等有机溶剂萃取。此时无机砷进入乙酸丁酯层，而有机砷仍留在水层（可弃去），然后加水于乙酸丁酯中振摇（反萃取），此时无机砷进入水中，干扰的有机物仍留在有机相，较好地完成了分离。

2. 浸提法

用适当的溶剂从固体样品中将某种待测定组分浸提出来的方法就是浸提法，又称液-固萃取法。该法应用广泛，例如，从茶叶中提取茶多酚、从香菇中提取香菇多糖等。

（1）提取剂的选择　一般来说，提取效果符合相似相溶的原则，故应根据被提取物的极性强弱选择提取剂。对极性较弱的成分（如有机氯农药）可用极性小的溶剂（如正己烷、石油醚）提取；对极性强的成分（如黄曲霉毒素B_1）可用极性大的溶剂（如甲醇与水的混合溶液）提取。提取剂的沸点宜在45～80℃之间。沸点太低易挥发，沸点太高则不易浓缩，且对热稳定性差的被提取成分不利。此外，要求所有提取剂既能大量溶解被提取的物质，又不能破坏被提取物质的性质。提取剂应无毒或毒性小。

（2）提取方法

① 振荡浸渍法。将样品切碎，置于合适的溶剂系统中，浸渍、摇荡一定时间，即可从样品中提取出被测成分。此法简便易行，但回收率较低。

② 捣碎法。将切碎的样品放入捣碎机中，加提取剂捣碎一定时间，使被测成分被提取出来。此法回收率较高，但干扰杂质溶出较多。

③ 索氏提取法。将一定量的样品放入索氏提取器中，加入提取剂，加热回流一定时间，

将被测成分提取出来。此法的优点是提取剂用量少，提取完全，回收率高，但操作较麻烦，且需要专用的索氏提取器，见图2-7。

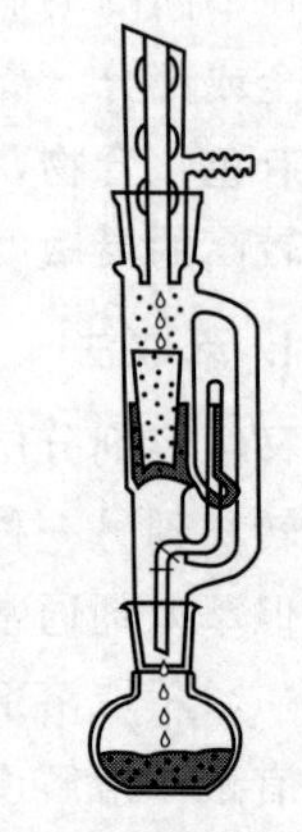

图2-7 索氏提取器

五、盐析法

盐析法是指向溶液中加入某一盐类物质，使溶质在原溶剂中的溶解度大大降低，从而从溶剂中沉淀出来的一种方法。例如，在蛋白质溶液中加入大量的盐类，特别是加入重金属盐，蛋白质就从溶液中沉淀出来。

在进行盐析时，应注意溶液中所要加入的物质的选择，它不会破坏溶液中所要析出的物质，否则达不到盐析的目的。此外，要注意选择适当的盐析条件，如溶液的pH值、温度等。

六、化学分离法

1. 磺化和皂化法

磺化和皂化法是处理油脂和含脂肪样品时常使用的方法。样品经过磺化或皂化处理后，油脂就会由憎水性变为亲水性。这时油脂中那些要测定的非极性的物质就能较容易地被非极性或弱极性溶剂提取出来，常用于食品中农药残留的分析。

(1) 磺化法　磺化法的原理是油脂遇到浓硫酸发生磺化，浓硫酸与脂肪和色素中的不饱和键发生加成反应，形成可溶于硫酸和水的强极性化合物，不再被弱极性的有机溶剂所溶解，从而使脂肪被分离出来，达到分离净化的目的。用浓硫酸处理样品提取液，再用水清洗，可有效地除去脂肪、色素等干扰杂质。

此法简单、快速、净化效果好，但用于农药分析时，仅限于在强酸介质中稳定的农药提取液的净化，其回收率在80%以上。但不能用于狄氏剂和一般的有机磷农药，个别有机磷农药可控制在一定酸度的条件下应用。

利用浓硫酸处理过的硅藻土作层析柱，使待净化的样品提取液通过，以磺化其中的油脂，这是比较常用的净化方法，也可以不使用硅藻土而把浓硫酸直接加在样品溶液里进行振摇和分层处理，以磺化除去其中的油脂，称为直接磺化法。

(2) 皂化法　皂化法常以热的氢氧化钾-乙醇溶液与脂肪及其他杂质发生皂化反应而将其除去。对一些对碱稳定的农药（如艾氏剂、狄氏剂）进行净化时，可用皂化法除去混入的脂肪。在用荧光光度法测定肉、鱼、禽类及其熏制品的3,4-苯并芘时也可使用皂化法（向样品中加入氢氧化钾回流皂化2h）除去样品中的脂肪。

2. 沉淀分离法

沉淀分离法是利用沉淀反应进行分离的方法。在试样中加入适当的沉淀剂，使被测组分沉淀下来，或将干扰组分沉淀下来，经过过滤或离心将沉淀与母液分开，从而达到分离目的。例如，测定冷饮中糖精钠含量时，可在试剂中加入碱性硫酸铜，将蛋白质等干扰杂质沉淀下来，而糖精钠仍然留在试液中，经过滤除去沉淀后，取滤液进行分析。又如，用氢氧化铜或碱性乙酸铅将蛋白质从水溶液中沉淀下来，将沉淀消化并测定其中的氮量，据此可以得到样品中的纯蛋白质的含量。

在进行沉淀分离时，应注意溶液中所要加入的沉淀剂的选择。所选沉淀剂不应破坏溶液中所要沉淀析出的物质，否则达不到分离提取的目的。沉淀后，要选择适当的分离方法，如过滤、离心分离或蒸发等，这要根据溶液、沉淀剂、沉淀析出物质的性质和实验要求来决定。沉淀操作中经常伴有 pH 值、温度等条件要求。

3. 掩蔽法

利用掩蔽剂与样品中干扰成分作用，使干扰成分转变为不干扰测定的状态，即被掩蔽起来。运用这种方法，可以不经过分离干扰成分的操作而消除其干扰作用，简化分析步骤，因而在食品分析中广泛应用于样品的净化，特别是测定食品中的金属元素时，常加入配位掩蔽剂消除共存的干扰离子的影响。如二硫腙比色法测定铅含量时，在测定条件（pH=9）下，Cu^{2+}、Cd^{2+} 等离子对测定有干扰，可以加入氰化钾和柠檬酸铵进行掩蔽消除它们的干扰。

七、色谱分离法

色谱分离法又称色层分离法，是一种在载体上进行物质分离的方法的总称，根据分离原理的不同分为吸附色谱分离法、分配色谱分离法和离子交换色谱分离法等。该类分离方法效果好，在食品分析检验中广泛应用。色谱分离法不仅分离效果好，而且分离过程往往也就是鉴定的过程，本法常用于有机物质的分析测定。

1. 吸附色谱分离法

吸附色谱分离法是利用聚酰胺、硅胶、硅藻土、氧化铝等吸附剂，经过活化处理后具有适当的吸附能力，可对被测组分或干扰组分进行选择性吸附而达到分离的目的。例如，聚酰胺对色素有很大的吸附力，而其他组分则难以被其吸附，在测定食品中色素含量时，常用聚酰胺吸附色素，经过过滤、洗涤，再用适当溶剂解吸，可以得到较纯净的色素溶液供测试用。吸附剂可以直接加入样品中吸附色素，也可将吸附剂装入玻璃管制成吸附柱或涂抹成薄层板使用。

2. 分配色谱分离法

分配色谱分离法是根据两种不同的物质，在两相中的分配比不同进行分离。两相中的一相是流动的，称为流动相；另一相是固定的，称为固定相，当溶剂渗透于固定相中并向上渗透时，组分就在两相中进行反复分配进而分离。例如，多糖类样品的纸色谱，样品经酸水解处理，中和后制成试液，在滤纸上进行点样，用苯酚-1%氨水饱和溶液展开，苯胺-邻苯二甲酸显色剂显色，于 105℃加热数分钟，可见不同色斑：戊醛糖（红棕色）、己醛糖（棕褐色）、己酮糖（淡棕色）、双糖类（黄棕色）的色斑。

3. 离子交换色谱分离法

离子交换色谱分离法是利用离子交换剂和溶液中的离子之间所产生的交换反应来进行分离的方法，根据被交换离子的电荷分为阳离子交换和阴离子交换。交换作用可用下列反应式表示。

$$\text{阳离子交换：} R{-}H + M^{+} + X^{-} \longrightarrow R{-}M + HX$$

$$\text{阴离子交换：} R{-}OH + M^{+} + X^{-} \longrightarrow R{-}X + MOH$$

式中　R——离子交换剂的母体；

MX——被交换的物质。

该法可用于从样品溶液中分离待测离子，也可从样品溶液中分离干扰组分。可将试样溶液与离子交换剂一起混合振荡或将试样溶液缓缓通过事先制备好的离子交换柱，则被测离子或干扰组分与交换剂上的 H^+ 或 OH^- 发生交换，被测离子或干扰组分保留在柱上从而将其分离。例如，可以利用离子交换色谱分离法制备无氨水、无铅水及分离比较复杂的样品。

八、浓缩法

食品样品经提取、净化后，有时净化液的体积较大，被测组分的浓度太小，会影响最后结果的测定。此时需要对被测样品溶液进行浓缩，以提高被测成分的浓度。常用的方法有常压浓缩和减压浓缩两种。

1. 常压浓缩法

常压浓缩法只能用于待测组分为非挥发性的样品试液的浓缩，否则会造成待测组分的损失。可采用蒸发器直接蒸发。如果溶剂需要回收，则可用一般蒸馏装置或旋转蒸发器，该法操作简单、快速，是常用的方法。

2. 减压浓缩法

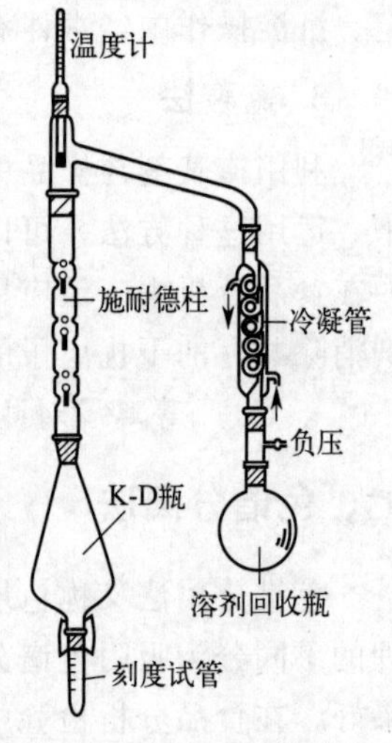

图 2-8　K-D 浓缩器

减压浓缩法主要用于待测组分为热不稳定性或易挥发性的样品净化液的浓缩，其样品净化液的浓缩需要使用 K-D 浓缩器（如图 2-8 所示）。浓缩时，水浴加热并抽气减压，以便浓缩在较低的温度下进行，且速度快，可减少被测组分的损失。食品中有机磷农药的测定（如甲胺磷、乙酰甲胺磷）多采用此法浓缩样品净化液。

知识 2-3 食品样品检验方法的选择

一、正确选择检验方法的重要性

食品成分检验的目的在于为生产部门和市场监督管理部门提供准确、可靠的检验数据，以便生产部门根据这些数据对原料的质量进行控制，制定合理的工艺条件，保证生产正常进行，以较低的成本生产出符合质量标准卫生标准的产品；市场监督管理部门则根据这些数据对被测食品的品质和质量做出正确客观的判断和评定，防止质量低劣的食品危害消费者的身心健康。为了达到上述目的，除了需要采取正确的方法采集样品，并对采集的样品进行合理的制备和预处理外，在现有的众多检验方法中，选择正确的检验方法是保证检验结果准确的又一关键环节，如果选择的检验方法不恰当，即使前序环节非常严格、正确，得到的检测结果也可能是毫无意义的，甚至会给生产和管理带来错误的消息，造成人力、物力的损失。

二、选择检验方法应考虑的因素

样品中待测成分的检验方法往往很多，怎样选择最恰当的检验方法需要周密考虑。一般地说，应该综合考虑下列各因素。

1. 检验要求的准确度和精密度

不同的检验方法的灵敏度、选择性、准确度、精密度各不相同，要根据生产和科研工作对检测结果要求的准确度和精密度选择适当的检验方法。

2. 检验方法的繁简、检验速度和费用

不同检验方法操作步骤的繁简程度和所需时间及劳力各不相同，样品检验的费用也不同，要根据待测样品的数目和要求取得检验结果的时间等来选择适当的检验方法。同一样品需要测定几种成分时，应尽可能选用能用同一份样品处理液同时测定几种成分的方法，以达到简洁、快速的目的。

3. 样品的特性

各类样品中待测成分的形态和含量不同，可能存在的干扰物质及其含量不同，样品的溶解和待测成分的提取难易程度也不同。要根据样品的这些特征来选择制备待测液、定量某成分和消除干扰的适宜方法。

4. 现有条件

检验工作一般在实验室进行，各级实验室的设备条件和技术条件也不相同，应根据具体条件来选择适当的检验方法。

在具体情况下究竟选用哪一种方法，必须综合考虑上述各项因素。但首先必须了解各类方法的特点，如方法的精密度、准确度、灵敏度等，以便加以比较。

思考题

1. 食品样品的采样原则及程序有哪些?
2. 一般食品样品应如何制备?
3. 食品样品如何保存?
4. 食品样品无机化处理法有哪些方法?
5. 食品样品中成分的提取分离有哪些常用方法?
6. 什么是萃取法? 萃取的操作有哪些步骤?

阅读材料

亚临界水萃取及其在食品样品前处理中的应用

亚临界水萃取主要用于处理各种环境样品中固体和半固体中的挥发性和半挥发性有机污染物。通常条件下，水是极性化合物，常温常压下水的介电常数 $\varepsilon=80$，能很好地溶解极性有机化合物，中极性和非极性有机化合物的溶解度很小，在适度的压力下，只要水保持为液态，水的极性就会随温度的变化而改变。在 500kPa 的压力下，随温度升高（50～300℃），其介电常数由 70 减少至 1，极性降低，对中极性和非极性有机物的溶解能力也会增加。这种低于临界压力（$p_c=22.1$MPa）、临界温度（$T_c=374$℃）状态下的液态水被称为亚临界水。亚临界水与常温常压下的水在性质上有较大差别，它类似于有机溶剂。与传统的前处理技术相比具有以下优点：①设备简单，成本低；②萃取时间短，萃取效率高；③通过改变萃取温度可以改变水的极性，从而可以选择性地萃取样品基体中的不同极性的有机化合物；④采用水作萃取剂，基本不使用有机溶剂，对环境污染少。亚临界水萃取技术具有快速、高效、高选择性、低污染等特点，特别是亚临界水的特性使它可以代替高毒性有机溶剂，为其应用开辟了一个新的领域。作为一种新兴的绿色样品前处理技术，其应用前景十分广阔。亚临界萃取技术在食品工业中的应用主要有以下几点。

一、在农药残留检测中应用

食品中农药残留检测主要是传统前处理比较麻烦，步骤繁多，而新发展起来的分子印迹、酶联免疫又要求高的实验设备。亚临界水萃取技术由于其设备简单、萃取时间短、无二次污染等特点受到越来越多的重视。苏明伟等首次将亚临界水萃取技术用于果蔬的农药残留样品的预处理，处理时间短、提取率高。探讨了亚临界水萃取技术快速预处理果蔬中的农药残留，乙酰胆碱酯酶光度法进行检测分析。通过模拟样品试验获得亚临界水对大白菜中甲胺磷农药残留萃取的优化条件为温度100～120℃，时间2～4min。与国标振荡法和超声法相比，亚临界水萃取具有提取率高、精密度好且操作简便的特点。

二、在亚硝酸盐检测中的应用

亚硝酸盐在肉制品中广泛添加，其潜在毒性引起人们关注。肉制品中亚硝酸盐的亚临界水萃取预处理技术与国标法的预处理过程相比，亚临界水萃取具有试剂用量小、萃取效率高等特点。

三、在天然成分提取中的应用

植物中天然成分的提取方法主要有超临界流体萃取法、水蒸气蒸馏法和溶剂提取法，但是，它们各有优缺点，亚临界水萃取在植物提取中有着自己的优点，其高效、低成本和无污染日益引起人们的关注。利用亚临界水萃取和蒸馏法两种方法从植物中提取可食用挥发性香精油，结果表明亚临界水萃取在2.0MPa、125℃、流速为1mL/min的条件下进行24min比蒸馏法提取3h效果好，提取速度快，成本低。

亚临界水萃取技术是一种非常有前景的分离提取纯化技术。针对食品行业特点，可在以下几个方面展开工作：

① 用作食品质量控制，如农药残余、重金属浓度分析的前处理技术；

② 用作食品中脂溶性有效成分分析，如挥发油等的分析前处理技术；

③ 根据亚临界水的特性，通过改变温度而改变溶剂系统的极性，实现分析过程的梯度洗脱。

任务单元 1

食品感官检验

任务 1

食品中味觉敏感度的测定

【任务描述】

“甜、酸、咸、苦、鲜、金属”是食品中常见的味道。通过品尝不同味道，掌握味觉检验的方法。如食盐是人们日常生活中常用的调味品，正常情况下一般每人每天食盐的用量不超过 6g，长期过量食用会对人的心脑血管产生危害。食盐中往往加入抗结剂（如亚铁氰化钾、柠檬酸铁铵）和碘酸钾（加碘盐），过量加入也会对人身产生危害。请你对日常食盐品质进行分析，并出具检验报告单。

【学习目标】

1. 素质目标：具备实验室安全意识、“质量第一”的责任意识、团队合作意识、环保意识、良好的实验习惯及职业素养、严谨的思维方法、实事求是的工作作风。

2. 知识目标：掌握食品中味觉敏感度测定的原理。

3. 能力目标：能规范使用分析天平等分析仪器，能准确书写数据记录和检验报告。

【任务书】

任务要求：解读 GB/T 12312—2012《感官分析　味觉敏感度的测定方法》。

一、方法提要

1. 味道识别

按照已知顺序向每位评价员提供某一味道参考物质给定浓度的水溶液，每次品尝后，评价员分辨品评味道并作记录。

2. 不同类型阈值识别

对每种味道，按浓度递增的顺序向感官评价员提供适宜参考物的系列稀释液，每次品尝后记录品评结果。

二、仪器与试剂

1. 仪器、材料

（1）分析天平：准确度±0.0001g；

（2）容量瓶：250mL、500mL、1L；

（3）烧杯：50mL、100mL、500mL；

（4）量筒：25mL、50mL；

（5）移液管：5mL、10mL、20mL、25mL、50mL；

（6）洗瓶；

（7）滴管；

（8）洗耳球；

（9）漏斗；

（10）样品匙。

2. 试剂及溶液

除非另有说明，本方法所用试剂均为分析纯，水为GB/T 6682规定的三级水。

（1）1.2g/L柠檬酸储备液：称取1.2g柠檬酸，溶解后转移至1L容量瓶中定容。

（2）柠檬酸使用液：分别移取105mL、131mL、164mL、205mL、256mL、320mL、400mL、500mL柠檬酸储备液，转移至1L容量瓶中定容，配制成浓度分别为0.13g/L、0.16g/L、0.20g/L、0.25g/L、0.31g/L、0.38g/L、0.48g/L、0.60g/L的柠檬酸使用液。

（3）0.54g/L咖啡因储备液：称取0.54g咖啡因，溶解后转移至1L容量瓶中定容。

（4）咖啡因使用液：分别移取105mL、131mL、164mL、205mL、256mL、320mL、400mL、500mL咖啡因储备液，转移至1L容量瓶中定容，配制成浓度分别为0.06g/L、0.07g/L、0.09g/L、0.11g/L、0.14g/L、0.17g/L、0.22g/L、0.27g/L的咖啡因使用液。

（5）4.0g/L食盐储备液：称取4.0g食盐，溶解后转移至1L容量瓶中定容。

（6）食盐使用液：分别移取41mL、59mL、84mL、120mL、172mL、245mL、350mL、500mL食盐储备液，转移至1L容量瓶中定容，配制成浓度分别为0.16g/L、0.24g/L、0.34g/L、0.48g/L、0.69g/L、0.98g/L、1.40g/L、2.00g/L的食盐使用液。

（7）24.0g/L蔗糖储备液：称取24.0g蔗糖，溶解后转移至1L容量瓶中定容。

（8）蔗糖使用液：分别移取14mL、23mL、39mL、65mL、108mL、180mL、300mL、500mL蔗糖储备液，转移至1L容量瓶中定容，配制成浓度分别为0.34g/L、0.55g/L、0.94g/L、1.56g/L、2.59g/L、4.32g/L、7.20g/L、12.00g/L的蔗糖使用液。

（9）2.0g/L谷氨酸钠储备液：称取2.0g谷氨酸钠，溶解后转移至1L容量瓶中定容。

（10）谷氨酸钠使用液：分别移取41mL、59mL、84mL、120mL、172mL、245mL、350mL、500mL谷氨酸钠储备液，转移至1L容量瓶中定容，配制成浓度分别为0.08g/L、0.12g/L、0.17g/L、0.24g/L、0.34g/L、0.49g/L、0.70g/L、1.00g/L的谷氨酸钠使用液。

（11）0.016g/L硫酸亚铁储备液：称取0.016g硫酸亚铁，溶解后转移至1L容量瓶中定容。

（12）硫酸亚铁使用液：分别移取 41mL、59mL、84mL、120mL、172mL、245mL、350mL、500mL 硫酸亚铁储备液，转移至 1L 容量瓶中定容，配制成浓度分别为 0.66mg/L、0.94mg/L、1.34mg/L、1.92mg/L、2.75mg/L、3.92mg/L、5.60mg/L、8.00mg/L 的硫酸亚铁使用液。

三、测定过程

1. 对于每个试液杯（50mL 烧杯），先取一个三位数随机样品编号。

2. 在白瓷盘中，放有 12 个有编号的小烧杯，各盛有 30mL 不同浓度的基本味觉试液，试液以随机顺序从左到右排列。先用清水洗漱口腔（水温约 40℃），然后选取第一个小烧杯，喝一小口试液含于口中（注意请勿咽下），活动口腔，使试液充分接触整个舌头。

3. 仔细辨别味道，然后吐出试液，用清水洗漱口腔。记录烧杯号码及味觉判别。当试液的味道浓度低于你的分辨能力时，以“O”表示；当试液的味道不能明确判别时，以“?”表示；对于能肯定的味觉，分别以“酸、甜、咸、苦、鲜、金属”表示。

4. 更换一批试液，重复以上操作，从左到右按顺序判别各试液，记录结果。

5. 注意事项

（1）每个试液应只品尝一次。若判别不能确定时，可重复，但品尝次数过多会引起感官疲劳，敏感度降低。

（2）溶液配制时，水质非常重要，需用“无味中性”水。

（3）加热应在水浴中进行。

（4）每份被品尝的试液体积以 20～30mL 较为适宜。

（5）所用的玻璃器皿无灰尘、无油脂，用清水洗涤。

（6）品尝试液应有一定顺序（从左至右）。在品尝每个试液前都一定要漱口（20～30mL 清水），水温约 40℃。

（7）从容量瓶倒出试液时应十分小心，两者号码必须一致，这对于判断很重要，否则会引起结果误差。

（8）试样容器选择 400～600mL 棕色玻璃烧杯，或采取一些措施避免实验人员看见吐出样液颜色和状态，引起不愉快感觉。

四、数据记录

容器编号	未识别出味道	酸味	甜味	咸味	苦味	鲜味	金属味

【制订实施方案】

步骤	实施方案内容	任务分工
1		
2		
3		
4		
5		
6		
7		

【确定方案】

1. 分组讨论食品中味觉敏感度测定的过程，并分组派代表阐述流程；
2. 师生共同讨论，选出最佳方案。

【实施方案】

1. 领取仪器并检查仪器是否完好；
2. 领取试剂并配制溶液；
3. 按照最佳方案完成任务；
4. 数据记录并处理。

【考核评价】

综合评价表

班级		姓名		学号	
工作任务					
评价指标	评价要素	分值	评分		
			自评	互评	师评
考勤(10%)	无迟到、早退、旷课现象	10			
职业素养考核(30%)	实验服穿戴规范整洁	5			
	安全意识、责任意识、环保意识、服从意识	5			
	团队合作、与人交流能力	5			
	劳动纪律,诚信、敬业、科学、严谨	5			
	具备发现(提出)问题、分析问题、解决问题能力	5			
	工作现场管理符合6S标准	5			
专业能力考核(60%)	积极参加教学活动,按时完成学生工作活页	10			
	仪器操作符合规范(错1处,扣5分)	10			
	溶液配制符合规范(错1次,扣5分)	20			
	规范记录数据,正确填写报告单,报出结果(错1处,扣3分)	20			
总分					
总评	自评(20%)+互评(30%)+师评(50%)	综合等级		教师:	

知识链接

一、食品感官检验概述

（一）食品感官检验的意义

食品感官检验就是凭借人体自身的感觉器官，就是凭借眼、耳、鼻、口（包括唇和舌头）和手，对食品的质量状况做出客观的评价。也就是通过用眼睛看、鼻子嗅、耳朵听、口品尝和手触摸等方式，对食品的色、香、味和外观形态进行综合性的鉴别和评价。

食品质量的优劣最直接地表现在它的感官性状上，通过感官指标来鉴别食品的优劣和真伪，不仅简便易行，而且灵敏度高，直观而实用，与使用各种理化、微生物的仪器进行分析相比有很多优点，因而它也是食品的生产、销售、管理人员所必须掌握的一门技能。广大消费者从维护自身权益角度讲，掌握这种方法也是十分必要的。因此，应用感官手段来鉴别食品的质量有着非常重要的意义。

食品感官检验能否真实、准确地反映客观事物的本质，除了与人体感觉器官的健全程度和灵敏程度有关外，还与人们对客观事物的认识能力有直接的关系。只有当人体的感觉器官正常，人们又熟悉有关食品质量的基本常识时，才能比较准确地鉴别出食品质量的优劣。因此，各类食品质量感官鉴别方法，为人们在日常生活中选购食品或食品原料、依法保护自己的正常权益不受侵犯提供了必要的客观依据。总之，食品感官检验对食品工业原材料、辅助材料、半成品和成品的质量检测和控制，食品储藏保鲜，新产品开发，市场调查以及家庭饮食等方面都具有重要的指导意义。

（二）食品感官检验的类型

1. 分析型感官检验

分析型感官检验有适当的测量仪器，可用物理、化学手段测定质量特性值，也可用人的感官来快速、经济，甚至高精度地对样品进行检验。这类检验最主要的问题是如何测定检验人员的识别能力。此检验是以判断产品有无差异为主，主要用于产品的入厂检验、工序控制与出厂检验。

2. 偏爱型感官检验

偏爱型感官检验与分析型感官检验正好相反，是以样品为工具，了解人的感官反应及倾向。这种检验必须用人的感官来进行，完全以人为测定器，调查、研究质量特性对人的感觉、嗜好状态的影响程序（无法用仪器测定）。这种检验的主要问题是如何能客观地评价不同检验人员的感觉状态及嗜好的分布倾向。

由于分析型感官检验是通过感觉器官的感觉来进行检测的，因此，为了降低个人感觉之间差异的影响，提高检测的重现性，以获得高精度的测定结果，分析型感官检验必须有一定的规范条件。

（1）评价基准的标准化　在感官测定食品的质量特性时，对每一测定项目，都必须有明确、具体的评价标准及评价基准物，以防止评价人员采用各自的评价标准和基准，使结果难以统一和比较。对同一类食品进行感官检验时，其基准及评价标准，必须具有连贯性及稳定性。因此，制作标准样品是评价基准标准化的最有效的方法。

（2）实验条件的规范化　在食品感官检验中，分析结果很容易受环境及实验条件的影响，故实验条件应该规范化。食品感官检验实验室应远离其他实验室，要求安静、隔音和整洁，不受外界干扰，无异味，具有令人心情舒畅的自然环境，有利于注意力集中。另外根据食品感官检验的特殊要求，实验室应有三个独立的区域，即样品准备室、检验室和集中工作室。

（3）评价人员素质的选定　从事食品感官检验的评价员，必须有良好的生理及心理条件，并经过适当的训练，感官感觉敏锐。

综上所述，分析型感官检验和偏爱型感官检验的最大差异是前者不受人的主观意志的影响，而后者主要靠人的主观判断。

（三）感觉的概念

1. 感觉的定义

感觉就是客观事物的各种特征和属性通过刺激人的不同的感觉器官引起兴奋，经神经传导到大脑皮层的神经中枢，从而产生的反应。一种特征或属性即产生一种感觉。而感觉的综合就形成了人对这一事物的认识及评价。比如蛋糕作用于人的感官时，通过视觉可以感觉到它的外观、颜色，通过味觉可以感受到它的风味、味道，通过触摸或咀嚼可以感受到它的质地软硬等。

2. 感觉的分类及敏感性

食品作为一种刺激物，它能刺激人的多种感觉器官而产生多种感官反应。人的感觉划分成五种基本感觉，即视觉、听觉、触觉、嗅觉和味觉。除上述五种基本感觉外，人类可辨认的感觉还有温度觉、痛觉、疲劳觉、口感等多种感官反应。感觉的敏感性是指人的感觉器官对刺激的感受、识别和分辨能力。感觉的敏感性因人而异，某些感觉通过训练或强化可以获得特别的发展，即敏感性增强。

3. 感觉阈值

感觉是由适当的刺激所产生的，然而刺激强度不同，产生的感觉也不同。这个强度范围称为感觉阈。它是指从刚好能引起感觉，到刚好不能引起感觉的刺激强度范围。如人的眼睛，只能对波长为380～780nm的光产生视觉。在此波长范围以外的光刺激，均不能引起视觉，这个波长范围的光被称为可见光，也就是人的视觉阈。因此，对各种感觉来说，都有一个感受体所能接受的外界刺激变化范围。感觉阈值是指感官或感受体对所能接受的刺激变化范围的上、下限以及对这个范围内最微小变化感觉的灵敏程度。依照测量技术和目的的不同，可以将感觉阈的概念分为以下几种。

（1）绝对感觉阈　是指以使人的感官产生一种感觉的某种刺激的最低刺激量为下限，导致感觉消失的最高刺激量为上限的刺激强度范围值。

（2）觉察阈（刺激阈）　引起感觉所需要的感官刺激量的最小值。

（3）识别阈　感知到的可以对感觉加以识别的感官刺激量的最小值。

（4）极限阈值　刚好导致感觉消失的最大刺激量，称之为感觉阈值上限，又称为极限阈值。

（5）差别阈　可感知到的刺激强度差别的最小值。

二、食品感官检验分类

按检验时所利用的感觉器官，食品感官检验可分为视觉检验、听觉检验、嗅觉检验、味觉检验和触觉检验。

（一）视觉检验

视觉检验是指通过被检验物作用于视觉器官所引起的反应，对食品进行评价的方法。这是判断食品质量的一个重要的感官手段。食品的外观形态和色泽对于评价食品的新鲜程度，食品是否有不良改变以及蔬菜、水果的成熟度等有着重要意义。视觉检验应在白天散射的光线下进行，以免灯光暗发生错觉。检验时应注意整体外观、大小、形态、块形的完整程度、清洁程度、表面有无光泽、颜色的深浅色调等。在检验液态食品时，要将它注入无色的玻璃器皿中，透过光线来观察，也可以将瓶子颠倒过来，观察其中有无夹杂物下沉或絮状物悬浮。检验有包装的食品时应从外往里检验，先检验整体外形，如罐装食品有无罐的鼓起或凹陷现象、软包装食品包装袋是否有鼓胀现象等，再检验内容物，然后给予评价。

（二）听觉检验

听觉检验是指通过被检验物作用于听觉器官所引起的反应，对食品进行评价的方法。人耳对一个声音的强度或频率的微小变化是很敏感的。利用听觉进行食品感官检验的应用范围十分广泛。食品的质感特别是咀嚼食品时发出的声音，在决定食品质量和食品接受性方面起重要作用，如膨化食品在咀嚼时应该发出特有的声音，否则可认为质量已发生变化。对于同一食品，在外来机械敲击下，应该发出相同的声音。但当其中的一些成分、结构发生变化后，原有的声音会发生一些变化。据此，可以检查许多产品的质量。如敲打罐头，用听觉检验其质量，生产中称为打检，从敲打发出的声音来判断是否出现异常，另外，容器有无裂缝等，也可通过听觉来判断。

（三）嗅觉检验

嗅觉检验是指通过被检物作用于嗅觉器官而引起的反应，评价食品的方法。人的嗅觉器官相当敏感，甚至用仪器分析的方法也不一定能检验出极轻微的变化，用嗅觉检验却能够发现。食品嗅觉检验的顺序应当是先识别淡气味，后鉴别浓气味，以免影响嗅觉的灵敏度。在鉴别前禁止吸烟。当食品发生轻微的腐败变质时，就会有不同的异味产生。如核桃的核仁变质所产生的酸败有哈喇味，西瓜变质会带有馊味等。食品的气味是一些具有挥发性的物质形成的，所以在进行嗅觉检验时常需稍稍加热，但最好是在15～25℃的常温下进行，因为食品中的气味挥发性物质的浓度常随温度的升高而增大。在检验食品时，液态食品可滴在清洁的手掌上摩擦，以增加气味的挥发。识别畜肉等大块食品时，可将一把尖刀稍微加热刺入深部，拔出后立即嗅闻气味。

（四）味觉检验

味觉检验是指通过被检物作用于味觉器官所引起的反应，评价食品的方法。味觉是由舌面和口腔内味觉细胞（味蕾）产生的，基本味觉有咸、酸、甜、苦四种，其余味觉都是由基本味觉组成的混合味觉。味觉还与嗅觉、触觉等其他感觉有联系。味觉灵敏度主要受以下因素的影响。

1. 食品温度的影响

食品温度对味蕾灵敏度影响较大。一般来说，味觉检验的最佳温度为20～40℃。温度过高会使味蕾麻木，温度过低会降低味蕾的灵敏度。

2. 舌头部位的影响

舌头不同部位味觉的灵敏度是不同的，表3-1列出舌头各部位的味觉阈限。

表3-1　舌头各部位的味觉阈限　　单位：%

味道	呈味物质	舌尖	舌边	舌根
咸	食盐	0.25	0.24～0.25	0.28
酸	柠檬酸	0.01	0.06～0.07	0.016
甜	蔗糖	0.49	0.72～0.76	0.79
苦	硫酸奎宁	0.00029	0.0002	0.00005

3. 产生味觉时间的影响

从刺激味觉感受器到出现味觉一般需0.15～0.4s。其中咸味的感觉最快，苦味的感觉最慢。所以，一般苦味总是在最后才有感觉。

4. 呈味物质的水溶性的影响

味觉的强度与呈味物质的水溶性有关。完全不溶于水的物质实际上是无味的，只有溶解于水中的物质才能刺激味觉神经，产生味觉。水溶性好的物质，味觉产生快，消失也快；水溶性较差的物质，味觉产生慢，消失也慢。蔗糖和糖精就属于这两类。

味觉检验前不要吸烟或吃刺激性较强的食物，以免降低感觉器官的灵敏度。检验时取少量被检验食品放入口中，细心品尝，然后吐出（不要咽下），用温水漱口。若连续检验几种样品，应先检验味淡的食品，后检验味浓的食品，且每品尝一种样品后，都要用温水漱口，以减少相互影响。对已有腐败迹象的食品，不要进行味觉检验。

（五）触觉检验

触觉检验是指通过被检物作用于触觉感受器官所引起的反应，评价食品的方法。触觉检验主要借助手、皮肤等器官的触觉神经来检验某些食品的弹性、韧性、紧密程度、稠度等，以鉴别其质量。由于感受器在皮肤内分布不均匀，所以不同部位有不同的敏感度。四肢皮肤比躯干皮肤敏感，手指尖的敏感度最强。如抓一把谷物凭手感评价其水分，根据肉类的弹性可判断其品质和新鲜程度等。此外，在品尝食品时，除了味觉外，还有脆性、黏性、弹性、硬度、冷热、油腻性和接触压力等触感。

进行食品感官检验时，通常先进行视觉检验，再进行嗅觉检验，然后进行味觉检验及触觉检验。

三、食品感官检验的基本要求

食品感官检验是以人的感觉为基础，通过感官评价食品的各种属性后，再经概率统计分析而获得客观的检测结果的一种检验方法。因此，评价过程不但受客观条件的影响，也受主观条件的影响。客观条件包括外部环境条件和样品的制备，主观条件则涉及参与食品感官检验的评价人员的基本条件和素质。因此，食品感官检验实验室的要求、检验人员的选择、样品的准备、实验时间的选择是感官检验得以顺利进行并获得理想结果的必备要素。

1. 食品感官检验实验室的要求

食品感官检验实验室的要求是隔音和整洁，不受外界干扰，无异味，具有令人心情舒畅的自然环境，有利于注意力集中。另外根据食品感官检验的特殊要求，实验室应有三个独立的区域，即样品准备实验室、检验实验室和集中工作实验室。

(1) 样品准备实验室　用于准备和提供被检验的样品。样品准备实验室应与检验实验室完全隔开，目的是不让检验人员见到样品的准备过程。样品准备实验室的大小与设施格局取决于检验的项目内容。另外，样品准备实验室内应设有排风系统。

(2) 检验实验室　用于进行食品感官检验。检验实验室内墙壁宜用白色涂料，颜色太深会影响检验人员的情绪。检验实验室大小可按参加人员数量与例行分析规模而定。为了避免检验人员互相之间的干扰（如交谈、面部表情等），室内应用隔板分隔成若干个适宜个人品评的独立空间。其中应有良好的自然采光与补充光源，检验台上都有传递样品的小窗口和简易的通信装置，检验台上要有漱洗杯和上下水装置，用来冲洗品尝后吐出的样品。

(3) 集中工作实验室　用于集中检验和综合讨论。室内应设有利于集中讨论的工作台，以便于检验人员进行集中工作。

2. 检验人员的选择

参加食品感官检验的检验人员必须具有一定的分析检验的基础知识及生理条件。根据食品感官检验的内容不同，检验人员选择的条件也有所差异。偏爱型检验人员的任务是对食品进行可接受性评价，这类检验人员可由任意的未经训练的人员所组成，人数一般不少于100，这些人必须在统计学上能代表消费者群体，以便保证试验结果的代表性和可靠性。分析型检验人员的任务是鉴定食品的质量，这类检验人员必须具备一定的条件并经过挑选测试。

(1) 分析型检验人员基本条件

① 年龄在20～50岁之间，男女不限。

② 对烟酒无嗜好，无食品偏爱习惯。

③ 健康状况良好，感觉器官健全，具有良好的分辨能力。

④ 对感觉内容与程度有确切的表达能力。

(2) 检验人员技能测试　包括味觉测试和嗅觉测试两部分。

① 味觉鉴别能力的测试。分别用砂糖溶液、柠檬酸溶液、咖啡因溶液、食盐溶液（表3-2）测试检验人员对甜、酸、苦、咸四种基本味觉的鉴别能力。

表3-2　鉴别不同味觉试验溶液浓度

口味	特征物质	试验储备液/(g/100mL)	试验液/(g/L)
甜	蔗糖	20	4;8
酸	氯化钠	10	0.8;1.5
苦	一水柠檬酸	1	0.2;0.3
咸	咖啡因	0.5	0.2;0.3

② 嗅觉鉴别能力的测试。要求能准确辨认出丁酸、醋酸、香草香精、草莓香精、柠檬香精的气味。评分标准见表3-3。

表3-3　气味辨别评分标准

评分	丁酸	醋酸	香草香精	草莓香精	柠檬香精
1分	氨		甜的	甜的	
2分			水果糖	葡萄	
3分	臭的	酸的		刨冰	
4分	刺激臭,酸臭	酸			明显的柑橘类
5分	丁酸,干酪臭	醋酸,醋	香草	草莓	柠檬

五种标准品辨认总得分在18分以上者为嗅觉测试合格者。

3. 样品的准备

(1) 样品数量　以确保三次以上的品尝为准，因为这样才能提高检验结果的可靠性。

(2) 样品温度　以最容易感受样品鉴评特性为基础，通常由该食品的饮食习惯而定。表3-4列出了几种样品呈送时的最佳温度。

表3-4　几种食品作为感官鉴评样品时的最佳呈送温度

品种	最佳温度/℃	品种	最佳温度/℃
啤酒	11～15	乳制品	15
白葡萄酒	13～16	冷冻浓橙汁	10～13
红葡萄酒、餐末葡萄酒	18～20	食用油	55

(3) 样品容器　盛样品的器皿，应洁净无异味，容器颜色、大小应该一致。如果条件允许，尽可能使用一次性纸制或塑料制容器，否则应洗净用过的器皿，避免污染。

(4) 样品的编号和顺序　食品感官检验是靠主观感觉判断的，从测定到形成概念之间的许多因素（如嗜好、偏爱、经验、广告、价格等）会影响检验结果，为了减少这些因素的影响，通常采用双盲法进行检验。即由工作人员对样品进行密码编号，而检验人员不知道编号与具体样品的对应关系，做到样品的编号和顺序随机化。

4. 实验时间的选择

食品感官检验宜在饭后2～3h内进行，避免过饱或饥饿状态。要求检验人员在检验前0.5h内不得吸烟，不得吃刺激性强的食物。

四、食品感官检验常用的方法

食品感官检验的方法很多。常用的食品感官检验方法可以分为三类：差别检验法、类别检验法和描述性检验法。在选择适宜的检验方法之前，首先要明确检验的目的、要求等。根据检验的目的、要求及统计方法来选择适宜的检验手段。

（一）差别检验法

差别检验法的原理是对样品进行选择和比较，判断是否存在差别。特点是操作简单、方便，是一种较为常用的方法。差别检验法的结果是以做出不同结论的评价人员的数量及检验次数为依据，进行概率统计分析。差别检验法的种类很多，例如两点检验法、三点检验法、对比检验法等。

1. 两点检验法

将样品A、B进行比较，判断两者之间是否存在差别。样品提出形式为AB、BA、AA或BB。每次试验中，每个样品猜测性（有差别或无差别）的概率为1/2。如果增加试验次数至n，那么这种猜测性的概率将降低至$1/2n$。因此，应该尽可能增加试验次数。

2. 三点检验法

将A、B两种样品组合成AAB、ABA、BAA、ABB、BAB或BBA等形式，让检验人员判断每种形式中哪一个为奇数样品（如AAB中的B)。在每次试验中，每个样品猜测性的概率为1/3。为降低其猜测性，也应做数次重复试验。

两点检验法和三点检验法常用于生产过程中工艺条件的检查和控制、半成品的检验。

3. 对比检验法

将样品和标准品进行配对比较，判断出它们之间的差异程度。在这种试验中，每次试验猜测性概率为1/2。

（二）类别检验法

类别检验法是评价员对两个以上样品进行评价，得出它们之间的差异及其大小的方法。类别检验法有评分检验法、排序检验法等。

1. 评分检验法

评分检验法是根据样品的某种特性特点对其进行评分。可同时评价一种或多种产品的一个或多个指标的强度及其差别，应用较为广泛，尤其用于评价新产品和市场调查。此法在检验前首先应确定所使用的标度类型，使评价人员对每一个评分点所代表的意义有共同的认识。样品的出示顺序（评价顺序）可利用拉丁法随机排列。

2. 排序检验法

排序检验法是对几种样品，根据检验结果按某种指标（咸度、甜度、风味、喜爱等）的强弱排出顺序。此法具有简单并且能够同时判断两个以上样品的特点。此法不仅可用于消费者接受性调查及确定消费者嗜好顺序，还可用于选择或筛选产品。

（三）描述性检验法

描述性检验法是检验人员用合理的文字、术语及数据对食品的某些指标做准确的描述，以评价食品质量的方法。描述性检验有颜色和外观描述、风味（味觉、气味）描述、组织（硬度、黏度、脆度、弹性、颗粒性等）描述等。进行描述性检验时，先根据不同的食品感官检验项目（风味、色泽、组织等）和不同特性的质量描述制定出分数范围，再根据具体样品的质量情况给予合适的分数。

阅读材料

祖国的需要就是我的专业——钱伟长的强国梦

钱伟长被称为中国近代“力学之父”“应用数学之父”。1912年10月9日他出生于江苏省无锡县鸿声乡七房桥村。他6岁读书，15岁考入苏州中学，作文成绩十分优秀，他开始做起自己的“文学梦”。1931年夏，钱伟长高中毕业，得到了“清寒奖学金”的资助，报考了清华大学、中央大学、浙江大学、唐山铁道学院、厦门大学五所高校，以中文和历史满分的成绩收到五所大学的录取通知书，带着自己的“文学梦”进入了清华大学。“九一八”事变后，钱伟长投身到轰轰烈烈的抗日救亡运动中，想到近百年以来中国总是落后挨打，是因为我们的科学技术落后于西方，经过激烈的思想斗争，他决定放弃自己的“文学梦”，立志改学科学。“我读物理是为了将来为祖国造坦克、造大炮，是为了救国。”但是物理系主任吴有训拒绝了他的转系要求，因为他的物理高考成绩只有15分。在钱伟长的坚决要求下，吴有训才同意让他试读一年，要求是一年后他的物理、高数和化学成绩必须都达到70分。在这一年中，钱伟长废寝忘食地学习，克服重重困难，用3个月的时间把中学的数理化课本读完，又用2个月的时间赶上了大学的数理化。就这样，一同转来的5个同学，只有钱伟长合格了。四年以后，钱伟长大学毕业，以第一名的成绩考取了清华大学物理系研究生，获“高梦旦”奖学金，跟随导师吴有训做X射线衍射研究。

1940年8月初，钱伟长和郭永怀、林家翘一同赴加拿大，进入多伦多大学数学系，从事流体力学和弹性力学的研究。他与导师合作的论文发表于“世界导弹之父”冯·卡门的60岁祝寿文集内。1942年，他获得多伦多大学博士学位。1943年元旦，由辛格教授推荐，钱伟长进入美国加州理工大学航空系，与钱学森、林家翘、郭永怀同在冯·卡门教授的门下攻读博士后。钱伟长参加火箭和导弹实验，取得了出色的研究成果，在这期间他还发表了世界上第一篇关于奇异摄动理论的论文，还有一篇是在冯·卡门教授指导下共同研究薄壁构件扭转问题时撰写的“变扭率的扭转”，发表于美国《航空科学月刊》上。

钱伟长先后求学于清华大学、多伦多大学等，并在国际声誉迅速上升之际，选择回国从教。此后，他投身教育事业60年，以爱国、敬业为底色，恪尽职守、无私奉献，始终践行“先天下之忧而忧，后天下之乐而乐”的理念。

任务单元 2 食品的物理性质检验

物理检验法是指根据食品的物理常数与食品的组成及含量之间的关系进行检测的方法，是食品分析及食品工业生产中常用的检测方法。常用的物理检验法有密度瓶法、折光法、旋光法、黏度法等。

任务 1 牛奶密度的测定——密度瓶法

【任务描述】

液态食品都有一定的密度，当其组成成分或浓度发生改变时，其密度也随之改变。测定液态食品的相对密度可以检验食品的纯度或浓度。如全脂试样为1.028～1.032。相对密度随溶液浓度的增加而增高。如果食品由于变质、掺杂等原因而其组成成分发生变化时，均可出现相对密度的变化。由此可见，相对密度是食品工业生产过程中常用的工艺和质量控制指标。

【学习目标】

1. 素质目标：具备实验室安全意识、“质量第一”的责任意识、团队合作意识、环保意识、良好的实验习惯及职业素养、严谨的思维方法、实事求是的工作作风。
2. 知识目标：掌握密度瓶法测定牛奶密度的原理。
3. 能力目标：能够规范熟练使用密度瓶、分析天平，能够准确书写数据记录和检验报告。

【任务书】

任务要求：解读 GB 5009.2—2016《食品安全国家标准 食品相对密度的测定》。

一、方法提要

在 20℃时分别测定充满同一密度瓶的水及试样的质量，由水的质量可确定密度瓶的容积即试样的体积，根据试样的质量及体积可计算试样的密度，试样密度与水密度的比值为试样的相对密度。

该方法适用于液体试样相对密度的测定。

二、仪器与试剂

（1）分析天平：准确度±0.0001g；

（2）密度瓶：25mL或50mL；

（3）温度计：分度值为0.2℃的全浸式水银温度计；

（4）恒温水浴锅：温度可控制在20.0℃±0.1℃。

三、测定过程

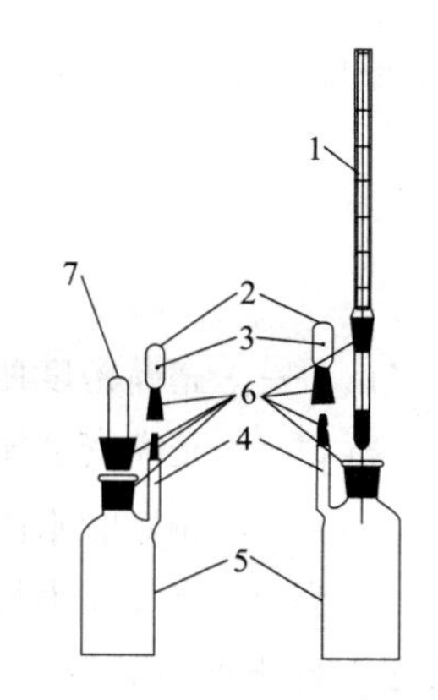

图4-1　精密密度瓶示意图

1—温度计；2—侧孔罩；3—侧孔；4—侧管；5—密度瓶主体；6—玻璃磨口；7—瓶塞

1. 将密度瓶洗涤干净并干燥，带温度计（或瓶塞）及侧孔罩称量，然后取下温度计（或瓶塞）及侧孔罩，用新煮沸并冷却至15℃左右的水充满密度瓶，不得带入气泡，插入温度计（或瓶塞），将密度瓶置于20.0±0.1℃的恒温水浴中，至密度瓶中液体温度达到20℃，使侧管中的液面与侧管在同一水平面上，立即盖上侧孔罩，取出密度瓶，用滤纸擦去其外壁上的水，立即称量。密度瓶如图4-1所示。

2. 用牛奶代替水重复操作。

3. 注意事项

（1）水及试样必须注满密度瓶，并注意密度瓶内不得有气泡。

（2）需小心将密度瓶从水浴中取出，不能用手直接接触已达恒温的密度瓶球部，以免液体受热流出。

（3）随着试样溶液温度的上升，过多的液体将不断从侧孔溢出，随时用滤纸将瓶塞顶端擦干，直到液体不再由侧孔溢出。

（4）从恒温水浴中取出装有水和试样的密度瓶后，要迅速称量。当室温较高且与20℃相差较大时，由于试样和水的挥发，天平读数变化较大，待读数基本恒定时，读取四位有效数即可。

（5）通常情况下空气浮力校正值的影响很小，可忽略不计，则试样的密度 ρ 根据下面公式计算：

$$\rho=\frac{m_{样}}{m_{水}}\times 0.99823$$

四、数据记录并处理

项目	编号		
	1	2	3
密度瓶的质量/g			
密度瓶的体积/cm^3			
牛奶的质量/g			
牛奶的密度/(g/cm^3)			
相对极差/%			

五、数据处理

样品的密度 ρ（g/cm^3）根据下面公式计算：

$$\rho=\frac{m_{样}+A}{m_{水}+A}\times\rho_0$$

$$\rho=\frac{m_{样}+A}{m_{水}+A}\times 0.99823$$

式中　$m_{样}$——充满密度瓶所需样品的质量，g；

$m_{水}$——充满密度瓶所需水的质量，g；

ρ_0——20℃时水的密度为 $0.99823g/cm^3$；

A——空气浮力校正值。

空气浮力校正值 A，根据下面公式计算：

$$A=\frac{m_{样}}{\rho_0-\rho_a}\times\rho_a$$

$$A=\frac{m_{样}}{0.9970}\times 0.0012$$

式中　ρ_a——干燥空气在 20℃，101.325kPa 时的密度约为 $0.0012g/cm^3$；

ρ_0——20℃时水的密度为 $0.998230g/cm^3$。

精密度：在重复性条件下获得的两次独立测定结果的绝对差值不得超过算术平均值的5%。

【制订实施方案】

步骤	实施方案内容	任务分工
1		
2		
3		
4		
5		
6		

【确定方案】

1. 分组讨论试样（牛奶）密度的测定过程，并分组派代表阐述流程；
2. 师生共同讨论，选出最佳方案。

【实施方案】

1. 领取仪器并检查仪器是否完好；
2. 领取试剂并配制溶液；

3. 按照最佳方案完成任务；

4. 数据记录并处理。

【考核评价】

见32页综合评价表。

知识链接

一、密度与相对密度

密度是指物质在一定温度下单位体积的质量，以符号 ρ 表示，其单位为 g/m^3。相对密度是指某一温度下物质的质量与同体积某一温度下水的质量之比，以 $d_{T_2}^{T_1}$ 表示，T_1 表示物质的温度，T_2 表示水的温度。液体在20℃时的质量与同体积的水在4℃时的质量之比即相对密度，用 d_4^{20} 表示，其计算公式如下：

$$d_4^{20}=\frac{20℃时物质的质量}{4℃时同体积水的质量}$$

密度和相对密度受温度的影响，随着温度的改变而发生改变，这是由于多数物质具有热胀冷缩的性质，因此密度应标出测定时物质的温度，表示为 ρ_T。测定液体密度常用密度瓶法、密度计法和韦氏天平法。

测定溶液的相对密度时，以测定溶液与同体积同温度的水的质量比较为方便。通常20℃时的液体对20℃时的水的相对密度，用 d_{20}^{20} 表示。对同一溶液来说，$d_{20}^{20}>d_4^{20}$，因为水在4℃时的密度比20℃时大。若要把 $d_{T_2}^{20}$ 换算为 d_4^{20}，可根据下面公式计算：

$$d_4^{20}=d_{T_2}^{20}\rho_{T_2}$$

式中　ρ_{T_2}——温度 T_2（℃）时水的密度，g/cm^3。

若要把 $d_{T_2}^{T_1}$ 换算为 $d_4^{T_1}$，可根据下面公式计算：

$$d_4^{T_1}=d_{T_2}^{T_1}\rho_{T_2}$$

d_4^{20} 和 d_{20}^{20} 之间的换算：$d_4^{20}=d_{20}^{20}\times0.99823$。水的密度与温度的关系见表4-1。

表4-1　水的密度与温度的关系

温度/℃	密度/(g/cm³)	温度/℃	密度/(g/cm³)	温度/℃	密度/(g/cm³)	温度/℃	密度/(g/cm³)
0	0.999868	9	0.999808	18	0.998622	27	0.996539
1	0.999927	10	0.999727	19	0.998432	28	0.996259
2	0.999968	11	0.999623	20	0.998230	29	0.995971
3	0.999992	12	0.999525	21	0.998019	30	0.995673
4	1.000000	13	0.999404	22	0.997797	31	0.995367
5	0.999992	14	0.999271	23	0.997565	32	0.995052
6	0.999968	15	0.999126	24	0.997323		
7	0.999929	16	0.998970	25	0.997071		
8	0.999876	17	0.998801	26	0.996810		

二、相对密度测定的方法

1. 密度瓶法

密度瓶法适用于测定各种液体食品的相对密度，特别适合于样品量较少的测定，对挥发性样品也适用，但操作烦琐。密度瓶法比密度计法准确，一般以密度瓶法作为仲裁分析方法。

密度瓶是测定液体食品相对密度的专用仪器，是容积固定的称量瓶，一般有 20mL、25mL、50mL、100mL 等规格，常用的密度瓶是 25mL、50mL 两种，分为带毛细管的普通密度瓶和带温度计的精密密度瓶，见图 4-2。

(a) 普通密度瓶

(b) 精密密度瓶

1—密度瓶；2—支管标线；
3—支管上小帽；
4—附温度计的瓶盖

图 4-2 密度瓶

称量不是在真空中进行，因此受到空气的浮力影响，实践证明，浮力校正仅影响测量结果（四位有效数字）的最后一位，因此通常情况下可以不必校正。

密度瓶使用前要对温度计、空瓶重、水重三者按要求进行严格检定，符合要求的才能使用。由于密度瓶反复使用后易损坏和结垢，因此，在每一次使用前都要进行外观检查，是否破损（特别是支管和瓶口部位），内外壁是否干净、干燥，特别是小帽的内部。此外，密度瓶使用一段时间后要用酸性洗液浸泡清洗，并定期检定，一般连续使用两个月左右。

确保恒温称重，禁止用手捂或放在室内自然升温，以免密度瓶内溶液受热不均，产生较大误差。

2. 韦氏天平法

韦氏天平法比较简便、快速，但准确度较密度瓶法差，适用于挥发性液体密度的测定，适用于工业生产中大量液体密度的测定。

（1）测定原理　依据阿基米德原理，当物体全部浸入液体时，物体所减轻的质量，等于物体所排开液体的质量。因此，20℃时分别测量同一物体在水及试样中的浮力。由于玻璃锤排开水和试样的体积相同，根据水的密度和玻璃锤在水及试样中的浮力即可算出试样的密度。

玻璃锤排开水与试样的体积相等　$\frac{m_{水}}{\rho_0}=\frac{m_{样}}{\rho}$

试样的密度　$\rho=\frac{m_{样}}{m_{水}}\rho_0$

式中　ρ——试样在 20℃ 时的密度，g/cm^3；

$m_{样}$——玻璃锤浮于试样中时的浮力（骑码）读数，g；

$m_{水}$——玻璃锤浮于水时的浮力（骑码）读数，g；

ρ_0——20℃时蒸馏水的密度，$\rho_0=0.998230g/cm^3$。

（2）韦氏天平结构　天平横梁用托架支持在刀座上，横梁的两臂形状不同且不等长，长臂上刻有分度，末端有悬挂玻璃锤的钩环，短臂末端有指针，当两臂平衡时，指针应和固定指针对准。旋松支柱紧定螺丝，支柱可上下移动。调整水平螺钉，用于调节天平在空气中的平衡。

每台天平有两组骑码，每组有大小不同的 4 个，与天平配套使用。最大骑码的质量等于玻璃锤在 20℃ 水中所排开水的质量，其他骑码各为最大骑码的 1/10、1/100、1/1000。4 个骑码在各个位置的读数如图 4-3 所示。

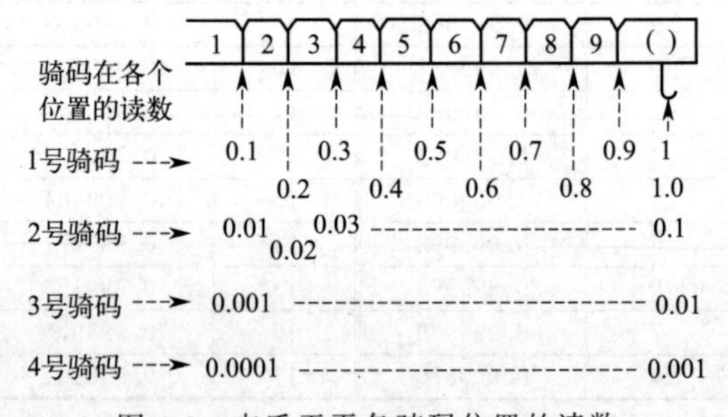

图 4-3 韦氏天平各骑码位置的读数

分别测定玻璃锤在水及试样中的浮力，读数如图 4-4 所示，其读数精度能达到小数点后第四位。

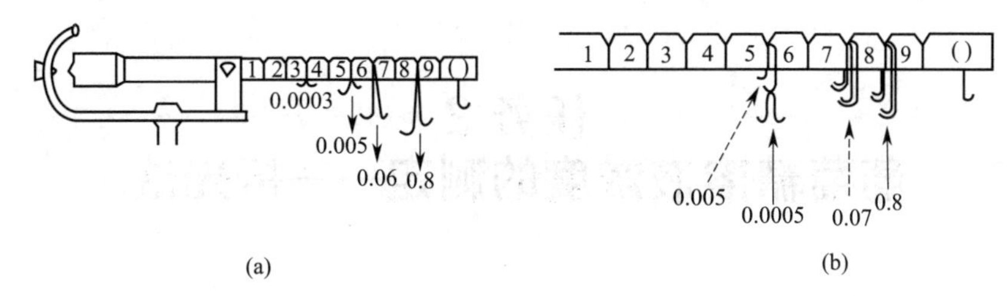

图 4-4　韦氏天平读数示例

测定时将玻璃锤全部沉入液体中，玻璃锤在水中的浮力即骑码读数应为±0.0004，否则天平需检修或换新的骑码。调整水平后，在实验过程中，不可再转动水平螺钉。取用玻璃锤必须小心，轻取轻放。各台仪器的骑码不可以调换。

应用韦氏天平法测定黏度较大的样品，当将玻璃锤浸入被测液时，因样品的黏度较大、流动性差、阻力极大，玻璃锤不易自然下坠，而在调节骑码的数量和位置时，天平亦不易平衡，往往会因阻力过大使玻璃锤在被测液中不易上下移动或是接触到圆筒的内壁而造成平衡的假象，使测定结果有所偏差，重复性差。

3. 密度计法

（1）密度计的原理　密度计是根据阿基米德原理制成的，当浸在液体里的物体受到向上的浮力时，浮力的大小等于物体排开液体的重量。密度计的种类很多，但其基本结构及形式相同，都是由玻璃外壳制成，头部呈球形或圆锥形，里面灌有铅珠、汞及其他重金属，中部是胖肚空腔，内有空气，尾部是一细长管，附有刻度标记，密度计的刻度是根据各种不同密度的液体标定的，从而制成不同标度的密度计，从密度计上的刻度可以直接读出相对密度的数值或某种溶质的质量分数。密度计法是测定液体相对密度最简便、快捷的方法，但准确度比密度瓶法低。

（2）密度计的种类　密度计种类多，精度、用途和分类方法各不相同，常用的有标准密度计、酒精计、海水密度计、石油密度计、糖锤度计和波美密度计等，见图 4-5。

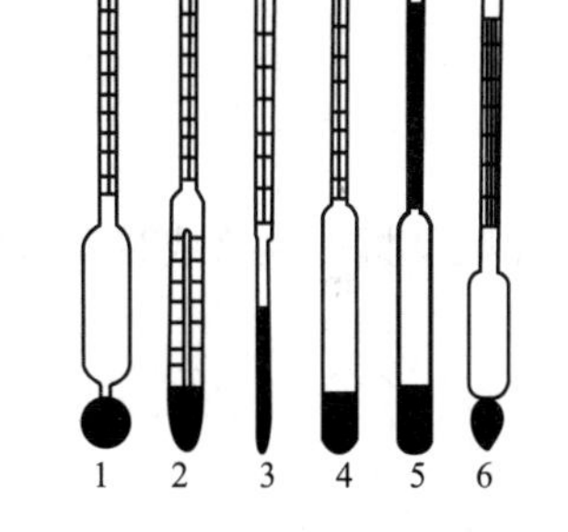

图 4-5　密度计示意图

1、2—糖锤度计；3、4—波美密度计；5—酒精计；6—乳稠计

（3）密度计的使用　在恒温（20℃）下的测定：将待测试样注入清洁、干燥的量筒内，不得有气泡，将量筒置于 20℃的恒温水浴中，待温度恒定后，将清洁、干燥的密度计缓缓地放入试样中，其下端应离筒底 2cm 以上，不能与筒壁接触，密度计的上端露在液面外的部分不得超过 2～3 分度（请确认），待密度计在试样中稳定后，读出密度计弯月面下缘的刻度，即为 20℃时试样的密度。

（4）使用密度计的注意事项

① 密度计测液体密度比较简便迅速，适用于准确度要求不高，试样溶液黏度不大的样品，不适用于极易挥发的样品。

② 用密度计测定，操作时应注意不要让密度计接触量筒的壁及底部，待测液中不得有气泡，读数时应以密度计与液体形成的弯月面的下缘为准。

③ 用手拿着密度计上端慢慢放入溶液中，不可突然坠入，以免影响读数的准确度或打破密度计，量筒中的溶液量必须足以保证密度计能浮起。

任务2
葡萄糖溶液浓度的测定——折光法

【任务描述】

折光率作为液体物质纯度的标志，它比沸点更可靠。通过测定溶液的折光率，可定量分析溶液的浓度，确定物质的纯度、浓度及判断物质的品质。

【学习目标】

1. 素质目标：树立“质量第一”的责任意识，学思合一、知行合一，团队合作意识，环保意识，良好的实验习惯及职业素养，严谨的思维方法，实事求是的工作作风。

2. 知识目标：掌握阿贝折射仪的工作原理和构造。

3. 能力目标：能规范使用阿贝折射仪，能准确书写数据记录和检验报告。

【任务书】

任务要求：解读GB/T 614—2021《化学试剂 折光率测定通用方法》。

一、方法提要

当光从折光率为 n 的被测物质进入折光率为 N 的棱镜时，入射角为 i，折射角为 r，则：

$$\frac{\sin i}{\sin r}=\frac{N}{n}$$

在阿贝折射仪（或自动数字显示折射仪）中，入射角 $i=90°$，代入得：

$$\frac{1}{\sin r}=\frac{N}{n}$$

$$n=N\sin r$$

棱镜的折光率 N 为已知值，则通过测量折射角 r 即可求出被测物质的折光率 n。

二、仪器与试剂

1. 仪器、材料

（1）阿贝折射仪，应符合JJG 625的规定。

（2）恒温水浴及循环泵应能向棱镜提供温度为（20.0±0.1）℃的循环水。

（3）自动数字显示折射仪应有自动温度控制功能，准确度为±0.0001g，控温准确度为±0.05℃。

（4）镜头纸或医药棉。

2. 试剂及溶液

除非另有说明，本方法所用试剂均为分析纯，水为GB/T 6682规定的二级水。

（1）溴化萘；

（2）乙醇；

（3）乙醚。

三、测定过程

1. 准备工作

放置折光仪于光线充足的位置，将恒温水浴与棱镜连接，调节恒温水浴温度，使棱镜温度保持在（20.0±0.1）℃。清洗棱镜表面，可用乙醇、乙醚或乙醇和乙醛的混合液清洗，再用镜头纸或医药棉将溶剂吸干。

2. 校正

用二级水或溴化萘标准样品校正阿贝折射仪。二级水的折光率$n_D^{20}=1.3330$。

3. 测定

重新清洗、擦干棱镜表面，用滴管向棱镜表面滴加数滴20℃左右的样品，立即闭合棱镜并旋紧，使样品均匀、无气泡并充满视场，待棱镜温度计读数恢复到（20.0±0.1）℃。调整反光镜，调节目镜视度，使十字线成像清晰，旋转折光率刻度调节手轮使视场中出现明暗界线，同时旋转色散棱镜手轮，使界线处所呈彩色完全消失，再旋转刻度调节手轮使明暗界线在十字线中心，观察目镜视场右侧所指示的刻度值，即为所测折光率值，估读至小数点后第四位。调节过程图像，见图4-6。

重复测定三次，读数间差数不得大于0.0003，所得读数平均值即为试样的折光率。

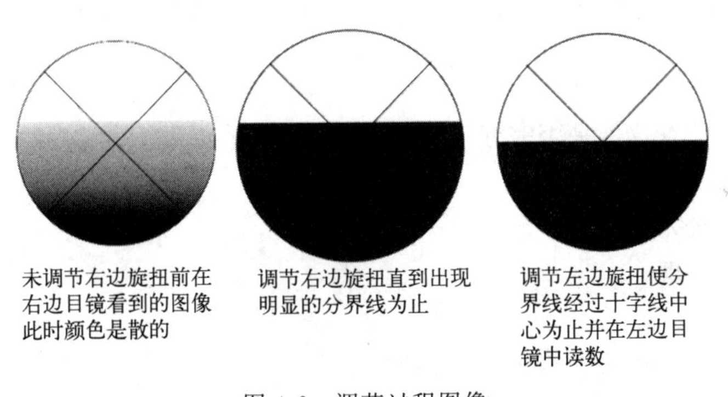

图4-6 调节过程图像

4. 注意事项

（1）在测定液体折光率时，若棱镜表面未充满试样溶液，则目镜中看不清明暗分界线，此时应补加试样溶液后再测定。

（2）使用时一定要注意保护棱镜组，绝对禁止与玻璃管尖端等硬物相碰；擦拭时必须用镜头纸轻轻擦拭，严禁油手或汗手触及光学零件。

（3）折射仪不宜暴露在强烈阳光下。不用时应放回原配木箱内，置于阴凉处。

（4）若液体折光率不在1.3000～1.7000范围内，则阿贝折光仪不能测定。

（5）不得测定有腐蚀性的液体样品。

四、数据记录

项目	1	2	3
相对极差/%			

【制订实施方案】

步骤	实施方案内容	任务分工
1		
2		
3		
4		
5		
6		

【确定方案】

1. 分组讨论试样葡萄糖折光率的测定过程，并分组派代表阐述流程；
2. 师生共同讨论，选出最佳方案。

【实施方案】

1. 领取仪器并检查仪器是否完好；
2. 领取试剂并配制溶液；
3. 按照最佳方案完成任务；
4. 数据记录并处理。

【考核评价】

见 32 页综合评价表。

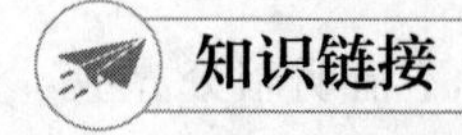

知识链接

一、方法原理

1. 折光率

如果把一根玻璃棒倾斜放入盛水的烧杯中，会发现玻璃棒在液面处好像被弯折了，这是由于光线从空气进入水中时传播速度改变而产生的折射现象造成的视觉感觉。当单色光从一种介质进入另一种介质时，设 i 为入射角，r 为折射角，如图 4-7 所示。把光线在空气中的速度与待测介质中速度之比值，或光自空气通过待测介质时的入射角正弦值与折射角的正弦值之比值定义为折光率，用公式表示为：

$$n=\frac{v_1}{v_2}=\frac{\sin i}{\sin r}$$

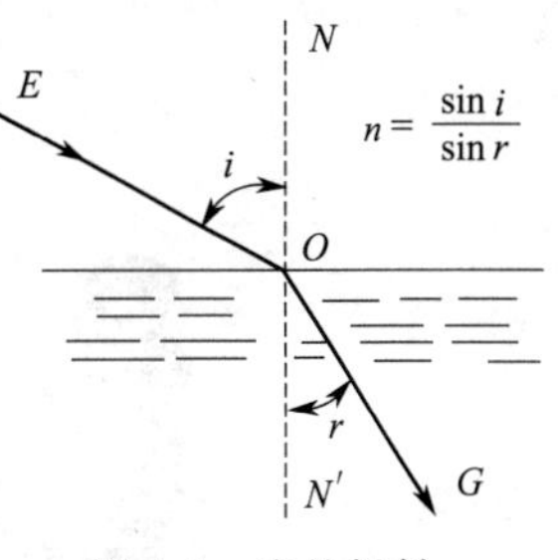

图 4-7　光的折射

某一特定介质的折光率随测定时的温度和入射光的波长不同而改变。随温度的升高，物质的折光率降低，入射光波长愈长，测得的折光率愈小。

实际应用中，以 20℃为标准温度，以黄色钠光（$\lambda=589.3$nm）为标准光源。折光率用符号 n_D^{20} 表示。例如水的折光率 $n_D^{20}=1.3330$，苯的折光率 $n_D^{20}=1.5011$。由于光在空气中的传播速度最快，因此，任何物质的折光率都大于 1。

在分析工作中，一般是测定在室温下为液体的物质或低熔点的固体物质的折光率，用阿贝折射仪测量，操作简便，在数分钟内即可测定完成。

2. 溶液浓度与折光率的关系

每种均匀物质都有其固有的折光率，对于同一物质的溶液来说，其折光率的大小与其浓度成正比，因此，测定物质的折光率就可以判断物质的纯度及其浓度。

如牛乳乳清中所含乳糖与其折光率有一定的数量关系，正常牛乳乳清折光率在 1.34199～1.34275 之间，若牛乳掺水，其乳清折光率降低，所以测定牛乳乳清折光率即可了解乳糖的含量，判断牛乳是否掺水。纯蔗糖溶液的折光率随浓度升高而升高，测定蔗糖溶液的折光率即可了解糖液的浓度。对于非纯糖溶液，由于盐类、有机酸、蛋白质等物质对折光率均有影响，故测得的是固形物。固形物含量越高，折光率也越高。如果溶液中的固形物由可溶性固形物及悬浮物所组成，则不能在折光仪上反映出它的折光率，测定结果误差较大。各种油脂具有一定的脂肪酸构成，每种脂肪酸均有其特征折光率，故不同的油脂其折光率不同。当油脂酸度增高时，其折光率降低；相对密度大的油脂其折光率也高。故折光率的测定可鉴别油脂的组成及品质。

二、阿贝折射仪

1. 阿贝折射仪原理

阿贝折射仪是根据临界折射现象设计的。将被测液置于折光率为 N 的测量棱镜的镜面上，光线由被测液射入棱镜时，入射角为 i，折射角为 r，根据折射定律：

$$\frac{\sin i}{\sin r}=\frac{N}{n}$$

在阿贝折射仪中，入射角 $i=90°$，其折射角为临界折射角 r_c，代入上式：

$$\frac{1}{\sin r_c}=\frac{N}{n} \quad 或 \quad n=N\sin r_c$$

棱镜的折光率 N 为已知值，因此阿贝折射仪工作原理是利用测定的临界折射角以求得样品溶液的折光率。

2. 阿贝折射仪结构

阿贝折射仪结构见图 4-8，仪器的主要部件是由两块直角棱镜组成的棱镜组，下面一块是可以开闭的辅助棱镜 ABC，且 AC 为磨砂面，当两块棱镜相互压紧时，放入其间的液体被压成一层薄膜。入射光由辅助棱镜射入，当到达 AC 面上时，发生漫射，漫射光线透过液层而从各个方向进入主棱镜并产生折射，而且折射角都落在临界角 r_c 之内。由于大于临界角的光被反射，不可能进入主棱镜，所以在主棱镜上面望远镜的目镜视野中出现明暗两个区域。转动棱镜组转轮手轮，调节棱镜组的角度，直至视野中明暗分界线与十字线的交叉点重合为止，如图 4-9(b) 所示。

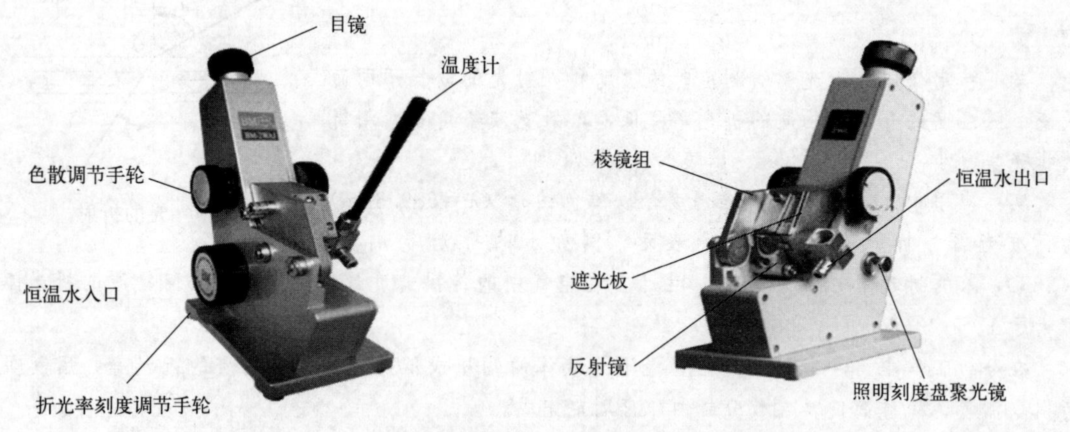

图 4-8 阿贝折射仪

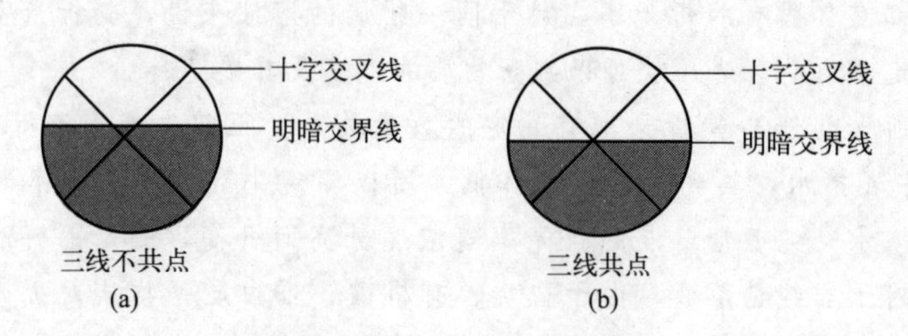

图 4-9 折射仪调节示意

(a) 折射仪未得到正确调节 (b) 折射仪已调节正确

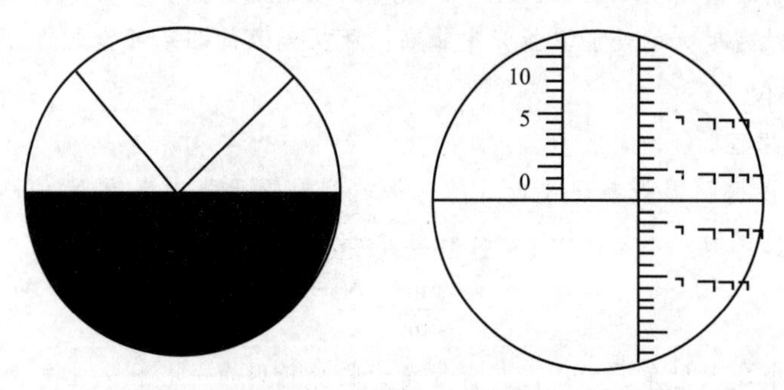

图 4-10 折射仪读数示意

由于刻度盘与棱镜组是同轴的，因此与试样折光率相对应的临界角位置，通过刻度盘反映出来，刻度盘读数已将此角度换算为被测液体对应的折光率值，在读数目镜中直接读出，如图 4-10 所示。光源是日光，在测量望远镜下面设计了一套消色散棱镜，旋转消色散手轮，消除色散，使明暗分界线清晰，所得数值即相当于使用钠光 D 线的折光率。

阿贝折射仪的两棱镜，嵌在保温套中并附有温度计，分度值为 0.1℃，测定时必须使用超级恒温槽通入恒温水，使温度变化的幅度＜±0.1℃，最好恒温在 20℃时进行测定。

在阿贝折射仪的望远镜目镜的金属筒上，有一个供校准仪器用的示值调节螺钉，通常用纯水或标准玻璃校准。校正时将刻度值置于折光率的正确值上（如 $n_D^{20}=1.3330$），此时清晰的明暗分界线应与十字线交叉点重合，若有偏差，可调节示值调节螺钉，直至明暗线恰好移至十字交叉线的交点上。表4-2是水在不同温度下的n_D^t值。表4-3是一些挥发油、油脂的折光率。

表4-2 水在不同温度下的n_D^t值

温度/℃	n_D^t	温度/℃	n_D^t	温度/℃	n_D^t
10	1.33371	17	1.33324	24	1.33263
11	1.33363	18	1.33316	25	1.33253
12	1.33359	19	1.33307	26	1.33242
13	1.33353	20	1.33299	27	1.33231
14	1.33346	21	1.33290	28	1.3320
15	1.33339	22	1.33281	29	1.33208
16	1.33332	23	1.33272	30	1.33196

表4-3 一些挥发油、油脂的折光率

物质	折光率n_D^{20}	物质	折光率n_D^{20}
花生油	1.4695～1.4720	菜籽油	1.4710～1.4755
桂皮油	1.6020～1.6135	柠檬油	1.4240～1.4755
丁香油	1.5300～1.5350	茴香油	1.5530～1.5600
大豆油	1.4735～1.4775	苦杏仁油	1.5410～1.5442

3. 阿贝折射仪使用注意事项

① 每次测量后必须用洁净的软布揩拭棱镜表面，油类需用乙醇、乙醚或苯等轻轻揩拭干净。

② 对颜色深的样品宜用反射光进行测定，以减少误差。可调整反光镜，使光线从进光棱镜射入，同时揭开折射棱镜的旁盖，使光线由折射棱镜的侧孔射出。

③ 折光率通常规定在20℃时测定，若测定温度不为20℃，应按实际的测定温度进行校正。例如在30℃时测定某糖浆固形物含量为15%，30℃的校正值为0.78，则固形物准确含量应为15%+0.78%=15.78%。

若室温在10℃以下或30℃以上时，一般不宜进行换算，须在棱镜周围通过恒温水浴，使试样达到规定温度后再测定。

三、折光率法的应用

1. 定性鉴定

折光率一般能测出五位有效数字，有时能测到六位有效数字，因此，它是物质的一个非常精确的物理常数，故可用于定性鉴定，特别是对于那些沸点很接近的同分异构体更为合适。

2. 测定化合物的纯度

折光率作为纯度的标志比沸点更为可靠，将实验测得的折光率与文献所记载的纯物质的折光率作对比，可用来衡量试样纯度。试样的实测折光率愈接近文献值，纯度就愈高。

3. 测定溶液的浓度

一些溶液的折光率随其浓度而变化。溶液浓度愈高，折光率愈大，可以借测定溶液的折光率，根据溶液浓度与折光率之间的关系，求出溶液的浓度，这是一个快速而简便的方法，因此常用于工业生产中的中间体溶液控制、药厂中的快速检验等。

不是所有溶液的折光率都随浓度有显著的变化，只有在溶质与溶剂各自的折光率有较大差别时，折光率与浓度之间的变化关系才明显。若溶液浓度变化而折光率并无明显变化时，借折光率测定溶液浓度，误差一定很大。因此应用折光率测定溶液浓度的方法是有一定限制的。通常我们不一定知道溶质的折光率，但可以通过实测一定浓度溶液的折光率看出折光率随浓度变化的关系是否明显。另外，较稀的溶液中，溶质与溶剂的折光率之间相差不大，用折光率法测定浓度误差也会较大。

溶液浓度的测定有以下两种方法。

（1）直接测定法　主要用于糖溶液的测定。用WZS-1型阿贝折射仪可直接读出被测糖溶液的浓度。在制糖工业生产中，将光影式工业折射仪直接装在制糖罐上，就能连续测定罐内糖液的浓度。

（2）工作曲线法　测定一系列已知浓度某溶液的折光率，将所得的折光率与相应的浓度作图，绘制折光率-浓度曲线（多数情况为一直线，也有的是曲线）。测得待测液的折光率，从曲线上查出相应的浓度。例如，某厂用有机溶剂二乙二醇醚萃取油中的芳烃，为了将萃取出来的芳烃与醚分离，则需加水萃取此醚，而后将醚中水分除去，使昂贵的二乙二醇醚得到回收再用。醚中含水量的测定是通过测定试样折光率来完成的。首先配制标样，测出折光率与二乙二醇醚含水量的关系，做工作曲线如图4-11所示。测得规定温度下试样的折光率 n_D^{20}，从曲线上查出醚中相应的含水量。此法简单快速。

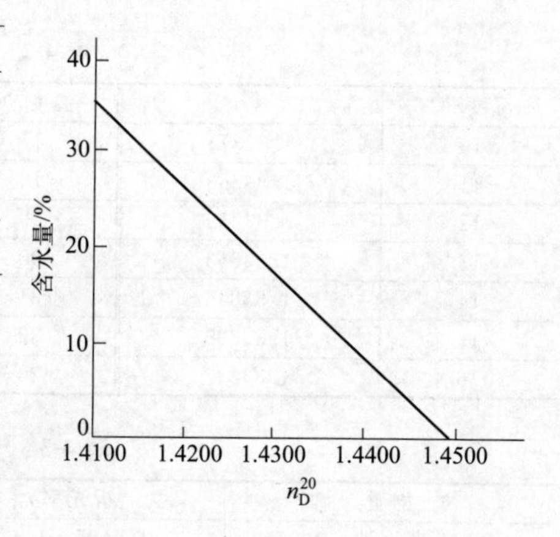

图4-11　含水量与 n_D^{20} 关系曲线

任务3
味精纯度的测定——旋光法

【任务描述】

味精主要成分是谷氨酸钠。谷氨酸钠分子结构中含有一个不对称碳原子，具有光学活性，能使偏振光的偏振面旋转一定角度，因此可用旋光仪测定旋光度，根据其旋光度的大小测定味精的含量。

【学习目标】

1. 素质目标：具备“质量第一”的责任意识、团队合作意识、环保意识、良好的实验习惯及职业素养、严谨的思维方法、实事求是的工作作风。

2. 知识目标：掌握比旋光度测定的原理。

3. 能力目标：能规范使用旋光仪，能准确书写数据记录和检验报告。

【任务书】

任务要求：解读GB/T 613—2007《化学试剂　比旋光本领（比旋光度）测定通用方法》。

一、方法提要

从起偏镜透射出的偏振光经过样品时，由于样品物质的旋光作用，其振动方向改变了一定的角度 α，将检偏器旋转一定角度，使透过的光强与入射光强相等，该角度即为样品的旋光角。

二、仪器与试剂：

1. 仪器、材料

（1）自动旋光仪：精度为±0.01°，备有钠光灯（钠光谱D线的波长为589.3nm）。

（2）容量瓶：100mL。

（3）恒温水浴：(20±0.5)℃。

2. 试剂及溶液

除非另有说明，本方法所用试剂均为分析纯，水为GB/T 6682规定的二级水。

浓盐酸。

三、测定过程

1. 制样

称取试样10g（准确度±0.0001g），加少量水溶解并转移至100mL容量瓶中，加盐酸20mL，混匀并冷却至20℃，定容，摇匀。

2. 预热

开始测量前，将旋光仪接于220V交流电源。开启仪器电源开关，预热5～10min，直至钠光灯已充分受热。

3. 旋光仪零点的校正

在测定样品前，必须先校正旋光仪零点。洗净旋光管，然后注满（20±0.5)℃的蒸馏水，装上橡皮圈，旋紧螺帽，直至不漏水为止，把旋光管内的气泡排至旋光管的凸出部分。将旋光管放入镜筒内，调节目镜使视场明亮清晰，然后轻轻缓慢地转动刻度转动手轮，使刻度盘在零点附近以顺时针或逆时针方向转动至视场三部分亮度一致。视场亮度一致判断：当视场亮度一致时，轻微转动刻度盘视场出现图4-12(a)或(c)的图像，轻微向左或向右旋至图4-12(b)所示图像即视场亮度一致。

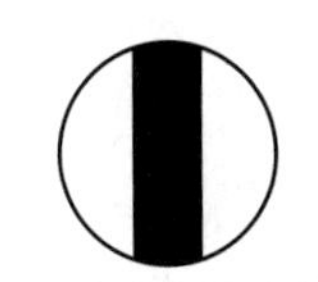

(a) 视场中间暗两边亮

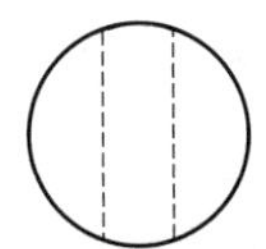

(b) 视场亮度一致

(c) 视场中间亮两边暗

图4-12 旋光仪视场

4. 测定

用少量上述样品溶液洗涤旋光管3次，然后将样品溶液置于旋光管中（不得有气泡），用干布擦干旋光管，将装好样品的旋光管放入旋光仪中，观测其旋光度，同时记录旋光管中试样溶液的温度。

记下刻度盘读数，准确度0.05。刻度盘以顺时针方向转动为右旋，读数记为正数；刻度盘以逆时针方向转动为左旋，读数记为负数，数值等于180减去刻度盘读数值。重复操作三次，取平均值作为零点，校正值α_0。

5. 注意事项

(1) 无论是校正零点还是测定试样，旋转刻度盘必须极其缓慢，才能观察到视场亮度的变化。

(2) 旋光仪采用双游标读数，以消除刻度盘的偏心差；刻度盘分 360 格，每格为 1°，游标分 20 格，等于刻度盘的 19 格，用游标直接读数到 0.05°。

(3) 因葡萄糖为右旋性物质，故以顺时针方向旋转刻度盘，如未知试样的旋光性，应先确定其旋光性方向后，再进行测定。

(4) 试样溶液必须清澈透明，如出现浑浊或有悬浮物时，必须处理成清液后测定。

(5) 旋光仪连续使用时间不宜超过 4 小时，如使用时间较长，中间应关闭 10～15 分钟，待钠光灯冷却后再继续使用，或用电风扇吹，减少灯管受热程度，以免亮度下降或寿命降低。

6. 旋光管用后要及时将溶液倒出，用蒸馏水洗涤干净，擦干；所有镜片应用柔软绒布揩擦。

四、数据记录

项目	1	2	3
相对极差/%			

五、数据处理

样品中谷氨酸钠含量根据下面公式计算，其值以%表示。

$$X=\frac{\frac{\alpha}{Lc}}{25.16+0.047(20-T)}$$

式中 X——样品中谷氨酸钠的含量，%；

α——实际测定样品溶液的旋光度，(°)；

L——旋光管长度（液层厚度），dm；

c——1mL 样品溶液中含谷氨酸钠的质量，g/mL；

25.16——谷氨酸钠的比旋光度 α_D^{20}；

0.047——温度校正系数；

T——测定时样品溶液的温度，℃。

计算结果保留至小数点后第一位。

【制订实施方案】

步骤	实施方案内容	任务分工
1		
2		
3		

续表

步骤	实施方案内容	任务分工
4		
5		
6		

【确定方案】

1. 分组讨论味精旋光度的测定过程，并分组派代表阐述流程；
2. 师生共同讨论，选出最佳方案。

【实施方案】

1. 领取仪器并检查仪器是否完好；
2. 领取试剂并配制溶液；
3. 按照最佳方案完成任务；
4. 数据记录并处理。

【考核评价】

见 32 页综合评价表。

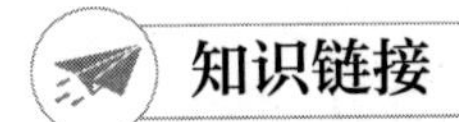

一、旋光法原理

1. 自然光与偏振光

可见光是一种波长为 380～780nm 的电磁波，由于发光体发光的统计性质，电磁波的电矢量的振动方向可以取垂直于光传播方向上的任何方向，通常叫自然光。自然光有无数个与光的前进方向互相垂直的光波振动面。如果光前进的方向指向我们，则与之互相垂直的光波振动面可表示为图 4-13(a)。如果使自然光通过尼科尔棱镜，由于振动面与尼科尔棱镜的光轴平行的光波才能通过尼科尔棱镜，通过尼科尔棱镜的光，只有一个与光的前进方向互相垂直的光波振动面，如图 4-13(b) 所示，这种仅在一个平面上振动的光叫偏振光。

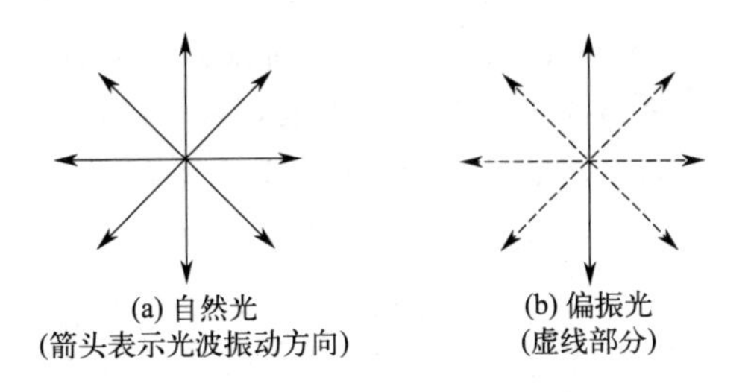

(a) 自然光
(箭头表示光波振动方向)

(b) 偏振光
(虚线部分)

图 4-13 自然光与偏振光

2. 偏振光的产生与旋光活性

通常用尼科尔棱镜或偏振片产生偏振光。即把一块方解石的菱形六面体末端的表面磨光，使镜角等于68°，将其对角切成两半，把切面磨成光学平面后，再用加拿大树胶粘起来，使之成为一个尼科尔棱镜（图 4-14）。

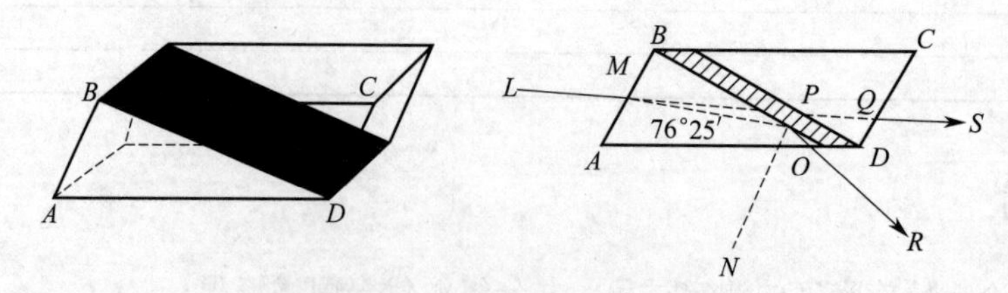

图 4-14　尼科尔棱镜示意图

利用偏振片也能产生偏振光。它利用某些双折射晶体（如电气石）的二色性，即可选择性吸收寻常光线，而让非寻常光线通过的特性，把自然光变成偏振光。

分子结构中有不对称碳原子，能把偏振光的偏振面旋转一定角度的物质称为旋光活性物质，它使偏振光振动平面旋转的角度叫做“旋光度”。许多食品成分都具有光学活性，如单糖、低聚糖、淀粉以及大多数的氨基酸和羧酸等。其中能把偏振光的振动平面向右旋转（顺时针方向）的称为“具有右旋性”，以（＋）号表示；使偏振光振动平面向左旋转（逆时针方向）的称为“具有左旋性”，以（－）号表示。

二、比旋光度和旋光度

有机化合物分子中含有不对称碳原子，物质的分子和它的镜像不能重合，和人的左右手相像，那么把物质的这种特征称为手性，具有手性的分子称为手性分子。这样互为镜像关系，又不能重叠的一对立体异构体，互为对映体，具有旋光性，例如蔗糖、葡萄糖等。这类具有光学活性的物质，称为旋光性物质，如图 4-15、图 4-16 所示。

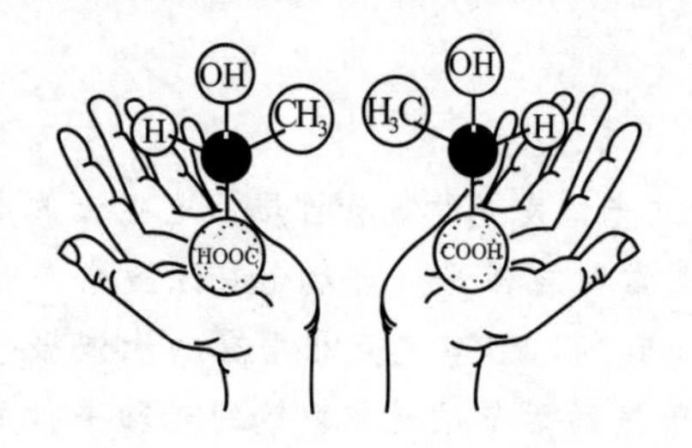

图 4-15　成镜像关系的乳酸分子

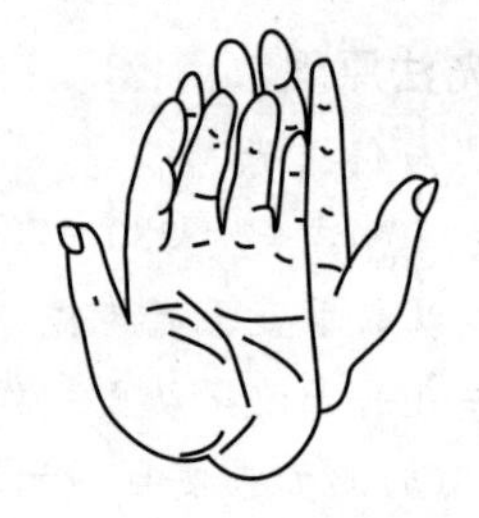
图 4-16　左右手不能重合互为镜像

当平面偏振光通过旋光性物质时，偏振光的振动平面就会偏转，出现旋光现象，如图 4-17 所示。偏转角度的大小反映了该物质的旋光本领。偏振面所旋转的角度称作该物质的旋光度。能使偏振光偏振面向右（顺时针方向）旋转叫做右旋，以（＋）号或 R 表示；能使偏振光偏振面向左（顺时针方向）旋转叫做左旋，以（－）号或 L 表示。

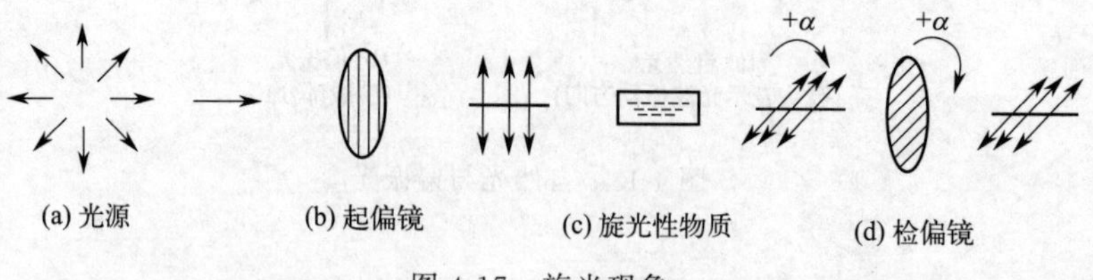

图 4-17　旋光现象

旋光度的大小主要决定于旋光性物质的分子结构特征，亦与旋光性物质溶液的浓度、液层的厚度、入射偏振光的波长、测定时的温度等因素有关。同一旋光性物质，在不同的溶剂中，有不同的旋光度和旋光方向。因此，常用比旋光度来表示各物质的旋光性。

一般规定：以钠光线为光源（以D代表钠光源），在温度为20℃时，偏振光透过长1dm，每毫升含1g旋光物质的溶液时的旋光度，叫做比旋光度，用符号 $[\alpha]_D^{20}$ 表示。

纯液体的比旋光度 $[\alpha]_D^{20}=\dfrac{\alpha}{l\rho}$

溶液的比旋光度 $[\alpha]_D^{20}=\dfrac{100\alpha}{lc}$

式中 α——测得的旋光度，(°)；

ρ——液体在20℃时的密度，g/mL；

c——100mL溶液中含旋光性物质的质量，g/100mL；

l——旋光管的长度（即液层厚度），dm；

比旋光度可用来度量物质的旋光能力，是旋光性物质在一定条件下的物理特性常数。表4-4列出一些物质的比旋光度。比旋光度受溶液的浓度、pH值、温度等影响，配制试样溶液和测定，应在文献或手册规定的条件下进行。

表4-4 主要糖类的比旋光度

旋光性物质	浓度 $c/[g\cdot(100mL)^{-1}]$	溶剂	比旋光度 $[\alpha]_D^{20}/(°)$
蔗糖	26	水	+66.53(26%,水)
葡萄糖	3.9	水	+52.7(3.9%,水)
果糖	4	水	−92.4(4%,水)
乳糖	4	水	+55.3(4%,水)
麦芽糖	4	水	+130.4(4%,水)

按照一般方法测得旋光性物质的旋光度后，可以根据公式 $[\alpha]_D^{20}=\dfrac{\alpha}{l\rho}$ 或 $[\alpha]_D^{20}=\dfrac{100\alpha}{lc}$ 计算比旋光度以进行定性鉴别，也可测定旋光性物质的纯度或溶液的浓度。

例：称取一纯糖试样10.00g，用水溶解后，稀释为50.00mL，20℃时，用1dm旋光管，以黄色钠光测得旋光度为+13.3°，代入公式求出 $[\alpha]_D^{20}$。

$$[\alpha]_D^{20}=\frac{50.00\times(+13.3)}{1.00\times10.00}=+66.5°$$

将测得值与文献值对照，此糖为蔗糖。

例：称取蔗糖试样5.000g，用水溶解后，稀释为50.00mL，20℃时，用2dm旋光管，以黄色钠光测得旋光度为+12.0°，试求蔗糖的纯度。

解：(1) 求试样溶液中蔗糖的浓度 c

$$c=\frac{100\alpha}{l[\alpha]_D^{20}}=\frac{12.0\times100}{2.00\times66.5}=9.02\text{g/100mL}$$

(2) 求蔗糖的纯度

$$\text{蔗糖纯度}=\frac{9.02}{\frac{5.00}{50.0}\times100}\times100\%=90.2\%$$

三、旋光仪

旋光仪是测量物质旋光度的仪器，广泛应用于医药、制糖、食品、化工、农业和科研等各个领域，通过对样品旋光度的测量可以确定物质的浓度、含量和纯度等。

（一）普通旋光计

1. 旋光仪基本结构

如图 4-18 所示，光线从光源经过起偏镜，再经过盛有旋光性物质的旋光管时，由于物质具有旋光性，产生的偏振光不能通过第二个棱镜，必须旋转检偏镜才能通过。检偏镜转动角度由标尺盘上移动的角度表示，此读数即为该物质在此浓度时的旋光度 α。

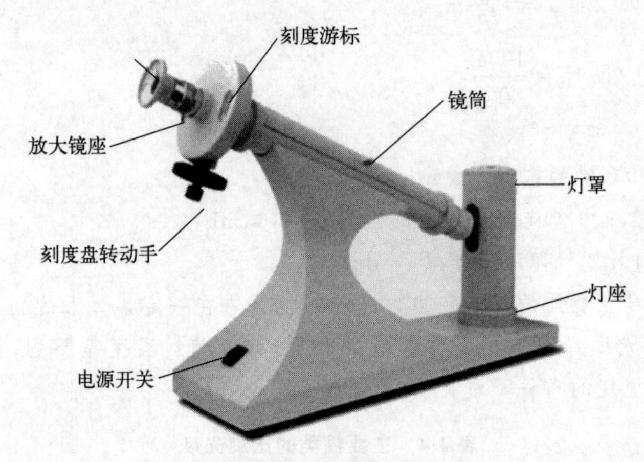

图 4-18　旋光仪构造图

旋光仪是由可以在同一轴转动的两个尼科尔棱镜组成的，在两个主截面互相垂直的起偏镜和检偏镜之间放置一个盛装待测液体的旋光管。当旋光管内装有无旋光性物质时，则望远镜筒内的视场是黑暗的；当管内装有旋光性物质溶液或液体时，因物质使光的振动平面旋转了某一角度，则视野稍见明亮，再旋转检偏镜使视场变得黑暗如初，则检偏镜转动的角度就是旋光性物质使偏振光偏转的角度，这个角度的大小可在与检偏镜同轴的刻度盘上读出。

为了精确地比对望远镜筒内视场的明暗，在起偏镜与旋光管之间加装一块狭长石英片。石英的旋光性使通过它的平面偏振光又转了一定角度。在镜筒中看到的视场就有三种情况，读数时，应调整检偏镜刻度盘，使视场变成明暗相等的单一视场，然后读取刻度盘上所示的刻度值。

刻度盘分为两个半圆，分别标出 0～180°；固定游标分为 20 等份。读数时，应先读游标的 0 落在刻度盘上的位置（整数值），再用游标尺的刻度盘画线重合的方法，读出游标尺上的数值，读数可以准确至 0.05°，如图 4-19 所示。

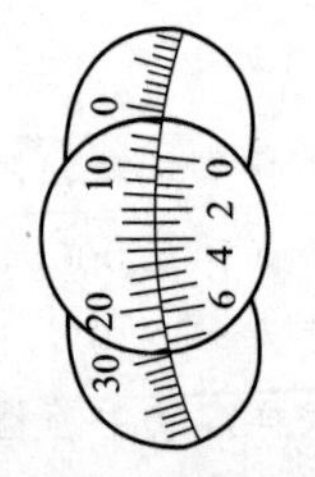

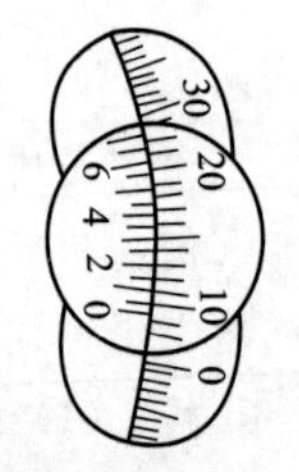

图 4-19　刻度盘读数

2. 注意事项

① 物质的旋光度与入射光波长和温度有关。通常用钠光谱 D 线（λ=589.3nm、黄色）作为光源，以 20℃或 25℃时的值表示。

② 将样品液体或校正用液体装入旋光管时要仔细小心，勿产生气泡。若顶端有气泡，应将管倾斜并轻轻叩打，把气泡赶入鼓包处，否则光线通过气泡影响测定结果。

③ 校正仪器或测定样品时，调整检偏镜—检查亮度—记取读数的操作，一般都需要重复多次，取平均值，经校正后作为结果。

④ 光学活性物质的旋光本领不仅大小不同，旋光方向有时也不同。所以，记录测得的旋光角 α 时要标明旋光方向，顺时针转动检偏镜时，称为右旋，记作＋或 R；反之，称为左旋，记

作—或 L。

⑤ 配制样品常用水、甲醇、乙醇或氯仿，必须强调的是，采用不同的溶剂，测出的比旋光度数值，甚至旋光方向都有可能不同。

（二）自动旋光计

自动旋光计的种类繁多，表示方法和读数方法有所不同，但其原理都基本相似。各种类型的自动旋光计，采用光电检测器及晶体管等装置自动显示该数，具有精确度高、无主观误差、读数方便等优点。

1. 工作原理

一般钠灯发出的波长为 589.44nm 的单色光依次通过聚光镜、小孔光闸、场镜、起偏器、法拉第调制器、准直镜，形成一束振动平面随法拉第线圈中交变电压而变化的准直的平面偏振光，经过装有待测溶液的试管后射入检偏器，再经过接收物镜、滤色片、小孔光闸进入光电倍增管，光电倍增管将光强信号转变成电信号，并经前置放大器放大。若检偏器相对于起偏器偏离正交位置，则说明具有频率为 f 的交变光强信号，相应的有频率 f 的电信号，此电信号经过选频放大、功率放大，驱动伺服电机通过机械传动带动检偏器转动，使检偏器向正交位置趋近，直到检偏器到达正交位置，频率为 f 的电信号消失，伺服电机停转。仪器一开始正常工作，检偏器即按照上述过程自动停在正交位置上，此时将计数器清零，定义为零位，若将装有旋光度为 α 的样品的试管放入试样室中，检偏器相对于入射的平面偏振光又偏高了正交位置 α，于是检偏器按照前过程再次转动。α 获得新的正交位置。模数转换器和计数电路将检偏器转过的角转换成数字显示，得出待测样品的旋光度。

2. WZZ-2SS 自动旋光仪的使用说明

① 仪器应安放在正常的室温、湿度条件下使用，防止在高温的条件下使用。

② 在测定溶液的旋光度前，先将旋光仪预热 5～10min 使得钠光灯发光稳定。

③ 观测管需要先用蒸馏水荡洗，然后用待测溶液荡洗，流到观测管外壁的溶液用滤纸擦干，才能放入仪器中进行测量。测定时每次观测管放的位置应一致。

④ 测试前或测试后，应测定试样的温度，并进行温度校正。

⑤ WZZ-2SS 自动旋光仪可测定旋光度和糖度，国际糖度（°S）与角旋光度（°）之间的换算关系为：1°S＝0.34626°；1°＝2.888°S。

任务 4 玉米淀粉黏度的测定

【任务描述】

黏度是判断液态食品品质的一项重要物理指标。黏度与液体的温度有关，温度低，黏度大；温度高，黏度小。本次工作任务是测定淀粉的黏度。

【学习目标】

1. 素质目标：具备实验室安全意识、“质量第一”的责任意识、团队合作意识、环保意

识、良好的实验习惯及职业素养、严谨的思维方法、实事求是的工作作风。

2. 知识目标：掌握黏度的测定原理。

3. 能力目标：能规范使用黏度计，能准确书写数据记录和检验报告。

【任务书】

任务要求： 解读GB/T 22427.7—2023《淀粉黏度测定》。

一、方法提要

在45.0～92.5℃的温度范围内，样品随温度的升高而逐渐糊化，通过旋转黏度计可得到黏度值，此黏度值即为当时温度下的黏度值。做出黏度值与温度曲线图，即可得到黏度的最高值及当时的温度。

该方法用于旋转黏度计和布拉本德黏度仪测定淀粉及变性淀粉的黏度。

二、仪器与试剂

1. 仪器、材料

(1) 分析天平：准确度±0.0001g；

(2) 旋转黏度计：带有一个加热保温装置，可保持仪器及淀粉乳液的温度在45.0～92.5℃变化且偏差为±0.5℃；

(3) 超级恒温水浴：温度可调节范围在30～95℃；

(4) 搅拌器：搅拌速度为120r/min；

(5) 四口烧瓶：250mL；

(6) 冷凝器；

(7) 温度计。

2. 试剂及溶液

蒸馏水或去离子水：电导率≤4μS/cm。

三、测定过程

(1) 称样　用分析天平称取适量的样品（准确度±0.0001g），将样品置于四口烧瓶中，加水使样品的干基固形物浓度达到设定浓度。

(2) 旋转黏度计及淀粉乳液的准备　按规定的旋转黏度计的操作方法进行校正调零，并将仪器测定筒与超级恒温水浴装置相连，打开水浴装置。将装有淀粉乳液的四口烧瓶放入超级恒温水浴装置中，在烧瓶上装上搅拌器、冷凝管和温度计，盖上取样口，打开冷凝水和搅拌器。

(3) 测定过程　将测定筒和淀粉乳液的温度通过保温装置分别同时控制在45℃、50℃、55℃、60℃、65℃、70℃、75℃、80℃、85℃、90℃、95℃。在恒温装置到达上述每个温度时，从四口烧瓶中吸取淀粉乳液，加入旋转黏度计的测量筒内，测定黏度，读取各个温度时的黏度值。做平行实验。

四、数据记录

项目	1	2	3
相对极差/%			

五、数据处理

以黏度值为纵坐标，温度为横坐标，根据所得到的数据作出黏度值与温度变化曲线。所作的曲线图中，找出对应温度的黏度值。

【制订实施方案】

步骤	实施方案内容	任务分工
1		
2		
3		
4		
5		
6		
7		

【确定方案】

1. 分组讨论试样黏度的测定过程，并分组派代表阐述流程；
2. 师生共同讨论，选出最佳方案。

【实施方案】

1. 领取仪器并检查仪器是否完好；
2. 领取试剂并配制溶液；
3. 按照最佳方案完成任务；
4. 数据记录并处理。

【考核评价】

见 32 页综合评价表。

知识链接

一、黏度

黏度是判断液态食品品质的一项重要物理指标，如啤酒、淀粉的黏度测定。黏度是指液体的黏稠程度，它是液体在外力下发生流动时，液体分子间所产生的内摩擦力，可分为绝对黏度与运动黏度。绝对黏度也叫动力黏度，是指液体以1cm/s的流速流动时，在每$1cm^2$液面上所需切向力的大小，单位为“帕斯卡·秒（Pa·s）”。运动黏度也叫动态黏度，它是在相同温度下液体的绝对黏度与其密度的比值，以二次方米每秒（m^2/s）为单位。黏度与液体的温度有关，温度低，黏度大；温度高，黏度小。

相对黏度是某液体的绝对黏度与另一液体的绝对黏度之比，以0℃水的绝对黏度1.792Pa·s作为基准。

二、绝对黏度的测定

液态食品的绝对黏度通常使用各种类型的旋转黏度计、落球黏度计进行检测。

1. 落球黏度计测定法

(1) 原理　在一个充满液态样品的柱体中，将一适宜相对密度的球体从液态柱体上线落至底线，测定球体下落时间（s）。根据被测定溶液的相对密度、球体的相对密度和体积，即可计算出溶液的黏度。

(2) 仪器　HÖPPLER黏度计、恒温水浴[(20±0.01)℃]、计时器。

(3) 操作步骤

① 将HÖPPLER黏度计与恒温水浴连接，调节水浴温度，使黏度计夹套流出的水温准确控制在（20±0.01)℃。

② 用样品液清洗黏度计的下落柱体。

③ 用吸管将预先调温至20℃的被测样品注入柱体管内至边缘（注意：不能存有气泡）。

④ 调节黏度计的水平仪至水平位置上。

⑤ 根据试样溶液的相对密度，采用适宜相对密度的球体放入被测试样溶液中。

⑥ 关上柱体的盖子，当球体落至柱体上线时，用计时器开始计时，直至球体落至柱体底线时为止，准确记录下落时间（s）。

⑦ 将黏度计玻璃柱体倒转，再一次按上述方法测定下落时间，如此重复测定，求出平均值。根据下面公式计算：

$$\eta=\tau(\rho_0-\rho)\times10^{-3}k$$

式中　η——绝对黏度，Pa·s；

τ——球体下落时间，s；

ρ_0——球体密度，kg/m^3；

ρ——试样溶液密度，kg/m^3；

k——球体系数，m^2/s^2。

2. 旋转黏度计测定法

旋转黏度计是用同步电机以一定速度旋转，带动刻度盘随之转动，通过游丝和角轴带动转子旋转。若转子未受到阻力，则游丝与圆盘同速旋转。若转子受到黏滞阻力，则游丝产生力矩与黏滞阻力抗衡，直到平衡。此时，与游丝相连的指针在刻度圆盘上指示一数值，根据这一数值，结合转子编号及转速即可算出被测液体的绝对黏度。这就是旋转黏度计的工作原理。测定时用直径大于7cm的烧杯盛装样品溶液并恒温，调整高度使转子浸入液体直至液面标志为止。并选择适宜的转速和转子，使指针读数在20～90之间。接通电源，转子旋转，经多次旋转后指针趋于稳定（或按规定的旋转时间指针达到恒定值），将操纵杆压下，关闭电源，读取指针所指示的数值。新一代的旋转黏度计，具有很方便的转速选择与调节，数字显示黏度值、温度、转子编号等参数功能。

根据下面公式计算绝对黏度：

$$\eta=ks$$

式中　η——绝对黏度，Pa·s；

s——圆盘指针指示数值；

k——换算系数（见表 4-5）。

表 4-5　换算系数

转子编号	6r/min	12r/min	30r/min	60r/min
0	1.0	0.5	0.2	0.1
1	10	5	2	1
2	50	25	10	5
3	200	100	40	20
4	1000	500	200	100

三、运动黏度的测定

运动黏度通常用毛细管黏度计来进行测定。常用的毛细管黏度计如图 4-20 所示。毛细管内径有 0.4mm、0.6mm、0.8mm、1.0mm、1.2mm、1.5mm、2.0mm、2.5mm、3.0mm、3.5mm、4.0mm、5.0mm、6.0mm 等规格。不同的毛细管黏度计有不同的黏度常数，可用已知黏度的纯净的 20 号或 30 号机器润滑油标定。

在食品检验中，毛细管黏度计常用于啤酒等液态食品黏度的测定。其工作原理为在一定温度下，当液体在直立的毛细管中以完全湿润管壁的状态流动时，其运动黏度与流动时间 τ 成正比。测定时，用已知运动黏度的液体（常用 20℃时的蒸馏水）作标准，测量其从毛细管黏度计流出的时间，再测量试样自同一黏度计流出的时间，则可计算出试样的黏度，即

$$\frac{v_{样}}{v_{标}}=\frac{\tau_{样}}{\tau_{标}}$$

式中　$v_{样}$、$v_{标}$——试样、标准液体在一定温度下的运动黏度；

$\tau_{样}$、$\tau_{标}$——试样、标准液体在某一毛细管黏度计中的流出时间。

检验时将样品液吸入或倒入毛细管黏度计（图 4-20）中，垂直置于恒温水浴中，并使黏度计上下刻度的两球全部浸入水浴中。一定时间后用吸耳球自 a 口将样品溶液吸起吹下搅拌样品溶液，然后吸取样品溶液使其充满上球，当样品溶液自由流下至两球间的上刻度时按下秒表开始计时，待样品溶液继续流下至下刻度时按下秒表停止计时，记录样品溶液流经上下刻度所需的时间（s），重复数次取平均值。在测定某一试样溶液的运动黏度时，只需测定毛细管黏度计的黏度常数，再测出在指定温度下的试样溶液流出时间，即可计算出其运动黏度。

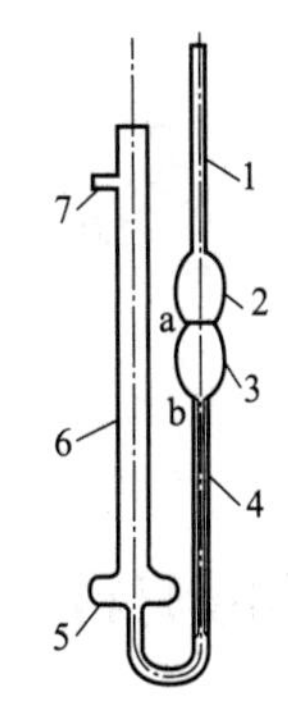

图 4-20　毛细管黏度计

1,6—管身；2,3,5—扩张部分；4—毛细管；7—支管；a,b—标线

四、条件黏度的测定

在规定温度下，在特定的黏度计中，一定量液体流出的时间，或是这个流出时间与在同一仪器中、规定温度下的标准液体（一般是水）流出的时间之比即为条件黏度。根据不同条件黏度的规定，分别测量已知条件黏度的标准液体和试样在相应的黏度计中流出的时间，由不同的液体流出同一黏度计的时间与黏度成正比关系，可计算出试样的条件黏度。

根据所用仪器和条件的不同，条件黏度一般分为：恩氏黏度、赛氏黏度及雷氏黏度。

(1) 雷氏黏度　试样在规定温度下，从雷氏黏度计中流出50mL所需的时间，单位为s。

(2) 赛氏黏度　试样在规定温度下，从赛氏黏度计中流出60mL所需的时间，单位为s。

(3) 恩氏黏度　恩氏黏度计如图4-21所示。它的结构是两个黄铜容器套在一起，内筒1装试样，外筒2为热浴，内筒底部中央有流出孔8，试样可经小孔流出，流入接收瓶中。筒上有盖3，盖上有插堵塞棒6的孔4及插温度计的孔5。内筒中有三个尖钉7，作为控制液面高度和仪器水平的水平器。外筒装在铁制的三脚架10上，足底有调整仪器水平的螺旋11。黏度计热浴一般用电加热器加热并能自动控制温度。测定时，试样在规定温度下从恩氏黏度计中流出200mL所需的时间与20℃的蒸馏水从同一黏度计中流出200mL所需时间之比，用E表示。

试样的恩氏黏度可根据下面公式计算：

$$E=\frac{\tau}{K_{20}}$$

式中　E——一定温度时，试样的恩氏黏度；

τ——相同温度时从恩氏黏度计中流出200mL试样所需的时间，s；

K_{20}——黏度计水值。

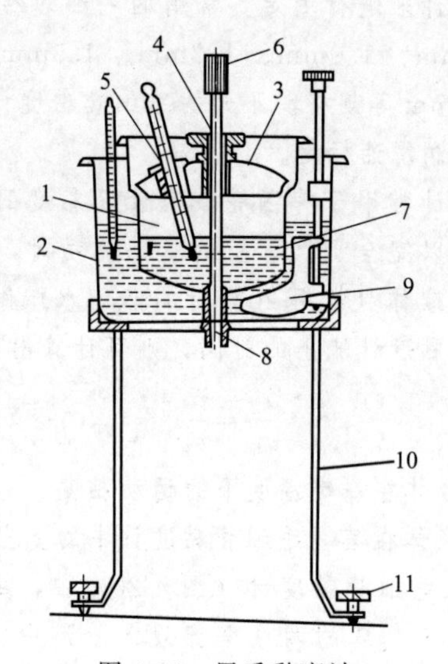

图4-21　恩氏黏度计

1—内筒；2—外筒；3—内筒盖；4，5—孔；6—堵塞棒；7—尖钉；8—流出孔；9—搅拌器；10—三脚架；11—水平调节螺旋

中国核潜艇之父——黄旭华

黄旭华，1926年3月生，中共党员，中船重工719研究所名誉所长。

“花甲痴翁，志探龙宫，惊涛骇浪，乐在其中！”从1958年参加核潜艇研制工作开始，黄旭华至今仍战斗在核潜艇研制领域，孜孜不倦、呕心沥血，为我国核潜艇事业奉献了毕生心血，被誉为“中国核潜艇之父”。

1949年，黄旭华毕业于上海交通大学造船系，毕业后一直从事舰船研制工作，1958年开始参加某型核潜艇的研制工作。我国自行研制核潜艇是在一穷二白的基础上起步的。面对国外严密的技术封锁，黄旭华带领团队自力更生、艰苦奋斗，一路攻克种种技术难关。国外发展核潜艇，都是“三步走”，黄旭华提出并决策采用水滴艇型，将国外的“三步走”并作“一步走”，突破了核潜艇中最为关键、最为重大的核动力装置、水滴线型艇体、艇体结构、人工大气环境、水下通信、惯性导航系统、发射装置 7 项技术，解决了我国核潜艇的“有无”问题。为满足导弹发射对核潜艇航行姿态的严格要求，黄旭华和同事们秉承科学严谨的作风，长期驻扎在试验现场，组织了 20 多项试验研究。为在核潜艇有限空间内合理布置数以万计的设备、仪表、附件、管道，黄旭华带领同事们绘制各种布置图并制作全尺寸模型，反复推敲，不断修改。中国核潜艇研制周期之短，为世界核潜艇发展史上所罕见，这和黄旭华他们的科学钻研、爱岗敬业是分不开的。中国的核潜艇是否具有战斗力，极限深潜试验是关键所在。为掌握第一手的数据，黄旭华不畏危险，亲自参加核潜艇极限深潜试验。

从 1958 年从事核潜艇研制开始，近 60 年过去了。如今，黄旭华已经 91 岁高龄，仍然每天准时出现在核潜艇研究所的院士办公室里。他身上好像蕴涵着无穷无尽的力量，永远不知疲倦。对于年轻一代的科研设计人员，黄旭华谆谆教诲、循循善诱，告诉他们核潜艇科研人员必须随身带上“三面镜子”——扩大视野的“放大镜”、放大信息的“显微镜”和鉴别真假的“照妖镜”，勉励他们要为事业奉献到底。

任务单元 3 食品中一般成分的分析

食品的一般成分包含水分、灰分、挥发酸、脂肪、碳水化合物、蛋白质及氨基酸、维生素、矿物元素，这些物质是食品中固有的成分，并赋予了食品一定的组织结构、风味、口感以及营养价值，这些成分含量是衡量食品品质的关键指标。

任务 1 食品中水分的测定

控制食品水分含量对于保持食品的感官性质、维持食品中其他组分的平衡关系、保证食品的稳定性都起着重要的作用。如新鲜面包的水分含量若低于28%～30%，其外观形态干瘪，失去光泽；乳粉的水分含量控制在2.5%～3.0%以内，可控制微生物生长繁殖，延长保质期。此外，各种生产原料中水分含量高低，对于它们的品质和保存、成本核算、提高生产企业的经济效益和计算生产中的物料平衡、生产工艺控制与监督等方面均具有重大意义。食品中水分根据存在形式，可分为结合水分和非结合水分两大类。结合水分一般指结晶水和吸附水，在测定过程中此类水分较难从物料中逸出。非结合水分包括润湿水分、渗透水分和毛细管水，相对而言，这类水分易与物料分离。食品中自由水（非结合水分）的含量与其品质有密切关系，通常测定的水是非结合水分。

子任务 1-1 牛奶中水分的测定——直接干燥法

【任务描述】

直接干燥法适用于在101～105℃下，不含或含有其他挥发性物质甚微的谷物及其制品、水产品、豆制品、乳制品、肉制品及卤菜制品等食品中水分的测定，不适用于水分含量小于0.5g/100g的样品。各种食品中水分含量的范围，见表5-1。

表 5-1　各种食品中水分含量的范围

种类	鲜果	鲜菜	鱼类	鲜蛋	乳类	猪肉	面粉
水分含量/%	70～93	80～97	67～81	67～74	87～89	43～59	12～14

【学习目标】

1. 素质目标：具备实验室安全意识、“质量第一”的责任意识、团队合作意识、环保意识、良好的实验习惯及职业素养、严谨的思维方法、实事求是的工作作风。

2. 知识目标：掌握直接干燥法测定牛奶中水分的原理及计算。

3. 能力目标：能规范使用电热恒温干燥箱、电子分析天平等分析仪器，能准确书写数据记录和检验报告。

【任务书】

任务要求：解读 GB 5009.3—2016《食品安全国家标准　食品中水分的测定》。

一、方法提要

利用食品中水分的物理性质，在一个标准大气压（101.325kPa）下，101～105℃的温度下采用挥发方法测定样品中干燥减少的重量，包括吸湿水、部分结晶水和该条件下能挥发的物质的重量，再通过干燥前后的称量数值计算出水分的含量。

该方法（直接干燥法）适用于在 101～105℃下，蔬菜、谷物及其制品、水产品、豆制品、乳制品、肉制品、卤菜制品、粮食（水分含量低于 18%）、油料（水分含量低于 13%）、淀粉及茶叶类等食品中水分的测定，不适用于水分含量小于 0.5g/100g 的样品。

二、仪器与试剂

1. 仪器、材料

（1）扁形铝制或玻璃制称量瓶。

（2）电热恒温干燥箱。

（3）干燥器：内附有效干燥剂。

（4）分析天平：准确度±0.0001g。

2. 试剂及溶液

除非另有说明，本方法所用试剂均为分析纯，水为 GB/T 6682 规定的一级水。

（1）6mol/L 盐酸：量取 50mL 盐酸，加水稀释至 100mL。

（2）6mol/L 氢氧化钠溶液：称取 24g 氢氧化钠，加水溶解并稀释至 100mL。

（3）海砂：取用水洗去泥的海砂或河砂，先用 6mol/L 盐酸煮沸 0.5h，用水洗至中性，再用 6mol/L 氢氧化钠溶液煮沸 0.5h，用水洗至中性，105℃干燥，备用。

三、测定过程

取洁净的称量瓶，加 10g 海砂及一根小玻璃棒，置于 101～105℃干燥箱中干燥 1.0h 后取出，放入干燥器内冷却 0.5h 后称量，并重复干燥至前后两次质量差不超过±0.0002g。

然后称取 5～10g 牛奶试样（准确度±0.0001g），置于蒸发皿中，用玻璃棒搅拌均匀，放在沸水浴上蒸干，并随时搅拌，擦去器皿底的水滴，置于 101～105℃干燥箱中干燥 4h 后盖好取出，放入干燥器内冷却 0.5h 后称量。然后放入 101～105℃干燥箱中干燥 1h 左右，取出，放入干燥器内冷却 0.5h 后再称量。并重复以上操作至前后两次质量差不超过±0.0002g，即为恒重。

注：两次恒重值在最后计算中，选取最后一次的称量值。

注意事项：

（1）测定过程中，当盛有试样的称量器皿从烘箱中取出后，应迅速放入干燥器中进行冷却，否则不易达到恒重。

（2）干燥器内一般用变色硅胶作为干燥剂，硅胶吸潮后干燥效能会降低，当硅胶蓝色减退或变红时，应及时更换，于 135℃左右烘干 2～3h 使其再生后使用。硅胶吸附油脂后，去湿力会大大降低。

（3）在水分测定中，恒重的标准一般指前后两次称量之差＜±0.0002g，根据食品的类型和测定要求来确定。

四、数据记录

项目	1	2	3
相对极差/%			

五、数据处理

$$X=\frac{m_1-m_2}{m_1-m_3}\times 100$$

式中　X——试样中水分的含量，g/100g；

m_1——称量瓶（加海砂、玻璃棒）和试样的质量，g；

m_2——称量瓶（加海砂、玻璃棒）和试样干燥后的质量，g；

m_3——称量瓶（加海砂、玻璃棒）的质量，g。

水分含量≥1g/100g 时，计算结果保留三位有效数字；水分含量＜1g/100g 时，计算结果保留两位有效数字。

精密度：在重复性条件下获得的两次独立测定结果的绝对差值不得超过算术平均值的 10%。

【制订实施方案】

步骤	实施方案内容	任务分工
1		
2		
3		

续表

步骤	实施方案内容	任务分工
4		
5		
6		
7		

【确定方案】

1. 分组讨论直接干燥法测定牛奶中水分的过程，并分组派代表阐述流程；
2. 师生共同讨论，选出最佳方案。

【实施方案】

1. 领取仪器并检查仪器是否完好；
2. 领取试剂并配制溶液；
3. 按照最佳方案完成任务；
4. 数据记录并处理。

【考核评价】

见 32 页综合评价表。

子任务 1-2　茶叶中水分的测定——卡尔·费休法

【任务描述】

卡尔·费休法测定茶叶中水分，进而评价产品的质量。

【学习目标】

1. 素质目标：具备实验室安全意识、“质量第一”的责任意识、团队合作意识、环保意识、良好的实验习惯及职业素养、严谨的思维方法、实事求是的工作作风。

2. 知识目标：掌握卡尔·费休法测定茶叶中水分的原理及计算。

3. 能力目标：能规范使用卡尔·费休水分测定仪、电子分析天平等分析仪器，能准确书写数据记录和检验报告。

【任务书】

任务要求：解读 GB 5009.3—2016《食品安全国家标准　食品中水分的测定》。

一、方法提要

根据碘能与水和二氧化硫发生化学反应，在有吡啶和甲醇共存时，1mol 碘只与 1mol 水作用，反应式如下：

$$C_5H_5N \cdot I_2 + C_5H_5N \cdot SO_2 + C_5H_5N + H_2O + CH_3OH \longrightarrow 2C_5H_5N \cdot HI + C_5H_6N[SO_4CH_3]$$

卡尔·费休水分测定法又分为库仑法和滴定法。其中滴定法测定的碘是作为滴定剂加入的，滴定剂中碘的浓度是已知的，根据消耗滴定剂的体积，计算消耗碘的量，从而计算出被测物质水的含量。

该方法（卡尔·费休法）适用于食品中微量水分的测定，不适用于含有氧化剂、还原剂、碱性氧化物、氢氧化物、碳酸盐、硼酸等食品中水分的测定。卡尔·费休滴定法适用于水分含量大于 1.0×10^{-3} g/100g 的样品。

二、仪器与试剂

1. 仪器、材料

（1）分析天平：准确度±0.0001g。

（2）卡尔·费休水分测定仪。

2. 试剂及溶液

除非另有说明，本方法所用试剂均为分析纯，水为 GB/T 6682 规定的二级水。

（1）无水甲醇：优级纯。要求其含水量在 0.05%以下。取甲醇约 200mL 置于干燥圆底烧瓶中，加 15g 光洁镁条与 0.5g 碘，接上冷凝装置，冷凝管的顶端和接收器支管上要装上无水氯化钙干燥管，当加热回流至金属镁开始转变为白色絮状的甲醇镁时，再加入 800mL 甲醇，继续回流至镁条溶解。分馏，用干燥的抽滤瓶作接收器，收集 64～65℃馏分备用。

（2）无水吡啶：要求其含水量在 0.1%以下。吸取吡啶 200mL 于干燥的蒸馏瓶中，加 40mL 苯，加热蒸馏，收集 110～116℃馏分备用。

（3）无水硫酸钠。

（4）硫酸。

（5）碘：将固体碘置于盛有硫酸的干燥器内干燥 48h 以上。

（6）二氧化硫：采用钢瓶装的二氧化硫或用硫酸与亚硫酸钠反应而制得。

（7）卡尔·费休试剂：称取 85g 碘，置于 1L 干燥的具塞的棕色玻璃试剂瓶中，加入 670mL 无水甲醇，盖上瓶塞，摇动至碘全部溶解后，加入 270mL 吡啶混匀，然后置于冰水浴中冷却，通入干燥的二氧化硫气体 60～70g，通气完毕后塞上瓶塞，放置暗处至少 24h 后使用。

三、测定过程

1. 试样前处理

可粉碎的固体试样要尽量粉碎，使之混合均匀。不易粉碎的试样可切碎。

2. 卡尔·费休试剂的标定（滴定法）

在反应瓶中加一定体积（浸没铂电极）的甲醇，在搅拌下用卡尔·费休试剂滴定至终点。加入 10mg（准确度±0.0001g）水，滴定至终点并记录卡尔·费休试剂的用量（V）。卡尔·费休试剂的滴定度根据下面公式计算：

$$T=\frac{m\times10^3}{V}$$

式中　T——卡尔·费休试剂的滴定度，mg/mL；

m——水的质量，g；

V——滴定水消耗卡尔·费休试剂的体积，mL。

3. 试样中水分的测定

于反应瓶中加一定体积的甲醇或卡尔·费休水分测定仪规定的溶剂浸没铂电极，在搅拌下用卡尔·费休试剂滴定至终点。迅速将易溶于甲醇或卡尔·费休水分测定仪规定的溶剂的试样直接加入滴定杯中；对于不易溶解的试样，应采用对滴定杯加热或加入已测定水分的其他溶剂辅助溶解后，用卡尔·费休试剂滴定至终点。建议采用滴定法测定试样中的含水量应大于100μg。对于滴定时，平衡时间较长且引起漂移的试样，需要扣除其漂移量。

4. 漂移量的测定

在滴定杯中加入与测定样品一致的溶剂，并滴定至终点，放置不少于10min后再滴定至终点，两次滴定之间的单位时间内的体积变化即为漂移量（D）。

5. 注意事项

（1）卡尔·费休法只要有现成仪器及配制好的试剂，它就是快速而准确的测定水分的方法，除用于食品分析外，还用于测定化肥、医药以及其他工业产品中的水分含量。

（2）固体样品细度以40目为宜。最好用粉碎机处理而不用研磨机，以防水分损失，另外，粉碎样品时保证其含水量均匀也是获得准确分析结果的关键。

（3）无水甲醇及无水吡啶适合加入无水硫酸钠保存。

四、数据记录

项目	1	2	3
相对极差/%			

五、数据处理

固体样品中水分的含量根据下面公式计算：

$$X=\frac{(V_1-Dt)\times T}{m}\times 100$$

液体样品中水分的含量根据下面公式计算：

$$X=\frac{(V_1-Dt)\times T}{V_2\rho}\times 100$$

式中　X——样品中水分的含量，g/100g；

V_1——滴定样品时卡尔·费休试剂体积，mL；

D——漂移量，mL/min；

t——滴定时所消耗的时间，min；

T——卡尔·费休试剂的滴定度，g/mL；

m——样品质量，g；

V_2——液体样品体积，mL；

ρ——液体样品的密度，g/mL。

水分含量≥1g/100g时，计算结果保留三位有效数字；水分含量<1g/100g时，计算结果保留两位有效数字。

精密度：在重复性条件下获得的两次独立测定结果的绝对差值不得超过算术平均值的10%。

【制订实施方案】

步骤	实施方案内容	任务分工
1		
2		
3		
4		
5		
6		
7		

【确定方案】

1. 分组讨论卡尔·费休法测定茶叶中水分的过程，并分组派代表阐述流程；
2. 师生共同讨论，选出最佳方案。

【实施方案】

1. 领取仪器并检查仪器是否完好；
2. 领取试剂并配制溶液；
3. 按照最佳方案完成任务；
4. 数据记录并处理。

【考核评价】

见32页综合评价表。

任务2 食品中总灰分的测定

【任务描述】

食品中的灰分是指样品经灼烧后的残留物。灰分中的无机成分与食品中原有的无机成分并不完全相同。食品在灼烧时，一些易挥发的元素，如氯、碘、铅挥发散失；磷、硫以含氧酸的形式挥发散失，使部分无机成分减少。而食品中的有机组分，如碳元素，则可能在一系列的变化中形成了无机物碳酸盐，又使无机成分增加了。所以，灰分并不能准确地表示食品中原有的无机成分的总量。严格说来，应该把灼烧后的残留物叫做粗灰分。

灰分测定的内容包括：总灰分、水溶性灰分、水不溶性灰分、酸不溶性灰分等。常见食品中灰分含量见表 5-2。

表 5-2 常见食品中灰分含量

种类	牛乳	乳粉	脱脂乳粉	鲜肉	稻谷	小麦	大豆	玉米
灰分含量/%	0.6～0.7	5.0～5.71	7.8～8.2	0.5～1.2	5.3	1.95	4.7	1.5

生产面粉时，其加工精度可由灰分含量来表示，面粉的加工精度越高，灰分含量越低。富强粉灰分含量为 0.3%～0.5%，标准粉为 0.65%～0.9%，全麦粉为 1.2%～2.0%。因此，可根据成品粮灰分含量高低来检验其加工精度和品质状况。

【学习目标】

1. 素质目标：具备实验室安全意识、“质量第一”的责任意识、团队合作意识、环保意识、良好的实验习惯及职业素养、严谨的思维方法、实事求是的工作作风。

2. 知识目标：掌握高温灰化法测定面粉中总灰分的原理及计算。

3. 能力目标：能规范使用高温炉、电子分析天平等分析仪器，能准确书写数据记录和检验报告。

【任务书】

任务要求：解读 GB 5009.4—2016《食品安全国家标准　食品中灰分的测定》。

一、方法提要

将一定量的样品经炭化后放入高温炉内灼烧，有机物中的碳、氢、氮被氧化分解，以二氧化碳、氮氧化物及水等形式逸失，另有少量的有机物经灼烧后生成的无机物，以及食品中原有的无机物均残留下来，这些残留物即为灰分。对残留物进行称量即可检测出样品中总灰分的含量。该方法适用于食品中灰分的测定（淀粉类灰分的测定方法适用于灰分质量分数不大于 2%的淀粉和变性淀粉）。

二、仪器与试剂

1. 仪器、材料

(1) 高温炉：最高使用温度≥950℃；

(2) 分析天平：准确度±0.0001g；

(3) 石英坩埚或瓷坩埚；

(4) 电热板；

(5) 恒温水浴锅：控温精度±2℃；

(6) 干燥器。

2. 试剂及溶液

除非另有说明，本方法所用试剂均为分析纯，水为 GB/T 6682 规定的三级水。

(1) 80g/L 乙酸镁溶液：称取 8.0g 乙酸镁[$(CH_3COO)_2Mg \cdot 4H_2O$]加水溶解并定容至 100mL，混匀。

(2) 240g/L 乙酸镁溶液：称取 24.0g 乙酸镁[$(CH_3COO)_2Mg \cdot 4H_2O$]加水溶解并定容至 100mL，混匀。

(3) 10%盐酸溶液：量取 24mL 分析纯浓盐酸用蒸馏水稀释至 100mL。

三、测定过程

1. 坩埚预处理

(1) 含磷量较高的食品和其他食品　取大小适宜的石英坩埚或瓷坩埚置于高温炉中，在(550±25)℃下灼烧 30min，冷却至 200℃左右取出，放入干燥器中冷却 30min，准确称量。重复灼烧至前后两次称量相差不超过±0.0005g，即为恒重。

(2) 淀粉类食品　先用沸腾的稀盐酸洗涤，再用大量自来水洗涤，最后用蒸馏水冲洗。将洗净的坩埚置于高温炉内，在 (900±25)℃下灼烧 30min，并在干燥器内冷却至室温，称重，准确度±0.0001g。

2. 称样

(1) 含磷量较高的食品和其他食品　对灰分大于或等于 10g/100g 的试样称取 2～3g (准确度±0.0001g)，对灰分小于 10g/100g 的试样称取 3～10g (准确度±0.0001g)，对于灰分含量更低的样品可适当增加称样量。

(2) 淀粉类食品　迅速称取样品 2～10g (准确度±0.0001g) (马铃薯淀粉、小麦淀粉以及大米淀粉至少称 5g，玉米淀粉称 10g)，将样品均匀分布在坩埚内，不要压紧。

3. 测定过程

(1) 测定含磷量较高的豆类及其制品、肉禽及其制品、蛋及其制品、水产及其制品、乳及乳制品　称取试样后，加入 1.00mL 240g/L 乙酸镁溶液或 3.00mL 80g/L 乙酸镁溶液，使试样完全润湿。放置 10min 后，在水浴上将水分蒸干，在电热板上以小火加热使试样充分炭化至无烟，然后置于高温炉中，在 (550±25)℃灼烧 4h。冷却至 200℃左右取出，放入干燥器中冷却 30min。称量前如发现灼烧残渣中有炭粒时，应向试样中滴入少许水润湿，使结块松散，蒸干水分再次灼烧至无炭粒即表示灰化完全，方可称量。重复灼烧至前后两次称量相差不超过±0.0005g 即为恒重。

(2) 测定淀粉类食品　将坩埚置于高温炉口或电热板上，半盖坩埚盖，小心加热使样品在通气情况下完全炭化至无烟，即刻将坩埚放入高温炉内，将温度升高至 (900±25)℃，保持此温度直至剩余的炭全部消失为止，一般 1h 可灰化完毕，冷却至 200℃左右取出，放入干燥器中冷却 30min，称量前如发现灼烧残渣中有炭粒时，应向试样中滴入少许水润湿，使结块松散，蒸干水分再次灼烧至无炭粒即表示灰化完全，方可称量。重复灼烧至前后两次称量相差不超过±0.0005g 即为恒重。

(3) 测定其他食品　液体和半固体试样应先在沸水浴中蒸干。固体或蒸干后的试样，先在电热板上以小火加热使试样充分炭化至无烟，然后置于高温炉中，在 (550±25)℃灼烧 4h。冷却至 200℃左右，取出，放入干燥器中冷却 30min，称量前如发现灼烧残渣中有炭粉时向试样中滴入少许水润湿，使结块松散，蒸干水分再次灼烧至无炭粒即表示灰化完全，方可称量。重复灼烧至前后两次称量相差不超过±0.0005g 即为恒重。

4. 空白试验

吸取 3 份与上述相同浓度和体积的乙酸镁溶液，做 3 次试剂空白试验。当 3 次试验结果的标准偏差小于±0.003g 时，取算术平均值作为空白值。若标准偏差大于或等于±0.003g 时，应重新做空白试验。

四、数据记录

项目	1	2	3
相对极差/%			

五、数据处理

$$X_1=\frac{m_1-m_2}{m_3-m_2}\times 100$$

$$X_2=\frac{m_1-m_2-m_0}{m_3-m_2}\times 100$$

式中 X_1——测定时未加乙酸镁溶液试样中灰分的含量，g/100g；

X_2——测定时加入乙酸镁溶液试样中灰分的含量，g/100g；

m_0——氧化镁（乙酸镁灼烧后生成物）的质量，g；

m_1——坩埚和灰分的质量，g；

m_2——坩埚的质量，g；

m_3——坩埚和试样的质量，g。

试样中灰分含量≥10g/100g 时，保留三位有效数字；试样中灰分含量<10g/100g 时保留两位有效数字。

精密度：在重复性条件下获得的两次独立测定结果的绝对差值不得超过算术平均值的 5%。

【制订实施方案】

步骤	实施方案内容	任务分工
1		
2		
3		
4		
5		
6		
7		

【确定方案】

1. 分组讨论高温灰化法测定面粉中总灰分的过程，并分组派代表阐述流程；
2. 师生共同讨论，选出最佳方案。

【实施方案】

1. 领取仪器并检查仪器是否完好；
2. 领取试剂并配制溶液；
3. 按照最佳方案完成任务；
4. 数据记录并处理。

【考核评价】

见 32 页综合评价表。

任务 3
饮料中挥发酸的测定——水蒸气蒸馏法

【任务描述】

食品中存在的酸类物质不仅可以用来判断食品的成熟度，还可以用来判断食品的新鲜程度以及是否腐败。当乙酸含量在 0.1%以上时则说明制品已腐败；牛乳及其制品、番茄制品、啤酒等乳酸含量高时，说明这些制品已由乳酸菌引起腐败；水果制品中含有游离的半乳糖醛酸时，说明已受到污染开始霉烂。新鲜的油脂通常呈中性，随着脂肪酶的水解作用，油脂中游离脂肪酸的含量不断增加，其新鲜程度也随之下降。油脂中游离脂肪酸含量的多少，是评判其品质好坏和精炼程度的重要指标之一。食品中的酸类物质还具有一定的防腐作用。当 pH$<$2.5 时，一般除霉菌外，大部分微生物的生长都受到抑制，将乙酸的浓度控制在 6%时，可有效地抑制腐败菌的生长。所以，食品中酸度的测定，对食品的色、香、味、稳定性和质量具有重要的意义。

食品的酸度可分为总酸度、有效酸度和挥发酸度。总酸度是指食品中所有酸性物质的总量，包括离解和未离解酸的总和，常用碱标准溶液进行滴定，并以样品中主要代表酸的质量分数来表示，又称可滴定酸度。有效酸度是指样品中呈游离状态的氢离子的浓度（准确地说是活度），常用 pH 表示，用 pH 计（酸度计）测定。挥发酸是指易挥发的有机酸，如甲酸、乙酸、丁酸等可通过蒸馏法分离，再用碱标准溶液进行滴定。

【学习目标】

1. 素质目标：具备实验室安全意识、“质量第一”的责任意识、团队合作意识、环保意识、良好的实验习惯及职业素养、严谨的思维方法、实事求是的工作作风。

2. 知识目标：掌握水蒸气蒸馏法测定饮料中挥发酸的原理及计算。

3. 能力目标：能规范使用水蒸气蒸馏装置、电子分析天平等分析仪器、能准确书写数据记录和检验报告。

【任务书】

任务要求：解读 GB 12456—2021《食品安全国家标准　食品中总酸的测定》。

一、方法提要

样品经适当处理后，加入适量的磷酸使结合态的挥发酸游离出来，用水蒸气蒸馏使挥发酸分离，经冷凝、收集后，用碱标准溶液滴定，根据所消耗的碱标准溶液的浓度和体积，计算挥发酸的含量。

二、仪器与试剂

1. 仪器、材料

（1）分析天平：准确度±0.0001g；

（2）碱式滴定管：容量为 25mL，最小刻度为 0.1mL；

（3）锥形瓶：250mL；

（4）移液管：25mL、50mL；

（5）蒸馏装置，见图 5-1。

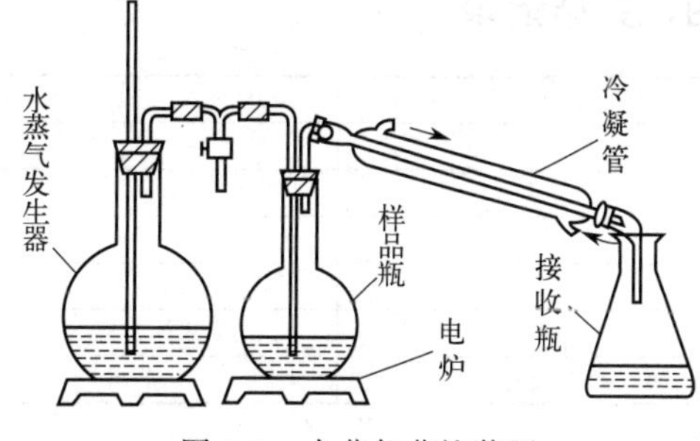

图 5-1　水蒸气蒸馏装置

2. 试剂及溶液

除非另有说明，本方法所用试剂均为分析纯，水为 GB/T 6682 规定的三级水。

（1）无二氧化碳的水：将蒸馏水煮沸 15min，逐出二氧化碳，冷却，密闭。

（2）1mol/L 氢氧化钠标准溶液。

（3）10g/L 酚酞指示剂。

（4）10g/L 磷酸溶液：称取 1.0g 磷酸，用少量无 CO_2 蒸馏水溶解，并稀释至 100mL。

（5）乙醇：95%。

（6）邻苯二甲酸氢钾。

三、测定过程

1. 测定过程

准确称取 50.0g（准确度±0.0001g）混合均匀的样品（视挥发酸含量的多少酌情增减）置于 250mL 圆底烧瓶中，加入 300mL 无二氧化碳的水，再加 1mL 10g/L 磷酸溶液，连接水蒸气蒸馏装置，通入水蒸气使挥发酸蒸馏出来。加热蒸馏至馏出液达到 300mL 为止。将馏出液加热至 60～65℃，加入 3 滴酚酞指示剂，用 0.1mol/L 氢氧化钠标准溶液滴定至微红色，30s 内不褪色即为终点。平行测定三次，同时做空白试验。

2. 说明

（1）食品中含有多种有机酸，总酸度测定的结果一般以样品中含量最多的酸来表示。柑橘类水果及其制品和饮料以柠檬酸表示，葡萄及其制品以酒石酸表示，苹果类及其制品和蔬菜以苹果酸表示，乳品、肉类、水产品及其制品以乳酸表示，酒类、调味品以乙酸表示。

（2）食品中的有机酸均为弱酸，用强碱（氢氧化钠）滴定时，其滴定终点偏碱性，一般在 pH＝8.2 左右，所以，可选用酚酞作为指示剂。

（3）若滤液有颜色（如带色果汁等），使终点颜色变化不明显，从而影响滴定终点的判断，可加入约同体积的无 CO_2 蒸馏水稀释，或用活性炭脱色，用原样品溶液对照，以及外用指示剂法等方法来减少干扰。对于颜色过深或浑浊的样品溶液，可用电位滴定法进行测定。

（4）蒸馏前水蒸气发生器中的水应先煮沸 10min，以排出其中的 CO_2，并用蒸汽冲洗整个蒸馏装置。

（5）整套蒸馏装置的各个连接处应密封，切不可漏气。

（6）滴定前将馏出液加热至 60～65℃，使其终点明显，加快反应速率，缩短滴定时间，减少溶液与空气的接触，提高测定精度。

四、数据记录

项目	1	2	3
相对极差/%			

五、数据处理

$$X=\frac{c(V_1-V_0)M\times 10^{-3}}{m}\times 100\%$$

式中 X——挥发酸含量（以柠檬酸计），%；

V_1——滴定样品溶液消耗氢氧化钠标准溶液的体积，mL；

V_0——空白试验消耗氢氧化钠标准溶液的体积，mL；

c——氢氧化钠标准溶液的浓度，mol/L；

M——乙酸（CH_3COOH）的摩尔质量，60.0g/mol；

m——样品的质量，g。

计算结果保留到小数点后两位。

精密度：在重复性条件下获得的两次独立测定结果的绝对差值不得超过算术平均值的 10%。

【制订实施方案】

步骤	实施方案内容	任务分工
1		
2		
3		

续表

步骤	实施方案内容	任务分工
4		
5		
6		
7		

【确定方案】

1. 分组讨论水蒸气蒸馏法测定饮料中挥发酸的过程，并分组派代表阐述流程；
2. 师生共同讨论，选出最佳方案。

【实施方案】

1. 领取仪器并检查仪器是否完好；
2. 领取试剂并配制溶液；
3. 按照最佳方案完成任务；
4. 数据记录并处理。

【考核评价】

见 32 页综合评价表。

任务 4 食品中脂肪的测定——索氏抽提法

【任务描述】

食品中脂类的含量直接影响到产品的外观、风味、口感、组织结构、品质等。蔬菜本身的脂肪含量较低，在生产蔬菜罐头时，添加适量的脂肪可改善其产品的风味。对于面包之类的焙烤食品，脂肪含量特别是卵磷脂等组分，对于面包心的柔软度、面包的体积及其结构都有直接影响。因此，食品中脂肪含量是一项重要的控制指标。测定食品中脂肪含量，不仅可以用来评价食品的品质，衡量食品的营养价值，而且对实现生产过程的质量管理、实行工艺监督等方面有着重要的意义。

食品的种类不同，其脂肪的含量及存在形式不同，因此测定脂肪的方法也就不同。常用测定脂肪的方法有：索氏抽提法、酸水解法、罗紫-哥特里法、巴布科克氏法和盖勃法、三氯甲烷-甲醇提取法等。

【学习目标】

1. 思政目标：具备实验室安全意识、“质量第一”的责任意识、团队合作意识、环保意识、良好的实验习惯及职业素养、严谨的思维方法、实事求是的工作作风。

2. 知识目标：掌握索氏抽提法测定香肠中脂肪的原理及计算。

3. 能力目标：能规范使用索氏抽提器、电子分析天平等分析仪器，能准确书写数据记录和检验报告。

【任务书】

任务要求： 解读 GB 5009.6—2016《食品安全国家标准　食品中脂肪的测定》。

一、方法提要

脂肪易溶于有机溶剂。试样直接用无水乙醚或石油醚等溶剂抽提后，蒸发除去溶剂，干燥，得到游离态脂肪的含量。

该方法（索氏抽提法）适用于水果、蔬菜及其制品、粮食及粮食制品、肉及肉制品、蛋及蛋制品、水产及其制品、焙烤食品、糖果等食品中游离态脂肪含量的测定。

二、仪器与试剂

1. 仪器、材料

（1）分析天平：准确度±0.0001g；

（2）恒温水浴锅；

（3）电热鼓风干燥箱；

（4）干燥器：内部装有如硅胶等干燥剂；

（5）滤纸筒；

（6）蒸发皿；

（7）索氏抽提器（见图 5-2）。

（8）材料：石英砂、脱脂棉。

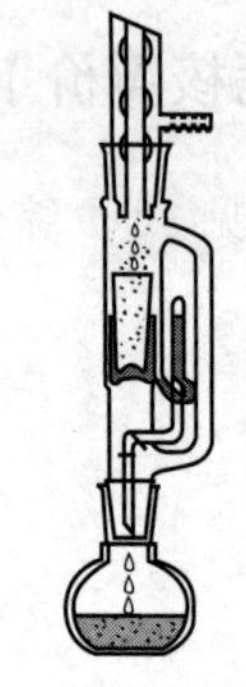

图 5-2　索氏抽提器

2. 试剂及溶液

除非另有说明，本方法所用试剂均为分析纯，水为 GB/T 6682 规定的三级水。

（1）无水乙醚（$C_4H_{10}O$）；

（2）石油醚（C_nH_{2n+2}）：石油醚沸程为 30～60℃。

三、测定过程

1. 试样处理

（1）固体试样：样品充分混匀后，准确称取试样 2～5g（准确度±0.0001g），于 100～105℃烘干、研细，全部移入滤纸筒内。

（2）液体或半固体试样：称取混匀后的试样 5～10g（准确度±0.0001g），置于蒸发皿中，加入约 20g 石英砂，于沸水浴上蒸干后，在电热鼓风干燥箱中于（100±5）℃干燥 30min 后，取出，研细，全部移入滤纸筒内。蒸发皿及粘有试样的玻璃棒，均用沾有乙醚的脱脂棉擦净，并将脱脂棉放入滤纸筒内。

2. 抽提

将滤纸筒放入索氏抽提器的抽提筒内，连接已干燥至恒重的接收瓶，由抽提器冷凝管上端加入无水乙醚或石油醚至瓶内容积的三分之二处，于水浴上加热，使无水乙醚或石油醚不断回流抽提（6～8 次/h），一般抽提 6～10h。提取结束时，用磨砂玻璃棒接取 1 滴提取液，磨砂玻璃棒上无油斑表明提取完毕。

3. 称量

取下接收瓶，回收无水乙醚或石油醚，待接收瓶内溶剂剩余 1～2mL 时在水浴上蒸干，再于（100±5）℃干燥 1h，放入干燥器内冷却 0.5h 后称量。重复以上操作直至恒重（两次称量的差值不超过±2mg）。

4. 注意事项

（1）样品必须干燥，样品中含水分会影响溶剂提取效果，造成非脂成分的溶出。滤纸的高度不要超过回流弯管，否则带来测定误差。

（2）乙醚回收后，剩下的乙醚必须在水浴上彻底挥发干净，否则放入烘箱中有爆炸的危险。乙醚在使用过程中，室内应保持良好的通风状态，仪器周围不能有明火，以防止空气中有乙醚蒸气而引起着火或爆炸。

（3）脂肪接收瓶反复加热时，会因脂类氧化而增重，如增重，应该以前一次质量为准。富含脂肪的样品，可在真空烘箱中进行干燥，这样可避免因脂肪氧化所造成的误差。

（4）抽提是否完全，可以将提脂管下口滴下的乙醚（或石油醚）滴在滤纸或毛玻璃上，挥发后不留下痕迹即表明已抽提完全。

（5）抽提所用的乙醚或石油醚要求无水、无醇、无过氧化物，挥发性残渣含量低。因水和醇会导致糖类及水溶性盐类等物质的溶出，使测定结果偏高。过氧化物会导致脂肪氧化，烘干时还可引发爆炸。

（6）在挥干溶剂时应避免过高的温度造成粗脂肪氧化，不容易达到恒重。过氧化物的检查方法为，取乙醚 10mL，加 2mL 100g/L 的碘化钾溶液，用力振摇，放置 1min，若出现黄色，则证明有过氧化物存在。此乙醚应经处理后方可使用。

（7）乙醚的处理：于乙醚中加入 1/20～1/10 体积的 200g/L 硫代硫酸钠溶液洗涤，再用水洗，然后加入少量无水氯化钙或无水硫酸钠脱水，于水浴上蒸馏，蒸馏温度略高于溶剂沸点，能达到烧瓶内溶液沸腾即可。弃去最初和最后的 1/10 馏出液，收集中间馏出液备用。

四、数据记录

项目	1	2	3
相对极差/%			

五、数据处理

$$X=\frac{m_1-m_0}{m_2}\times 100$$

式中　X——试样中脂肪的含量，g/100g；

m_0——恒重后接收瓶的质量，g；

m_1——接收瓶和脂肪的质量，g；

m_2——试样的质量，g。

计算结果保留到小数点后一位。

精密度：在重复性条件下获得的两次独立测定结果的绝对差值不得超过算术平均值的10%。

【制订实施方案】

步骤	实施方案内容	任务分工
1		
2		
3		
4		
5		
6		
7		

【确定方案】

1. 分组讨论索氏抽提法测定香肠中脂肪的过程，并分组派代表阐述流程；
2. 师生共同讨论，选出最佳方案。

【实施方案】

1. 领取仪器并检查仪器是否完好；
2. 领取试剂并配制溶液；
3. 按照最佳方案完成任务；
4. 数据记录并处理。

【考核评价】

见32页综合评价表。

任务5
食品中碳水化合物的测定

碳水化合物统称为糖类，是由C、H、O三种元素组成的一大类化合物，是人和动物所需热能的重要来源，一些糖与蛋白质、脂肪等结合生成糖蛋白和糖脂，这些物质都具有重要的生理功能。食品中的碳水化合物不仅能提供热量，而且还是改善食品品质、组织结构，增加食品风味的食品加工辅助材料。在食品加工工艺中，糖类对食品的形态、组织结构、理化性质及其色、香、味等都有很大的影响，同时，糖类的含量还是食品营养价值高低的重要标志，也是某些食品重要的质量指标。碳水化合物的测定是食品的主要分析项目之一。

食品中碳水化合物的测定方法很多，单糖和低聚糖的测定采用的方法有物理法、化学法、色谱法和酶法等。物理法包括相对密度法、折光法和旋光法等。这些方法比较简便，对一些特定的样品，在生产过程中进行监控，采用物理法较为方便。化学法是一种广泛采用的常规分析法，它包括还原糖法（斐林试剂法、高锰酸钾法、铁氰酸钾法等）、碘量法、缩合反应法等。化学法测定的糖类多为糖类的总量，不能确定糖类的种类及每种糖类的含量。利用色谱法可以对样品中的各种糖类进行分离定量。目前利用气相色谱和高效液相色谱分离，在定量食品中的各种糖类中已得到广泛应用。近年来发展起来的离子交换色谱具有灵敏度高、选择性好等优点，也已成为一种糖类的色谱分析法。用酶法测定糖类也有一定的应用，如用β-半乳糖脱氢酶测定半乳糖、乳糖，葡萄糖氧化酶测定葡萄糖等。

子任务5-1 食品中还原糖的测定——直接滴定法（斐林试剂法）

【任务描述】

直接滴定法测定果汁中还原糖的含量，进而评价产品的质量。

【学习目标】

1. 素质目标：具备实验室安全意识、“质量第一”的责任意识、团队合作意识、环保意识、良好的实验习惯及职业素养、严谨的思维方法、实事求是的工作作风。

2. 知识目标：掌握直接滴定法测定果汁中还原糖的原理及计算。

3. 能力目标：能规范使用酸式滴定管、电子分析天平等分析仪器，能准确书写数据记录和检验报告。

【任务书】

任务要求：解读GB 5009.7—2016《食品安全国家标准　食品中还原糖的测定》。

一、方法提要

试样经除去蛋白质后，与一定量的碱性酒石酸铜甲液、乙液等体积混合后，生成天蓝色的氢氧化铜沉淀，沉淀与酒石酸钾钠反应，生成深蓝色的酒石酸钾钠铜的络合物。在加热条件下，以亚甲基蓝作为指示剂，用样品溶液直接滴定经标定的碱性酒石酸铜溶液，还原糖将二价铜还原为氧化亚铜。待二价铜全部被还原后，稍过量的还原糖将亚甲基蓝还原，溶液由蓝色变为无色，即为终点。根据最终所消耗样品溶液的体积，即可计算出还原糖的含量。

该方法适用于食品中还原糖含量的测定。

二、仪器与试剂

1. 仪器、材料

（1）分析天平：准确度为±0.0001g；

（2）水浴锅；

（3）可调温电炉；

（4）酸式滴定管：25mL；

（5）容量瓶：250mL；

（6）锥形瓶：250mL。

2. 试剂及溶液

除非另有说明，本方法所用试剂均为分析纯，水为GB/T 6682规定的二级水。

（1）碱性酒石酸铜甲液：称取15g硫酸铜及0.05g亚甲基蓝，溶于水中并稀释至1000mL。

（2）碱性酒石酸铜乙液：称取50g酒石酸钾钠及75g氢氧化钠溶于水，再加入4g亚铁氰化钾，完全溶解后，用水稀释至1000mL，储存于橡胶塞玻璃瓶内。

（3）乙酸锌溶液：称取21.9g乙酸锌，加3mL冰醋酸，加水溶解并稀释至1000mL。

（4）106g/L亚铁氰化钾溶液：称取10.6g亚铁氰化钾，加水溶解并稀释至100mL。

（5）盐酸（1+1）：量取50mL盐酸，加50mL水混合均匀。

（6）40g/L氢氧化钠溶液：称取4g氢氧化钠，加水溶解后，放冷，稀释至100mL。

（7）1.0000mg/mL葡萄糖标准溶液：准确称取1.0000g于98～100℃烘干2h至恒重的葡萄糖，加水溶解后加入5mL盐酸，转移至1000mL容量瓶中，加水定容。

（8）1.0000mg/mL果糖标准溶液：准确称取1.0000g于98～100℃烘干2h至恒重的果糖，加水溶解后加入5mL盐酸，转移至1000mL容量瓶中，加水定容。

（9）1.0000mg/mL乳糖（含水）标准溶液：准确称取1.0000g于94～98℃烘干2h至恒重的乳糖（含水），加水溶解后加入5mL盐酸，转移至1000mL容量瓶中，加水定容。

（10）1.0000mg/mL转化糖标准溶液：准确称取1.0526g蔗糖，用100mL水溶解，置于具塞锥形瓶中，加入5mL盐酸，于68～70℃水浴中加热15min，放置至室温，转移至1000mL容量瓶中，加水定容。

三、测定过程

1. 样品处理

对于乳类、乳制品及含蛋白质的饮料（雪糕、冰淇淋、豆乳等），称取2.5～5g（准确度±0.0001g）固体样品或吸取25～50mL液体样品，置于250mL容量瓶中，加水50mL，摇匀后慢慢加入5mL乙酸锌及5mL亚铁氰化钾溶液，并加水至刻度，混匀，静置30min；干燥滤纸过滤，弃去初滤液，收集滤液供分析用。

2. 碱性酒石酸铜溶液的标定

准确移取碱性酒石酸铜甲液和乙液各5mL于250mL锥形瓶中。加水10mL，加入玻璃珠2～4粒。从滴定管中滴加约9mL 1.0000mg/mL葡萄糖标准溶液（或其他还原糖标准溶液），控制在2min内加热至沸腾，趁热以0.5滴/s的速度继续滴加葡萄糖标准溶液（或其他还原糖标准溶液），直至溶液蓝色刚好褪去即为终点。记录消耗葡萄糖标准溶液（或其他还原糖标准溶液）的体积，平行操作三次，取其平均值。计算每 10mL（碱性酒石酸铜甲液、乙液各 5mL）碱性酒石酸铜溶液相当于葡萄糖（或其他还原糖）的质量（mg）。

3. 样品溶液的预测定

准确吸取碱性酒石酸铜甲液和乙液各 5mL 于 250mL 锥形瓶中。加水 10mL，加入玻璃珠 2～4 粒，控制在 2min 内加热至沸腾，保持沸腾以先快后慢的速度从滴定管中滴加样品溶液，并保持溶液微沸状态。待溶液颜色变浅时，以 0.5 滴/s 的速度继续滴定，直至溶液蓝色刚好褪去即为终点。记录消耗样品溶液的体积。

4. 样品溶液的测定

准确吸取碱性酒石酸铜甲液和乙液各 5mL 于 250mL 锥形瓶中。加水 10mL，加入玻璃珠 2～4 粒，从滴定管中加入比预测定时少 1mL 的样品溶液至锥形瓶中，控制在 2min 之内加热至沸腾，保持沸腾以 0.5 滴/s 的速度继续滴定，直至蓝色刚好褪去即为终点。记录消耗样品溶液的体积。平行测定三次，得出平均消耗体积。

5. 说明与注意事项

（1）碱性酒石酸铜甲液、乙液应分别配制储存，用时才能混合。

（2）碱性酒石酸铜的氧化能力较强，可将醛糖和酮糖都氧化，测得的是总还原糖量。

（3）本法对糖类进行定量的基础是碱性酒石酸铜溶液中 Cu^{2+} 的量，所以，样品处理时不能采用硫酸铜-氢氧化钠作为澄清剂，以免样品溶液中误入 Cu^{2+}，得出错误的结果。

（4）在碱性酒石酸铜乙液中加入亚铁氰化钾，是为了使所生成的红色 Cu_2O 沉淀与之形成可溶性的无色络合物，使终点便于观察。

$$Cu_2O+K_4Fe(CN)_6+H_2O \longrightarrow K_2Cu_2Fe(CN)_6+2KOH$$

（5）亚甲基蓝也是一种氧化剂，但在测定条件下其氧化能力比 Cu^{2+} 弱，故还原糖先与 Cu^{2+} 反应，待 Cu^{2+} 完全反应后，稍过量的还原糖才会与亚甲基蓝发生反应，溶液蓝色消失，指示到达终点。

（6）整个滴定过程必须在沸腾条件下进行，其目的是加快反应速率和防止空气进入，避免氧化亚铜和还原性的亚甲基蓝被空气氧化，从而使得耗糖量增加。

（7）测定中还原糖溶液浓度、滴定速度、热源强度及煮沸时间等都对测定精密度有很大的影响。还原糖溶液浓度要求在 0.1%左右，与葡萄糖标准溶液的浓度相近；继续滴定至终点的体积应控制在 0.5～1mL 以内，以保证在 1min 内完成连续滴定的工作；热源一般采用 800W 电炉，热源强度和煮沸时间应严格按照操作规定执行，否则，加热至煮沸时间不同，蒸发量不同，反应液的碱度也不同，从而影响反应的速率、反应进行的程度及最终测定的结果。

（8）预测定与正式测定的条件应一致。平行测定时消耗样品溶液量的差值应不超过 0.1mL。

四、数据记录

项目	1	2	3
相对极差/%			

五、数据处理

$$X=\frac{m_1}{1000mF\times\frac{V}{250}}\times 100$$

式中 X——试样中还原糖（以某种还原糖计）的含量，g/100g；

m_1——碱性酒石酸铜溶液（甲、乙液各 5mL）相当于某种还原糖的质量，mg；

m——样品质量，g；

V——测定时平均消耗样品溶液的体积，mL；

F——系数，含淀粉的食品为 0.8，其余为 1；

250——样品溶液的总体积，mL。

还原糖含量≥10g/100g 时，计算结果保留三位有效数字；还原糖含量<10g/100g 时，计算结果保留两位有效数字。

精密度：在重复性条件下获得的两次独立测定结果的绝对差值不得超过算术平均值的 5%。

【制订实施方案】

步骤	实施方案内容	任务分工
1		
2		
3		
4		
5		
6		
7		

【确定方案】

1. 分组讨论直接滴定法测定果汁中还原糖的过程，并分组派代表阐述流程；
2. 师生共同讨论，选出最佳方案。

【实施方案】

1. 领取仪器并检查仪器是否完好；
2. 领取试剂并配制溶液；
3. 按照最佳方案完成任务；
4. 数据记录并处理。

【考核评价】

见 32 页综合评价表。

子任务 5-2　食品中蔗糖的测定——酸水解法

【任务描述】

在食品生产中，为判断原料的成熟度，鉴别白糖、蜂蜜等食品原料的品质，以及控制糖果、果脯、加糖乳制品等产品的质量指标，常常需要测定蔗糖的含量。蔗糖是非还原性双糖，不能用测定还原糖的方法直接进行测定，但蔗糖经酸水解后可生成具有还原性的葡萄糖和果糖，再根据测定还原糖的方法进行测定。本法适用于各类食品中蔗糖的测定。

【学习目标】

1. 素质目标：具备实验室安全意识、“质量第一”的责任意识、团队合作意识、环保意识、良好的实验习惯及职业素养、严谨的思维方法、实事求是的工作作风。

2. 知识目标：掌握酸水解法测定饮料中蔗糖的原理及计算。

3. 能力目标：能规范使用酸式滴定管、电子分析天平等分析仪器，能准确书写数据记录和检验报告。

【任务书】

任务要求：解读 GB 5009.8—2023《食品安全国家标准　食品中蔗糖的测定》。

一、方法提要

样品脱脂后，用水或乙醇提取，提取液经澄清处理除去蛋白质等杂质后，再用稀盐酸水解，使蔗糖转化为还原糖。然后按还原糖测定的方法，分别测定水解前后样品溶液中还原糖的含量，两者的差值即为由蔗糖水解产生的还原糖的量，再乘以换算系数 0.95 即为蔗糖的含量。

该方法（酸水解-莱因-埃农氏法）适用于食品中蔗糖的测定。

二、仪器与试剂

1. 仪器、材料

（1）分析天平：准确度±0.0001g；

（2）水浴锅；

（3）可调温电炉；

（4）酸式滴定管：25mL；

（5）容量瓶：1000mL；

（6）锥形瓶：250mL。

2. 试剂及溶液

除非另有说明，本方法所用试剂均为分析纯，水为 GB/T 6682 规定的三级水。

（1）碱性酒石酸铜甲液：称取 15g 硫酸铜（$CuSO_4 \cdot 5H_2O$）及 0.05g 亚甲基蓝，溶于水中并稀释至1000mL。

(2) 碱性酒石酸铜乙液：称取50g酒石酸钾钠及75g氢氧化钠，溶于水中，再加入4g亚铁氰化钾，完全溶解后，用水稀释至1000mL，储存于橡胶塞玻璃瓶内。

(3) 乙酸锌溶液：称取21.9g乙酸锌[$Zn(CH_3COO)_2 \cdot 2H_2O$]，加3mL冰醋酸，加水溶解并稀释至1000mL。

(4) 106g/L亚铁氰化钾溶液：称取10.6g亚铁氰化钾[$K_4Fe(CN)_6 \cdot 3H_2O$]，加水溶解并稀释至100mL。

(5) 盐酸（1+1）：量取50mL盐酸，加50mL水混合均匀。

(6) 40g/L氢氧化钠溶液：称取4g氢氧化钠，加水溶解后，放冷，稀释至100mL。

(7) 1.0000mg/mL葡萄糖标准溶液：准确称取1.0000g于98～100℃烘干2h至恒重的葡萄糖，加水溶解后加入5mL盐酸，转移至1000mL容量瓶中，加水定容。

(8) 1.0000mg/mL果糖标准溶液：准确称取1.0000g于98～100℃烘干2h至恒重的果糖，加水溶解后加入5mL盐酸，转移至1000mL容量瓶中，加水定容。

(9) 1.0000mg/mL乳糖（含水）标准溶液：准确称取1.0000g于94～98℃烘干2h至恒重的乳糖（含水），加水溶解后加入5mL盐酸，转移至1000mL容量瓶中，加水定容。

(10) 1.0000mg/mL转化糖标准溶液：准确称取1.0526g蔗糖，用100mL水溶解，置于具塞锥形瓶中，加入5mL盐酸，于68～70℃水浴中加热15min，放冷至室温，转移至1000mL容量瓶中，加水定容。

(11) 1g/L甲基红指示剂：称取0.1g甲基红，用体积分数为60%的乙醇溶解并定容至100mL。

(12) 6mol/L盐酸溶液。

(13) 200g/L氢氧化钠溶液。

三、测定过程

1. 样品处理

准确移取2份样品各50.00mL，分别置于100mL容量瓶中。一份用水稀释至100mL。另一份加5mL 6mol/L盐酸，在68～70℃水浴中加热15min，冷却后加甲基红指示剂2滴，用200g/L氢氧化钠溶液调节至中性，加水至刻度。

2. 碱性酒石酸铜溶液的标定

与子任务果汁中还原糖的测定——直接滴定法相同。

3. 样品溶液的预测定

与子任务果汁中还原糖的测定——直接滴定法相同。

4. 样品溶液的测定

准确吸取碱性酒石酸铜甲液和乙液各5mL于250mL锥形瓶中。加10mL水，加入2～4粒玻璃珠，从滴定管中加入比预测定时少1mL的转化前样品溶液（或转化后样品溶液）至锥形瓶中，控制在2min内加热至沸腾，保持沸腾以0.5滴/s的速度继续滴定，直至溶液蓝色刚好褪去即为终点。分别记录转化前样品溶液和转化后样品溶液消耗的体积（V）。平行测定三次，得出平均消耗体积。

5. 其他试样处理

（1）含蛋白质食品　称取粉碎或混匀后的固体试样 2.5～5g(准确度±0.0001g）或液体试样 5～25g(准确度±0.0001g）置于 250mL 容量瓶中，加水 50mL，缓慢加入乙酸锌溶液 5mL 和亚铁氰化钾溶液 5mL，加水至刻度，混匀，静置 30min，用干燥滤纸过滤，弃去初滤液，取后续滤液备用。

（2）含大量淀粉的食品　称取粉碎或混匀后的试样 10～20g(准确度±0.0001g)，置于 250mL 容量瓶中，加水 200mL，在 45℃水浴中加热 1h，并时时振摇，冷却后加水至刻度，混匀，静置，沉淀。吸取 200mL 上清液于另一 250mL 容量瓶中，缓慢加入乙酸锌溶液 5mL 和亚铁氰化钾溶液 5mL，加水至刻度，混匀，静置 30min，用干燥滤纸过滤，弃去初滤液，取后续滤液备用。

（3）酒精饮料　称取混匀后的试样 100g(准确度±0.0001g)，置于蒸发皿中，用 40g/L 氢氧化钠溶液调节至中性，在水浴上蒸发至原体积的 1/4 后，移入 250mL 容量瓶中，缓慢加入乙酸锌溶液 5mL 和亚铁氰化钾溶液 5mL，加水至刻度，混匀，静置 30min，用干燥滤纸过滤，弃去初滤液，取后续滤液备用。

（4）碳酸饮料　称取混匀后的试样 100g（准确度±0.0001g）于蒸发皿中，在水浴上微热搅拌除去二氧化碳后，移入 250mL 容量瓶中，用水洗蒸发皿，洗液并入容量瓶，加水至刻度，混匀后备用。

四、数据记录

项目	1	2	3
相对极差/%			

五、数据处理

1. 试样中转化糖的含量（以葡萄糖计）根据下面公式计算：

$$R=\frac{m_1}{m\times\frac{50}{250}\times\frac{V}{100}\times 1000}\times 100$$

式中　R——试样中转化糖的含量，g/100g；

m_1——碱性酒石酸铜溶液（甲、乙液各 5mL）相当于葡萄糖的质量，mg；

m——样品质量，g；

V——测定时平均消耗样品溶液的体积，mL；

100——酸水解中定容体积，mL；

50——酸水解中移取样品溶液体积，mL；

250——样品溶液的总体积，mL。

2. 蔗糖的含量

试样中蔗糖的含量根据下面公式计算：

$$X=(R_2-R_1)\times 0.95$$

式中　X——试样中蔗糖的含量，g/100g；

R_2——转化后样品溶液转化糖的含量，g/100g；

R_1——转化前样品溶液转化糖的含量，g/100g；

0.95——转化糖（以葡萄糖计）换算为蔗糖的系数。

蔗糖含量≥10g/100g时，计算结果保留三位有效数字；蔗糖含量<10g/100g时，计算结果保留两位有效数字。

精密度：在重复性条件下获得的两次独立测定结果的绝对差值不得超过算术平均值的10%。

【制订实施方案】

步骤	实施方案内容	任务分工
1		
2		
3		
4		
5		
6		
7		

【确定方案】

1. 分组讨论酸水解法测定饮料中蔗糖的过程，并分组派代表阐述流程；
2. 师生共同讨论，选出最佳方案。

【实施方案】

1. 领取仪器并检查仪器是否完好；
2. 领取试剂并配制溶液；
3. 按照最佳方案完成任务；
4. 数据记录并处理。

【考核评价】

见32页综合评价表。

子任务5-3　糖果中淀粉的测定——酸水解法

【任务描述】

酸水解法测定糖果中淀粉的含量，进而评价产品的质量。

【学习目标】

1. 素质目标：具备实验室安全意识、“质量第一”的责任意识、团队合作意识、环保意识、良好的实验习惯及职业素养、严谨的思维方法、实事求是的工作作风。

2. 知识目标：掌握酸水解法测定糖果中淀粉的原理及计算。

3. 能力目标：能规范使用回流装置、电子分析天平等分析仪器，能准确书写数据记录和检验报告。

【任务书】

任务要求：解读 GB 5009.9—2023《食品安全国家标准　食品中淀粉的测定》。

一、方法提要

样品经过除去脂肪和可溶性糖类后，用酸将淀粉水解为葡萄糖，按还原糖的测定方法来测定还原糖含量，再折算成淀粉含量。

该方法适用于食品（肉制品除外）中淀粉的测定。

二、仪器与试剂

1. 仪器、材料

（1）分析天平：准确度±0.0001g；

（2）恒温水浴锅：可加热至 100℃；

（3）回流装置，并附 250mL 锥形瓶；

（4）高速组织捣碎机；

（5）电热板；

（6）精密 pH 试纸：6.8～7.2；

（7）容量瓶：500mL；

（8）锥形瓶：250mL。

2. 试剂及溶液

除非另有说明，本方法所用试剂均为分析纯，水为 GB/T 6682 规定的二级水。

（1）乙醚（$C_4H_{10}O$）；

（2）2g/L 甲基红指示液：称取甲基红 0.20g，用少量乙醇溶解后，加水定容至 100mL；

（3）400g/L 氢氧化钠溶液：称取 40g 氢氧化钠加水溶解后，冷却至室温，稀释至 100mL；

（4）200g/L 乙酸铅溶液：称取 20g 乙酸铅，加水溶解并稀释至 100mL；

（5）100g/L 硫酸钠溶液：称取 10g 硫酸钠，加水溶解并稀释至 100mL；

（6）6mol/L 盐酸溶液：量取 50mL 浓盐酸，与 50mL 水混合；

（7）85%乙醇：取 85mL 无水乙醇，加水定容至 100mL 混匀，也可用 95%乙醇配制；

（8）石油醚：沸点范围为 60～90℃。

三、测定过程

1. 样品处理

准确称取 2～5g（准确度±0.0001g）（含淀粉 0.5g 左右）磨细、过 40 目筛的样品，置于铺有慢速滤纸的漏斗中，用 50mL 石油醚或乙醚分五次洗去样品中的脂肪，弃去石油醚或乙醚，再用 150mL 85%（体积分数）乙醇分次洗涤残渣，以除去可溶性糖类。滤干乙醇溶液，以 100mL 水洗涤漏斗中的残渣，并全部转移入 250mL 锥形瓶中。

2. 水解

于上述 250mL 锥形瓶中加入 30mL 6mol/L 盐酸，装上冷凝管，于沸水浴中回流 2h，回流完毕，立即置于流动冷水中冷却，待样品水解液冷却后，加入 2 滴甲基红，先用 400g/L 氢氧化钠调至溶液呈黄色，再用 6mol/L 盐酸调到刚好变为红色。若水解液颜色较深，可用精密 pH 试纸测试，使样品水解液的 pH 约为 7。再加入 20mL 200g/L 乙酸铅，摇匀后放置 10min，以沉淀蛋白质、有机酸、单宁、果胶及其他胶体，再加 20mL 100g/L 硫酸钠溶液，以除去过多的铅，摇匀后转移至 500mL 容量瓶中，用蒸馏水定容。过滤，弃去初滤液，收集后续滤液供测定用。

3. 测定

按还原糖测定法进行测定，并同时做试剂空白试验。

4. 说明及注意事项

（1）样品中脂肪含量较少时，可省去乙醚溶解和洗去脂肪的操作。乙醚也可用石油醚代替。若样品为液体，则采用分液漏斗振摇静置分层，去除乙醚层。

（2）淀粉的水解反应：

$$\underset{162}{(C_6H_{10}O_5)n} + H_2O \longrightarrow \underset{180}{n(C_6H_{12}O_6)}$$

把葡萄糖含量折算为淀粉含量的换算系数为：162/180＝0.9。

（3）蔬菜、水果、各种粮豆含水熟食制品的处理：按 1∶1 加水在组织捣碎机中捣成匀浆（蔬菜、水果需先洗净、晾干，取可食部分）；称取 5～10g 匀浆于 250mL 锥形瓶中，加 30mL 乙醚振摇提取脂肪，用滤纸过滤除去乙醚，再用 30mL 乙醚淋洗 2 次，弃去乙醚；用 150mL 85%（体积分数）乙醇分次洗涤残渣，以除去可溶性糖类；以 100mL 水洗涤漏斗中的残渣，并全部转移入 250mL 锥形瓶中。

四、数据记录

项目	1	2	3
相对极差/%			

五、数据处理

$$w=\frac{(m_1-m_0)\times 0.9}{m\times\frac{V}{500}\times 1000}\times 100\%$$

式中　w——淀粉的质量分数，%；

m——试样质量，g；

m_1——样品水解液中还原糖质量，mg；

m_0——试剂空白中还原糖质量，mg；

V——测定用样品水解液的体积，mL；

500——样品水解液总体积，mL；

0.9——还原糖折算为淀粉的系数。

计算结果保留三位有效数字。

精密度：在重复性条件下获得的两次独立测定结果的绝对差值不得超过算术平均值的10%。

【制订实施方案】

步骤	实施方案内容	任务分工
1		
2		
3		
4		
5		
6		
7		

【确定方案】

1. 分组讨论酸水解法测定糖果中淀粉的过程，并分组派代表阐述流程；
2. 师生共同讨论，选出最佳方案。

【实施方案】

1. 领取仪器并检查仪器是否完好；
2. 领取试剂并配制溶液；
3. 按照最佳方案完成任务；
4. 数据记录并处理。

【考核评价】

见32页综合评价表。

子任务 5-4　食品中粗纤维的测定——重量法

【任务描述】

重量法测定食品中粗纤维的含量，进而评价产品的质量。

【学习目标】

1. 素质目标：具备实验室安全意识、“质量第一”的责任意识、团队合作意识、环保意识、良好的实验习惯及职业素养、严谨的思维方法、实事求是的工作作风。

2. 知识目标：掌握重量法测定大豆中粗纤维的原理及计算。

3. 能力目标：能规范使用电子分析天平等分析仪器，能准确书写数据记录和检验报告。

【任务书】

任务要求：解读 GB/T 5009.10—2003《植物类食品中粗纤维的测定》。

一、方法提要

在热的稀硫酸作用下，样品中的糖类、淀粉、果胶和半纤维素等物质经水解而除去，再用热的氢氧化钾处理，使蛋白质溶解、脂肪皂化而除去。然后用乙醇和乙醚处理以除去单宁、色素及残余的脂肪，所得的残渣即为粗纤维，如其中含有无机物质，可经灰化后扣除。

该法操作简便、迅速，适用于各类食品，是应用最广泛的经典分析法。目前，我国的食品成分表中“纤维”一项的数据都是用此法测定的，但该法测定结果粗糙，重现性差。由于酸碱处理时纤维成分会发生不同程度的降解，测得值与纤维的实际含量差别很大，这是此法的最大缺点。

二、仪器与试剂

1. 仪器、材料

(1) 分析天平：准确度±0.0001g；

(2) G_2 垂融坩埚或 G_2 垂融漏斗；

(3) 粉碎机；

(4) 锥形瓶：500mL；

(5) 高温炉；

(6) 干燥器：内置变色硅胶干燥器。

2. 试剂及溶液

除非另有说明，本方法所用试剂均为分析纯，水为 GB/T 6682 规定的一级水。

(1) 1.25%硫酸；

(2) 1.25%氢氧化钾。

三、测定过程

1. 取样

(1) 干燥样品　如粮食、豆类等，经磨碎过24目筛，称取均匀的样品5.0g，置于500mL锥形瓶中。

(2) 含水分较高的样品　如蔬菜、水果、薯类等，先加水打浆，记录样品质量和加水量，称取相当于5.0g干燥样品的量，加1.25%硫酸适量，充分混合，用亚麻布过滤，残渣移入500mL锥形瓶中。

2. 酸处理

于锥形瓶中加入200mL 1.25%硫酸，装上回流装置，加热使之微沸，回流30min，每隔5min摇动锥形瓶一次，以充分混合瓶内物质，取下锥形瓶，立即用亚麻布过滤，用热水洗涤至洗液不呈酸性（以甲基红为指示剂）。

3. 碱处理

用20mL煮沸的1.25%氢氧化钾溶液将亚麻布上的存留物洗入原锥形瓶中，加热至沸，回流30min。取下锥形瓶，立即用亚麻布过滤，以沸水洗至洗液不呈碱性（以酚酞为指示剂）。

4. 干燥

用水把亚麻布上的残留物洗入100mL烧杯中，然后转移到已干燥至恒重的G_2垂融坩埚或G_2垂融漏斗中，抽滤，用热水充分洗涤后，抽干，再依次用乙醇、乙醚洗涤一次。将坩埚和内容物在105℃烘箱中烘干至恒重。

5. 灰化

若样品中含有较多无机物质，可用石棉坩埚代替垂融坩埚过滤，烘干称重后，移入550℃高温炉中灼烧至恒重，置于干燥器内，冷却至室温后称重，灼烧前后的质量之差即为粗纤维的质量。

6. 说明及注意事项

(1) 样品中脂肪含量高于1%时，应先用石油醚脱脂后再测定，如脱脂不足，结果将偏高。

(2) 酸、碱处理时，如产生大量泡沫，可加入2滴硅油或正辛醇消泡。

(3) 样品的粒度、加热回流时间、沸腾的状态及过滤时间等因素都对测定结果产生影响。样品粒度过大影响消化，结果偏高；粒度过细则会造成过滤困难。沸腾不能过于剧烈，以防止样品脱离液体，附于液面以上的瓶壁上。过滤时间不能太长，一般不超过10min，否则应适量减少称样量。

(4) 用亚麻布过滤时，由于其孔径不稳定，结果出入较大，最好采用200目尼龙筛过滤，既耐较高温度，孔径又稳定，本身不吸留水分，洗残渣也较容易。

(5) 恒重要求：烘干小于±0.0002g，灰化小于±0.0005g。

四、数据记录

项目	1	2	3
相对极差/%			

五、数据处理

样品中粗纤维的含量根据下面公式计算：

$$w_{粗纤维}=\frac{m_1}{m}\times 100\%$$

式中 $w_{粗纤维}$——样品中粗纤维的含量，%；

m_1——残余物的质量（或经高温灼烧后损失的质量），g；

m——样品质量，g。

【制订实施方案】

步骤	实施方案内容	任务分工
1		
2		
3		
4		
5		
6		
7		

【确定方案】

1. 分组讨论重量法测定大豆中粗纤维的过程，并分组派代表阐述流程；
2. 师生共同讨论，选出最佳方案。

【实施方案】

1. 领取仪器并检查仪器是否完好；
2. 领取试剂并配制溶液；
3. 按照最佳方案完成任务；
4. 数据记录并处理。

【考核评价】

见 32 页综合评价表。

任务6
牛奶中蛋白质的测定——凯氏定氮法

【任务描述】

不同食品中蛋白质的含量各不相同，一般来说，动物性食品的蛋白质含量高于植物性食品。测定食品中蛋白质的含量，对于评价食品的营养价值、合理开发利用食品资源、指导生产、优化食品配方、提高产品质量具有重要的意义。

【学习目标】

1. 素质目标：具备实验室安全意识、“质量第一”的责任意识、团队合作意识、环保意识、良好的实验习惯及职业素养、严谨的思维方法、实事求是的工作作风。

2. 知识目标：掌握凯氏定氮法测定牛奶中蛋白质的原理及计算。

3. 能力目标：能规范使用凯氏定氮消化装置、凯氏定氮蒸馏装置、电子分析天平等分析仪器，能准确书写数据记录和检验报告。

【任务书】

任务要求：解读GB 5009.5—2016《食品安全国家标准　食品中蛋白质的测定》。

一、方法提要

将样品与浓硫酸和催化剂一同加热消化，使蛋白质分解，其中碳和氢被氧化为二氧化碳和水逸出，而样品中的有机氮转化为氨，并与硫酸结合成硫酸铵，加碱将消化液碱化，通过水蒸气蒸馏使氨蒸出，用硼酸吸收生成硼酸铵，再以盐酸或硫酸标准溶液滴定，根据消耗标准酸量可计算出蛋白质的含量。此法可应用于各类食品中蛋白质含量的测定。

① 消化反应方程式如下：

$$2NH_2(CH_2)_2COOH+13H_2SO_4 \longrightarrow (NH_4)_2SO_4+6CO_2\uparrow+12SO_2\uparrow+16H_2O$$

② 蒸馏反应方程式如下：

$$2NaOH+(NH_4)_2SO_4 \longrightarrow 2NH_3\uparrow+Na_2SO_4+2H_2O$$

③ 吸收反应方程式如下：

$$2NH_3+4H_3BO_3 \longrightarrow (NH_4)_2B_4O_7+5H_2O$$

④ 滴定反应方程式如下：

$$(NH_4)_2B_4O_7+2HCl+5H_2O \longrightarrow 2NH_4Cl+4H_3BO_3$$

本方法适用于各种食品中蛋白质的测定，但不适用于添加无机含氮物质、有机非蛋白质含氮物质的食品的测定。

二、仪器与试剂

1. 仪器、材料

（1）分析天平：准确度±0.0001g；

（2）凯氏定氮消化装置，见图 5-3；凯氏定氮蒸馏装置，见图 5-4；

（3）滴定装置；

（4）锥形瓶：250mL。

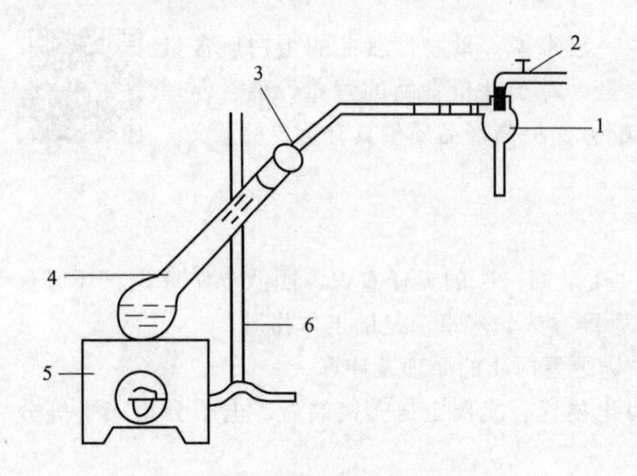

图 5-3 凯氏定氮消化装置

1—水力真空管；2—水龙头；3—倒置的干燥管；4—凯氏烧瓶；5—电炉；6—支架

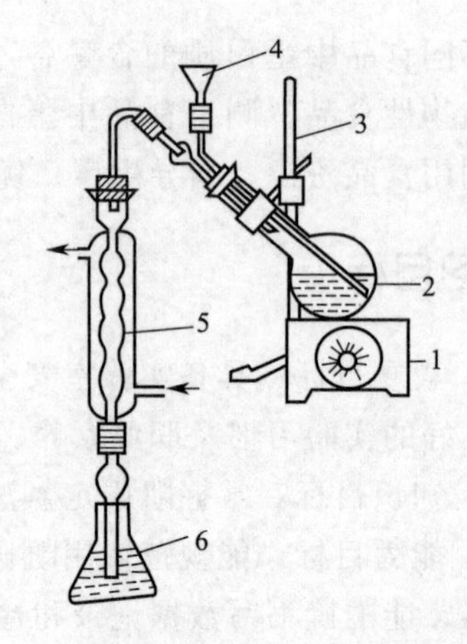

图 5-4 凯氏定氮蒸馏装置

1—电炉；2—蒸馏烧瓶；3—支架；4—进样漏斗；5—冷凝管；6—吸收瓶

2. 试剂及溶液

除非另有说明，本方法所用试剂均为分析纯，水为 GB/T 6682 规定的三级水。

（1）浓硫酸、硫酸铜、硫酸钾。

（2）400g/L 氢氧化钠溶液：称取 40g 氢氧化钠加水溶解后，放冷，并稀释至 100mL。

（3）0.0500mol/L 硫酸标准滴定溶液或 0.0500mol/L 盐酸标准滴定溶液。

（4）20g/L 硼酸吸收液：称取 20g 硼酸溶解于 1000mL 热水中，摇匀备用。

（5）1.0g/L 甲基红乙醇溶液：称取 0.1g 甲基红，溶于 95%乙醇中，用 95%乙醇稀释至 100mL。

（6）1.0g/L 亚甲基蓝乙醇溶液：称取 0.1g 亚甲基蓝，溶于 95%乙醇中，用 95%乙醇稀释至 100mL。

（7）1.0g/L 溴甲酚绿乙醇溶液：称取 0.1g 溴甲酚绿，溶于 95%乙醇中，用 95%乙醇稀释至 100mL。

（8）A 混合指示液：2 份甲基红乙醇溶液与 1 份亚甲基蓝乙醇溶液临用时混合。

（9）B 混合指示液：1 份甲基红乙醇溶液与 5 份溴甲酚绿乙醇溶液临用时混合。

三、测定过程

1. 消化

准确称取充分混匀的牛奶 10～20g(准确度±0.0001g)（约相当于 30～40mg 氮），移入

250mL干燥的定氮瓶中，加入0.5g硫酸铜、10g硫酸钾及20mL浓硫酸，按图3-3安装消化装置，将定氮瓶以45°角斜置于有小孔的石棉网上。小火加热，待内容物全部炭化，泡沫完全消失后加强火力，并保持瓶内液体微沸，至液体呈蓝绿色并澄清透明后，再继续加热0.5～1h。取下放冷，小心加入20mL水。放冷后，移入100mL容量瓶中，并用少量水洗定氮瓶，洗液并入容量瓶中，再加水至刻度，混匀备用。同时做试剂空白试验。

2. 蒸馏、吸收

按图3-4装好定氮蒸馏装置，向水蒸气发生器内装水至2/3处，加入数粒玻璃珠，加甲基红乙醇溶液数滴及数毫升硫酸，以保持水呈酸性，加热煮沸水蒸气发生器内的水并保持沸腾。向接收瓶内加入10.0mL硼酸溶液及1～2滴混合指示液，并使冷凝管的下端插入液面下。根据试样中氮含量，准确吸取2.00～10.00mL试样处理液由进样漏斗注入反应室，以10mL水洗涤进样漏斗并使洗液流入反应室内，随后塞紧棒状玻璃塞。将10.0mL氢氧化钠溶液倒入进样漏斗，提起玻璃塞使其缓缓流入反应室，立即将玻璃塞盖紧，并加水于进样漏斗以防漏气。夹紧螺旋夹，开始蒸馏。蒸馏10min后移动蒸馏液接收瓶，使液面离开冷凝管下端，再蒸馏1min。然后用少量水冲洗冷凝管下端外部，取下蒸馏液接收瓶。

3. 滴定

向接收瓶中滴加2～3滴A混合指示液，以硫酸或盐酸标准滴定溶液滴定至溶液颜色由紫红色变成灰蓝色即为终点（若使用B混合指示液，溶液颜色由酒红色变成浅灰红色即为终点）。同时做试剂空白试验。

4. 说明及注意事项

（1）所用试剂溶液应用无氨蒸馏水配制。

（2）消化时不要用强火，应保持缓慢沸腾，注意不断转动凯氏烧瓶，以便利用冷凝酸液将黏附在瓶壁上的固体残渣洗下并促进其消化完全。

（3）蒸馏装置不得漏气。蒸馏前若加碱量不足，消化液呈蓝色，不生成氢氧化铜沉淀，此时需再增加氢氧化钠用量。

（4）蒸馏完毕后，应先将冷凝管下端提离液面清洗管口，再蒸1min后关掉热源，否则可能造成吸收液倒吸。

四、数据记录

项目	1	2	3
相对极差/%			

五、数据处理

试样中蛋白质的含量：

$$X=\frac{c(V_1-V_2)\times 0.0140}{m\times\frac{V_3}{1000}}\times F\times 100$$

式中　X——试样中蛋白质的含量，g/100g；

c——H_2SO_4 或 HCl 标准溶液的浓度，mol/L；

V_1——滴定样品吸收液时消耗 H_2SO_4 或 HCl 标准溶液体积，mL；

V_2——滴定空白吸收液时消耗 H_2SO_4 或 HCl 标准溶液体积，mL；

m——样品质量，g；

V_3——取消化液的体积，mL，一般为 10mL；

F——氮换算为蛋白质的系数。

一般食物的 F 为 6.25，纯乳与纯乳制品为 6.38，面粉为 5.70，玉米、高粱为 6.24，花生为 5.46，大米为 5.95，大豆及其粗加工制品为 5.71，大豆蛋白制品为 6.25，肉与肉制品为 6.25，大麦、小米、燕麦、裸麦为 5.83，芝麻、向日葵为 5.30，复合配方食品为 6.25。

注：当只检测氮含量时，不需要乘蛋白质换算系数 F。

蛋白质含量≥1g/100g 时，计算结果保留三位有效数字；蛋白质含量＜1g/100g 时，计算结果保留两位有效数字。

精密度：在重复性条件下获得的两次独立测定结果的绝对差值不得超过算术平均值的 10％。

【制订实施方案】

步骤	实施方案内容	任务分工
1		
2		
3		
4		
5		
6		
7		

【确定方案】

1. 分组讨论凯氏定氮法测定牛奶中蛋白质的过程，并分组派代表阐述流程；
2. 师生共同讨论，选出最佳方案。

【实施方案】

1. 领取仪器并检查仪器是否完好；
2. 领取试剂并配制溶液；
3. 按照最佳方案完成任务；
4. 数据记录并处理。

【考核评价】

见 32 页综合评价表。

任务 7
食品中维生素的测定

维生素是维持人体正常生命活动所必需的一类天然有机化合物。其种类很多，目前已确认的有 30 余种，其中被认为对维持人体健康和促进发育至关重要的有 20 余种。这些维生素结构复杂，理化性质及生理功能各异，有的属于醇类，有的属于胺类，有的属于酯类，还有的属于酚或醌类化合物。

维生素具有以下共同特点：这些化合物或其前体化合物都在天然食物中存在；它们不能供给机体能量，也不是构成组织的基本原料，主要功用是通过作为辅酶的成分调节代谢过程，需要量极小；它们一般在体内不能合成，或合成量不能满足生理需要，必须经常从食物中摄取；长期缺乏任何一种维生素都会导致相应的疾病。

子任务 7-1 食品中维生素 A 和维生素 E 的测定——反相高效液相色谱法

【任务描述】

维生素 A 是由 β-紫罗酮环与不饱和一元醇所组成的一类化合物及其衍生物的总称，包括维生素 A_1 和维生素 A_2。

【学习目标】

1. 素质目标：具备实验室安全意识、“质量第一”的责任意识、团队合作意识、环保意识、良好的实验习惯及职业素养、严谨的思维方法、实事求是的工作作风。

2. 知识目标：掌握高效液相色谱法测定奶粉中维生素 A 和维生素 E 的原理及计算。

3. 能力目标：能规范使用高效液相色谱仪、电子分析天平等分析仪器，能准确书写数据记录和检验报告。

【任务书】

任务要求：解读 GB 5009.82《食品安全国家标准　食品中维生素 A、D、E 的测定》。

一、方法提要

试样中的维生素 A 及维生素 E 经皂化（含淀粉的先用淀粉酶酶解）、提取、净化、浓缩后，用 C_{30} 或 PFP 反相液相色谱柱分离，紫外检测器或荧光检测器检测，外标法定量。

该方法适用于食品中维生素 A 和维生素 E 的测定。

二、仪器与试剂

1. 仪器、材料

（1）分析天平：准确度±0.0001g；

（2）恒温水浴振荡器；

（3）旋转蒸发仪；

（4）氮吹仪；

（5）分液漏斗：250mL；

（6）高效液相色谱仪：带紫外检测器或二极管阵列检测器或荧光检测器；

（7）平底烧瓶：150mL；

（8）萃取净化振荡器。

2. 试剂及溶液

除非另有说明，本方法所用试剂均为分析纯，水为GB/T 6682规定的一级水。

（1）50%氢氧化钾溶液：称取50g氢氧化钾，加入50mL水溶解，冷却后，储存于聚乙烯瓶中。

（2）石油醚-乙醚混合液（1+1）：量取200mL石油醚（沸程为30～60℃），加入200mL乙醚（不含过氧化物），混匀。

（3）有机过滤膜：孔径为0.22μm。

（4）无水乙醇：经检查不含醛类物质。

（5）抗坏血酸。

（6）无水硫酸钠。

（7）pH试纸：pH范围为1～14。

（8）甲醇：色谱纯。

（9）淀粉酶：活力≥100U/mg。

（10）2,6-二叔丁基对甲酚（简称BHT）。

（11）0.500mg/mL维生素A标准储备溶液：准确称取25.00mg维生素A标准品，用无水乙醇溶解后，转移入50mL容量瓶中，定容至刻度。将溶液转移至棕色试剂瓶中，密封后，在－20℃下避光保存，有效期1个月。临用前将溶液回温至20℃，并进行浓度校正。

（12）1.0000mg/mL维生素E标准储备溶液：准确称取α-生育酚、β-生育酚、γ-生育酚和δ-生育酚各50mg，分别用无水乙醇溶解后，转移入50mL容量瓶中，定容至刻度，此溶液浓度约为1.0000mg/mL。将溶液转移至棕色试剂瓶中，密封后，在－20℃下避光保存，有效期6个月。临用前将溶液回温至20℃，并进行浓度校正。

（13）维生素A和维生素E混合标准溶液中间液：准确吸取维生素A标准储备溶液1.00mL和维生素E标准储备溶液5.00mL于同一50mL容量瓶中，用甲醇定容至刻度，此溶液中维生素A浓度为10.0μg/mL，维生素E各生育酚浓度为100.0μg/mL。在－20℃下避光保存，有效期半个月。

（14）维生素A和维生素E标准系列工作溶液：分别准确吸取维生素A和维生素E混合标准溶液中间液0.20mL、0.50mL、1.00mL、2.00mL、4.00mL、6.00mL于10mL棕色容量瓶中，用甲醇定容至刻度，该标准系列中维生素A浓度为0.20μg/mL、0.50μg/mL、1.00μg/mL、

2.00μg/mL、4.00μg/mL、6.00μg/mL，维生素 E 浓度为 2.00μg/mL、5.00μg/mL、10.00μg/mL、20.00μg/mL、40.00μg/mL、60.00μg/mL。临用前配制。

三、测定过程

1. 试样处理

警示：使用的所有器皿不得含有氧化性物质；分液漏斗活塞玻璃表面不得涂油；处理过程应避免紫外光照，尽可能避光操作；提取过程应在通风柜中操作。

（1）皂化

① 不含淀粉样品。准确称取 2～5g（准确度±0.0001g）经均质处理的固体试样于 150mL 平底烧瓶中，加入约 20mL 温水，混匀，再加入 1.0g 抗坏血酸和 0.1gBHT，混匀，加入 30mL 无水乙醇、10～20mL 氢氧化钾溶液，边加边振摇，混匀后于 80℃恒温水浴振荡皂化 30min，皂化后立即用冷水冷却至室温。

注：皂化时间一般为 30min，如皂化液冷却后，液面有浮油，需要加入适量氢氧化钾溶液，并适当延长皂化时间。

② 含淀粉样品。准确称取 2g～5g（准确度±0.0001g）经均质处理的固体试样于 150mL 平底烧瓶中，加入约 20mL 温水，混匀，加入 0.5～1g 淀粉酶，放入 60℃水浴避光恒温振荡 30min 后，取出，向酶解液中加入 1.0g 抗坏血酸和 0.1gBHT，混匀，加入 30mL 无水乙醇、10～20mL 氢氧化钾溶液，边加边振摇，混匀后于 80℃恒温水浴振荡皂化 30min，皂化后立即用冷水冷却至室温。

（2）提取　将皂化液用 30mL 水转入 250mL 的分液漏斗中，加入 50mL 石油醚-乙醚混合液，振荡萃取 5min，将下层溶液转移至另一 250mL 的分液漏斗中，加入 50mL 的混合醚液再次萃取，合并醚层。

注：如只测维生素 A 与 α-生育酚，可用石油醚作提取剂。

（3）洗涤　用约 100mL 水洗涤醚层，约需重复 3 次，直至将醚层洗至中性（可用 pH 试纸检测下层溶液 pH 值），去除下层水相。

（4）浓缩　将洗涤后的醚层经约 3g 无水硫酸钠滤入 250mL 旋转蒸发瓶或氮气浓缩管中，用约 15mL 石油醚冲洗分液漏斗及无水硫酸钠 2 次，并入蒸发瓶或浓缩管内，并将其接在旋转蒸发仪或气体浓缩仪上，于 40℃水浴中减压蒸馏或气流浓缩，待瓶中醚液剩下约 2mL 时，取下蒸发瓶或浓缩管，立即用氮气吹至接近干燥。用甲醇分次将蒸发瓶中残留物溶解并转移至 10mL 容量瓶中，定容至刻度。溶液过 0.22μm 有机系滤膜后供高效液相色谱测定。

2. 色谱参考条件

（1）色谱柱：C_{30} 柱（柱长 250mm，内径 4.6mm，粒径 3μm），或相当者。

（2）柱温：20℃。

（3）流动相 A：水；流动相 B：甲醇；梯度洗脱。

（4）流速：0.8mL/min。

（5）紫外检测波长：维生素 A 为 325nm，维生素 E 为 294nm。

（6）进样量：10μL。

（7）标准色谱图，见图 5-5(a)、图 5-5(b)。

注 1：如难以将柱温控制在（20±2）℃，可改用 PFP 柱分离异构体，流动相为水和甲醇，梯度洗脱。

注 2：如样品中只含 α-生育酚，不需分离 β-生育酚和 γ-生育酚，可选用 C_{18} 柱，流动相为甲醇。

注 3：如有荧光检测器，可选用荧光检测器检测，对生育酚的检测有更高的灵敏度和选择性，可按以下检测波长检测：维生素 A 激发波长为 328nm，发射波长为 440nm；维生素 E 激发波长为 294nm，发射波长为 328nm。

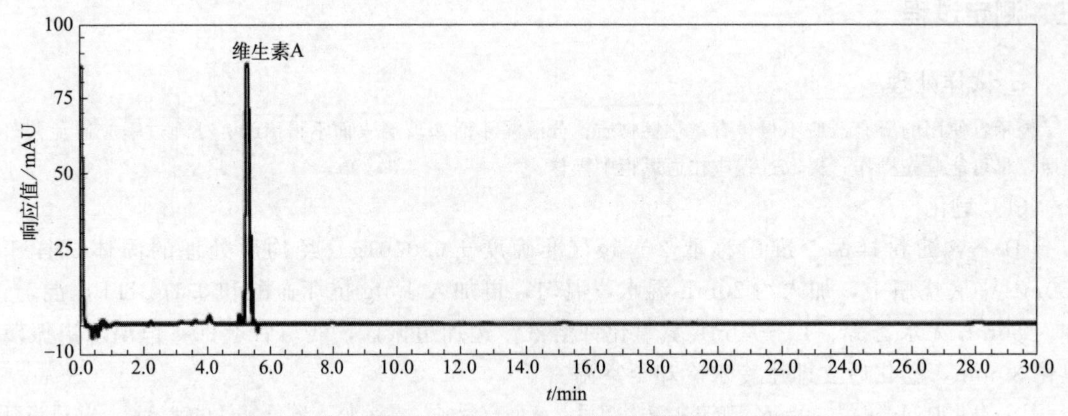

图 5-5　维生素 A 标准溶液 C_{30} 柱反相色谱图（2.5μg/mL）

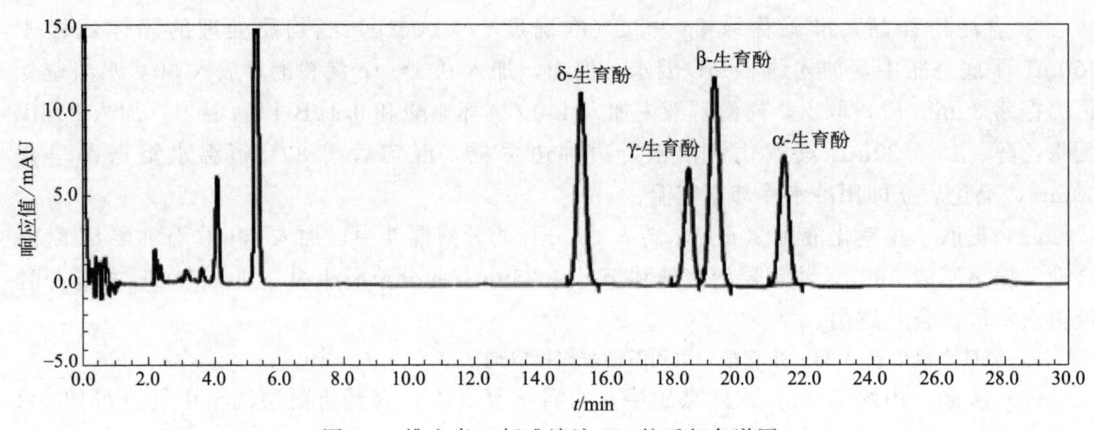

图 5-5　维生素 E 标准溶液 C_{30} 柱反相色谱图

3. 绘制标准曲线

本法采用外标法定量。将维生素 A 和维生素 E 标准系列工作溶液分别注入高效液相色谱仪中，测定相应的峰面积，以峰面积为纵坐标，以标准系列工作溶液浓度为横坐标绘制标准曲线，计算直线回归方程。

4. 样品测定

试样溶液经高效液相色谱仪分析，测得峰面积，采用外标法通过上述标准曲线计算其浓度。在测定过程中，建议每测定 10 个样品用同一份标准溶液或标准物质检查仪器的稳定性。

四、数据记录

项目	1	2	3
相对极差/%			

五、数据处理

试样中维生素 A 或维生素 E 的含量根据下面公式计算：

$$X=\frac{\rho V f \times 100}{m}$$

式中 X——试样中维生素 A 或维生素 E 的含量，μg/100g 或 mg/100g；

ρ——根据标准曲线计算得到的试样中维生素 A 或维生素 E 的浓度，μg/mL；

V——定容体积，mL；

f——换算因子（维生素 A，$f=1$；维生素 E，$f=0.001$）；

100——试样中以每 100g 计算的换算系数；

m——试样的称样量，g。

计算结果保留三位有效数字。

精密度：在重复性条件下获得的两次独立测定结果的绝对差值不得超过算术平均值的 10%。

【制订实施方案】

步骤	实施方案内容	任务分工
1		
2		
3		
4		
5		
6		
7		

【确定方案】

1. 分组讨论高效液相色谱法测定奶粉中维生素 A 和维生素 E 的过程，并分组派代表阐述流程；
2. 师生共同讨论，选出最佳方案。

【实施方案】

1. 领取仪器并检查仪器是否完好；
2. 领取试剂并配制溶液；
3. 按照最佳方案完成任务；
4. 数据记录并处理。

【考核评价】

见 32 页综合评价表。

子任务 7-2　食品中维生素 D 的测定——反相高效液相色谱法

【任务描述】

维生素 D 是类固醇的衍生物，又可分为维生素 D_2 和维生素 D_3。维生素 D_2 多含于植物性食物中，它是由植物的麦角固醇经阳光照射而合成的，维生素 D_3 可由人体皮肤和脂肪组织中的 7-脱氢胆固醇经阳光照射合成。维生素 D 缺乏会导致小儿佝偻病和成年人的软骨病。佝偻病多发于婴幼儿，主要表现为神经精神症状和骨骼的变化。

【学习目标】

1. 素质目标：具备实验室安全意识、“质量第一”的责任意识、团队合作意识、环保意识、良好的实验习惯及职业素养、严谨的思维方法、实事求是的工作作风。

2. 知识目标：掌握反相高效液相色谱法测定奶粉中维生素 D 的原理及计算。

3. 能力目标：能规范使用高效液相色谱仪、电子分析天平等分析仪器，能准确书写数据记录和检验报告。

【任务书】

任务要求： 解读 GB 5009.82《食品安全国家标准　食品中维生素 A、D、E 的测定》。

一、方法提要

试样中加入维生素 D_2 和维生素 D_3 的同位素内标后，经过氢氧化钾乙醇溶液皂化（含淀粉试样先用淀粉酶酶解）、提取、硅胶固相萃取柱净化、浓缩后，用反相高效液相色谱 C_{18} 柱分离，经过紫外或二极管阵列检测器检测，内标法（或外标法）定量。

二、仪器与试剂

1. 仪器、材料

（1）分析天平：准确度±0.0001g；

（2）恒温水浴振荡器；

（3）旋转蒸发仪；

（4）氮吹仪；

（5）高效液相色谱仪：带紫外检测器或二极管阵列检测器或荧光检测器；

（6）半制备正相高效液相色谱仪：带紫外或二极管阵列检测器，进样器配 500μL 定量环；

（7）离心机：附带具塞离心管；

（8）硅胶固相萃取柱。

注：使用的所有器皿不得含有氧化性物质，分液漏斗活塞玻璃表面不得涂油。

2. 试剂及溶液

除非另有说明，本方法所用试剂均为分析纯，水为GB/T 6682规定的一级水。

(1) 无水乙醇：色谱纯，不含醛类物质。

(2) 抗坏血酸。

(3) 2,6-二叔丁基对甲酚（简称BHT)；

(4) 淀粉酶：活力≥100U/mg。

(5) 乙酸乙酯：色谱纯。

(6) 正己烷：色谱纯。

(7) 无水硫酸钠。

(8) pH试纸：pH范围为1～14。

(9) 固相萃取柱（硅胶)：500mg/6mL。

(10) 甲醇：色谱纯。

(11) 甲酸：色谱纯。

(12) 甲酸铵：色谱纯。

(13) 50%氢氧化钾溶液：称取50g氢氧化钾，加入50mL水溶解，冷却后储存于聚乙烯瓶中。

(14) 5%乙酸乙酯-正己烷溶液：量取5mL乙酸乙酯加入95mL正己烷中，混匀。

(15) 15%乙酸乙酯-正己烷溶液：量取15mL乙酸乙酯加入85mL正己烷中，混匀。

(16) 0.05%甲酸－0.005mol/L甲酸铵溶液：称取0.315g甲酸铵，加入0.5mL甲酸和1000mL水溶解，超声混匀。

(17) 0.05%甲酸－0.005mol/L甲酸铵甲醇溶液：称取0.315g甲酸铵，加入0.5mL甲酸和1000mL甲醇溶解，超声混匀。

(18) 标准品

① 维生素D_2标准品：钙化醇，纯度>98%，或经国家认证并授予标准物质证书的标准物质。

② 维生素D_3标准品：胆钙化醇，纯度>98%，或经国家认证并授予标准物质证书的标准物质。

③ 维生素D_2-d_3内标溶液（$C_{28}H_{44}O$-d_3)：100μg/mL。

④ 维生素D_3-d_3内标溶液（$C_{27}H_{44}O$-d_3)：100μg/mL。

(19) 标准溶液的配制

① 100μg/mL维生素D_2标准储备溶液：准确称取维生素D_2标准品10.0mg，用色谱纯无水乙醇溶解并定容至100mL，转移至棕色试剂瓶中，于－20℃冰箱中密封保存，有效期3个月。临用前用紫外分光光度法校正其浓度。

② 10.0μg/mL维生素D_2标准中间使用液：准确吸取维生素D_2标准储备溶液10.00mL，用流动相稀释并定容至100mL，有效期1个月，准确浓度按校正后的浓度折算。

③ 100μg/mL维生素D_3标准储备溶液：准确称取维生素D_3标准品10.0mg，用色谱纯无水乙醇溶解并定容至100mL，转移至棕色试剂瓶中，－20℃冰箱中密封保存，有效期3个月。临用前用紫外分光光度法校正其浓度。

④ 10.0μg/mL维生素D_3标准中间使用液：准确吸取维生素D_3标准储备溶液10.00mL于100mL棕色容量瓶中，用流动相稀释并定容至刻度，有效期3个月，准确浓度按校正后

的浓度折算。

⑤ 维生素 D_2 和维生素 D_3 混合标准使用液：准确吸取维生素 D_2 和维生素 D_3 标准中间使用液各 10.00mL，用流动相稀释并定容至 100mL，浓度为 1.00μg/mL。有效期 1 个月。

⑥ 维生素 D_2-d_3 和维生素 D_3-d_3 内标混合溶液：分别量取 100μL 浓度为 100μg/mL 的维生素 D_2-d_3 和维生素 D_3-d_3 内标溶液加入 10mL 容量瓶中，用甲醇定容，配制成 1μg/mL 混合内标。有效期 1 个月。

(20) 标准系列工作液的配制

分别准确吸取维生素 D_2 和维生素 D_3 混合标准使用液 0.10mL、0.20mL、0.50mL、1.00mL、1.50mL、2.00mL 于 10mL 棕色容量瓶中，各加入维生素 D_2-d_3 和维生素 D_3-d_3 内标混合溶液 1.00mL，用甲醇定容至刻度，混匀。此标准系列工作液浓度分别为 10.00μg/L、20.00μg/L、50.00μg/L、100.00μg/L、150.00μg/L、200.00μg/L。

三、测定过程

1. 试样处理

警示：使用的所有器皿不得含有氧化性物质；分液漏斗活塞玻璃表面不得涂油；处理过程应避免紫外光照，尽可能避光操作；提取过程应在通风柜中操作。

(1) 皂化

① 不含淀粉样品　准确称取 2g（准确度±0.0001g）经均质处理的固体试样于 50mL 具塞离心管中，加入 100μL 维生素 D_2-d_3 和维生素 D_3-d_3 内标混合溶液和 0.4g 抗坏血酸，加入 6mL 约 40℃温水，涡旋 1min，加入 12mL 乙醇，涡旋 30s，再加入 6mL 氢氧化钾溶液，涡旋 30s 后放入恒温振荡器中，80℃避光恒温水浴振荡 30min（如样品组织较为紧密，可每隔 5～10min 取出涡旋 0.5min），取出放入冷水浴降温。

注：皂化时间一般为 30min，如皂化液冷却后，液面有浮油，需要加入适量氢氧化钾溶液，并适当延长皂化时间。

② 含淀粉样品　准确称取 2g（准确度±0.0001g）经均质处理的固体试样于 50mL 具塞离心管中，加入 100μL 维生素 D_2-d_3 和维生素 D_3-d_3 内标混合溶液和 0.4g 淀粉酶，加入 10mL 约 40℃温水，放入恒温振荡器中，60℃避光恒温振荡 30min 后，取出放入冷水浴降温，向冷却后的酶解液中加入 0.4g 抗坏血酸、12mL 乙醇，涡旋 30s，再加入 6mL 氢氧化钾溶液，涡旋 30s 后放入恒温振荡器中，80℃避光恒温水浴振荡 30min（如样品组织较为紧密，可每隔 5～10min 取出涡旋 0.5min），取出放入冷水浴降温。

(2) 提取　向冷却后的皂化液中加入 20mL 正己烷，涡旋提取 3min，6000r/min 条件下离心 3min。转移上层清液到 50mL 离心管，加入 25mL 水，轻微晃动 30 次，在 6000r/min 条件下离心 3min，取上层有机相备用。

(3) 净化　将硅胶固相萃取柱依次用 8mL 乙酸乙酯、8mL 正己烷活化，取备用液全部通过硅胶固相萃取柱，再用 6mL 5%乙酸乙酯-正己烷溶液淋洗，用 6mL 15%乙酸乙酯-正己烷溶液洗脱。洗脱液在 40℃下氮气吹干，加入 1.00mL 甲醇，涡旋 30s，过 0.22μm 有机系滤膜供仪器测定。

2. 色谱参考条件

(1) 色谱柱：C_{18} 柱（柱长 100mm，内径 2.1mm，粒径 1.8μm），或相当者。

（2）柱温：40℃。

（3）流动相 A：0.05% 甲酸-0.005mol/L 甲酸铵溶液；流动相 B：0.05% 甲酸-0.005mol/L 甲酸铵甲醇溶液；梯度洗脱。

（4）流速：0.4mL/min。

（5）紫外检测波长：维生素 A 为 325nm，维生素 E 为 294nm。

（6）进样量：10μL。

3. 质谱参考条件

（1）电离方式：ESI^+；

（2）温度：375℃；

（3）流速：12L/min；

（4）喷嘴电压：500V；

（5）雾化器压力：172kPa；

（6）毛细管电压：4500V；

（7）干燥气温度：325℃；

（8）干燥气流速：10L/min；

（9）多反应监测（MRM）模式。

4. 绘制标准曲线

分别将维生素 D_2 和维生素 D_3 标准系列工作液由低浓度到高浓度依次进样，以维生素 D_2、维生素 D_3 与相应同位素内标的峰面积比值为纵坐标，以维生素 D_2、维生素 D_3 标准系列工作液浓度为横坐标分别绘制维生素 D_2、维生素 D_3 标准曲线。

5. 样品测定

将待测样品溶液依次进样，得到待测物与内标物的峰面积比值，根据标准曲线得到测定液中维生素 D_2、维生素 D_3 的浓度。待测样品溶液的响应值应在标准曲线线性范围内，超过线性范围则应减少取样量重新按“试样处理”进行处理后再进样分析。

四、数据记录

项目	1	2	3
相对极差/%			

五、数据处理

试样中维生素 D_2、维生素 D_3 的含量根据下面公式计算：

$$X=\frac{\rho V f\times 100}{m}$$

式中 X——试样中维生素 D_2（或维生素 D_3）的含量，μg/100g；

ρ——根据标准曲线计算得到的试样中维生素 D_2（或维生素 D_3）的浓度，μg/mL；

V——定容体积，mL；

f——稀释倍数；

100——试样中以每100g计算的换算系数；

m——试样的称样量，g。

注：如试样中同时含有维生素 D_2 和维生素 D_3，维生素D的测定结果以维生素 D_2 和维生素 D_3 含量之和计算。

计算结果保留三位有效数字。

精密度：在重复性条件下获得的两次独立测定结果的绝对差值不得超过算术平均值的15％。

【制订实施方案】

步骤	实施方案内容	任务分工
1		
2		
3		
4		
5		
6		
7		

【确定方案】

1. 分组讨论反相高效液相色谱法测定奶粉中维生素D的过程，并分组派代表阐述流程；
2. 师生共同讨论，选出最佳方案。

【实施方案】

1. 领取仪器并检查仪器是否完好；
2. 领取试剂并配制溶液；
3. 按照最佳方案完成任务；
4. 数据记录并处理。

【考核评价】

见32页综合评价表。

子任务7-3　奶粉中维生素C的测定——荧光分光光度法

【任务描述】

维生素C是一种己糖醛基酸，有抗坏血病的作用，所以又称作抗坏血酸。维生素C广泛存在于植物组织中，新鲜的水果、蔬菜，特别是枣、辣椒、苦瓜、柿子、猕猴桃、柑橘等食品中含量尤为丰富。维生素C具有较强的还原性，对光敏感，氧化后的产物称为脱氢抗坏血酸，仍然具有生理活性，进一步水解则生成2,3-二酮古乐糖酸，失去生理作用。在食品中这三种形式均有存在，但主要是前两者，因此许多国家的食品成分表中的维生素C均以抗坏血酸和脱氢抗坏血酸的总量表示。

【学习目标】

1. 素质目标：具备实验室安全意识、“质量第一”的责任意识、团队合作意识、环保意识、良好的实验习惯及职业素养、严谨的思维方法、实事求是的工作作风。

2. 知识目标：掌握荧光分光光度法测定奶粉中维生素C的原理及计算。

3. 能力目标：能规范使用荧光分光光度计、电子分析天平等分析仪器，能准确书写数据记录和检验报告。

【任务书】

任务要求：解读GB 5413.18—2010《食品安全国家标准　婴幼儿食品和乳品中维生素C的测定》

一、方法提要

维生素C（抗坏血酸）在活性炭存在下氧化成脱氢抗坏血酸，它与邻苯二胺反应生成荧光物质，用荧光分光光度计测定其荧光强度，其荧光强度与维生素C的浓度成正比。用外标法定量。

该方法适用于婴幼儿食品和乳品中维生素C的测定，测定的是还原性维生素C和氧化性维生素C的总量。

二、仪器与试剂

1. 仪器及材料

（1）分析天平：准确度±0.0001g；

（2）荧光分光光度计（带石英皿）；

（3）烘箱：温度可调；

（4）培养箱：(45±1)℃；

（5）容量瓶：100mL；

（6）三角瓶：250mL；

（7）移液管：5mL；

（8）试管：10mL。

2. 试剂及溶液

除非另有规定，本方法所用试剂均为分析纯，水为GB/T 6682规定的一级水。

（1）淀粉酶：酶活力为1.5U/mg，根据活力大小调整用量。

（2）偏磷酸-乙酸溶液A：称取15g偏磷酸及量取40mL（36%）乙酸于200mL水中，溶解后稀释至500mL备用。

（3）偏磷酸-乙酸溶液B：称取15g偏磷酸及量取40mL（36%）乙酸于100mL水中，

溶解后稀释至 250mL 备用。

(4) 酸性活性炭：称取约 200g 粉状活性炭（化学纯，80～200 目），加入 1L 体积分数为 10%的盐酸，加热至沸腾，真空过滤，取下结块置于一个大烧杯中，用水清洗至滤液中无铁离子为止，在 110～120℃烘箱中干燥约 10h 后使用。检验铁离子的方法：普鲁士蓝反应，即将 20g/L 亚铁氰化钾与体积分数为 1%的盐酸等量混合，将上述滤液滴入，如有铁离子则产生蓝色沉淀。

(5) 乙酸钠溶液：用水溶解 500g 三水乙酸钠，并稀释至 1L。

(6) 硼酸-乙酸钠溶液：称取 3.0g 硼酸，用乙酸钠溶液溶解并稀释至 100mL，临用前配制。

(7) 400mg/L 邻苯二胺溶液：称取 40mg 邻苯二胺，用水溶解并稀释至 100mL，临用前配制。

(8) 100μg/mL 维生素 C 标准溶液：称取 0.050g 维生素 C 标准品，用偏磷酸-乙酸溶液 A 溶解并定容至 50mL，再准确吸取 10.00mL 该溶液用偏磷酸-乙酸溶液 A 稀释并定容至 100mL，临用前配制。

三、测定过程

1. 试样处理

(1) 含淀粉的试样：称取约 5g（准确度±0.0001g）混合均匀的固体试样或约 20g（准确度±0.0001g）液体试样（含维生素 C 约 2mg）于 150mL 三角瓶中，加入 0.1g 淀粉酶，固体试样加入 50mL 45～50℃的蒸馏水，液体试样加入 30mL45～50℃的蒸馏水，混合均匀后，用氮气排出瓶中空气，盖上瓶塞，置于（45±1)℃培养箱内 30min，取出冷却至室温，用偏磷酸-乙酸溶液 B 转移至 100mL 容量瓶中定容。

(2) 不含淀粉的试样：称取混合均匀的固体试样约 5g（准确度±0.0001g)，用偏磷酸-乙酸溶液 A 溶解，定容至 100mL。或称取混合均匀的液体试样约 50g（准确度±0.0001g)，用偏磷酸-乙酸溶液 B 溶解，定容至 100mL。

2. 待测液的制备

(1) 将上述试样及维生素 C 标准溶液转移至放有约 2g 酸性活性炭的 250mL 三角瓶中，剧烈振动，过滤（弃去约 5mL 初滤液），得到试样及标准溶液的滤液。然后准确吸取 5.0mL 试样及标准溶液的滤液分别置于 25mL 及 50mL 放有 5.0mL 硼酸-乙酸钠溶液的容量瓶中，静置 30min 后，用蒸馏水定容。以此作为试样及标准溶液的空白溶液。

(2) 在 30min 内，再准确吸取 5.00mL 试样及标准溶液的滤液于另外的 25mL 及 50mL 放有 5.0mL 乙酸钠溶液和约 15mL 水的容量瓶中，用水稀释至刻度。以此作为试样溶液及标准溶液。

(3) 试样待测液：分别准确吸取 2.00mL 试样溶液及试样的空白溶液于 10.0mL 试管中，向每支试管中准确加入 5.0mL 邻苯二胺溶液，摇匀，在避光条件下放置 60min 后待测。

(4) 标准系列待测液：准确吸取上述标准溶液 0.50mL、1.00mL、1.50mL 和 2.00mL，分别置于 10mL 试管中，再用水补充至 2.0mL。同时准确吸取标准溶液的空白溶液 2.00mL 于 10mL 试管中。向每支试管中准确加入 5.00mL 邻苯二胺溶液，摇匀，在避光条件下放置 60min 后待测。

3. 测定

（1）标准曲线的绘制　将标准系列待测液立刻移入荧光分光光度计的石英皿中，于激发波长为 350nm，发射波长为 430nm 的条件下测定其荧光值。以标准系列待测测荧光值分别减去标准空白溶液荧光值为纵坐标，对应的维生素 C 质量浓度为横坐标，绘制标准曲线。

（2）试样待测液的测定　将试样待测液立刻移入荧光分光光度计的石英皿中，于激发波长为 350nm，发射波长为 430nm 的条件下测定其荧光值。试样待测液荧光值减去试样空白溶液荧光值后在标准曲线上查得对应的维生素 C 质量浓度。

四、数据记录

项目	1	2	3
相对极差/%			

五、数据处理

试样中维生素 C 的含量根据下面公式计算：

$$X=\frac{cVf\times 10^{-3}}{m}\times 100$$

式中　X——试样中维生素 C 的含量，mg/100g；

V——试样的定容体积，mL；

c——由标准曲线查得的试样待测液中维生素 C 的质量浓度，μg/mL；

m——试样的质量，g；

f——试样稀释倍数。

以重复性条件下获得的两次独立测定结果的算术平均值表示，计算结果保留至小数点后一位。

精密度：在重复性条件下获得的两次独立测定结果的绝对差值不得超过算术平均值的 10%。

【制订实施方案】

步骤	实施方案内容	任务分工
1		
2		
3		
4		
5		
6		
7		

【确定方案】

1. 分组讨论荧光分光光度法测定奶粉中维生素 C 的过程，分组派代表阐述流程；

2. 师生共同讨论，选出最佳方案。

【实施方案】

1. 领取仪器并检查仪器是否完好；

2. 领取试剂并配制溶液；

3. 按照最佳方案完成任务；

4. 数据记录并处理。

【考核评价】

见 32 页综合评价表。

子任务 7-4　食品中维生素 B_1 的测定——高效液相色谱法

【任务描述】

维生素 B_1 又名硫胺素，是一种重要的辅酶，是组成人体中转酮醇酶的一种成分，在代谢人体的糖类的过程中，它是重要的参与者。在空气和酸性条件下很稳定，但在碱性条件下加热极易被破坏。如果缺乏维生素 B_1，人体有很多的代谢过程都会受到影响，它在人体的代谢过程中是非常重要的一种维生素。多余的维生素 B_1 不会贮藏于体内，而会完全排出体外。所以，必须每天补充。含量丰富的食物有：杂粮的外皮和胚芽，动物的肝、瘦肉及各种蛋黄，豆类、鲜果类、鲜菜类、果仁类。

【学习目标】

1. 素质目标：具备实验室安全意识、“质量第一”的责任意识、团队合作意识、环保意识、良好的实验习惯及职业素养、严谨的思维方法、实事求是的工作作风。

2. 知识目标：掌握高效液相色谱法测定面粉中维生素 B_1 的原理及计算。

3. 能力目标：能规范使用高效液相色谱仪、电子分析天平等分析仪器，能准确书写数据记录和检验报告。

【任务书】

任务要求：解读 GB 5009.84—2016《食品安全国家标准　食品中维生素 B_1 的测定》。

一、方法提要

样品在稀盐酸介质中恒温水解、中和，再酶解。酶解液用碱性铁氰化钾溶液衍生、正丁醇萃取后，经 C_{18} 反相色谱柱分离，用高效液相色谱-荧光检测器检测，外标法定量。

该方法适用于食品中维生素 B_1 含量的测定。

二、仪器与试剂

1. 仪器、材料

（1）分析天平：准确度±0.0001g；

（2）高效液相色谱仪：配置荧光检测器；

（3）离心机：转速≥4000r/min；

（4）pH 计：精度±0.01；

（5）组织捣碎机：最大转速不低于 10000r/min；

（6）电热恒温干燥箱或高压灭菌锅；

（7）容量瓶：50mL、100mL；

（8）锥形瓶：100mL（带有软质塞子）

（9）培育箱。

2. 试剂及溶液

除非另有说明，本方法所用试剂均为分析纯，水为 GB/T 6682 规定的一级水。

（1）20g/L 铁氰化钾溶液：称取 2g 铁氰化钾，用水溶解并定容至 100mL，摇匀。临用前配制。

（2）100g/L 氢氧化钠溶液：称取 25g 氢氧化钠，用水溶解并定容至 250mL，摇匀。

（3）碱性铁氰化钾溶液：将 5mL 铁氰化钾溶液与 200mL 氢氧化钠溶液混合，摇匀。临用前配制。

（4）0.1mol/L 盐酸溶液：移取 8.5mL 浓盐酸，加水稀释至 1000mL，摇匀。

（5）0.01mol/L 盐酸溶液：量取 0.1mol/L 盐酸溶液 50mL，用水稀释并定容至 500mL，摇匀。

（6）0.05mol/L 乙酸钠溶液：称取 6.80g 乙酸钠（$CH_3COONa \cdot 3H_2O$），加 900mL 水溶解，用冰醋酸调 pH 为 4.0～5.0 之间，加水定容至 1000mL。经 0.45μm 微孔滤膜过滤后使用。

（7）2.0mol/L 乙酸钠溶液：称取 27.2g 乙酸钠（$CH_3COONa \cdot 3H_2O$），用水溶解并定容至 100mL，摇匀。

（8）木瓜蛋白酶：应不含维生素 B_1，酶活力≥800U/mg。

（9）淀粉酶：应不含维生素 B_1，酶活力≥3700U/g。

（10）混合酶溶液：称取 1.76g 木瓜蛋白酶、1.27g 淀粉酶，加水定容至 50mL，涡旋至呈混悬状液体，冷藏保存。临用前再次摇匀后使用。

（11）500.00μg/mL 维生素 B_1 标准储备溶液：准确称取经五氧化二磷或者氯化钙干燥 24h 的盐酸硫胺素标准品［盐酸硫胺素（$C_{12}H_{17}ClN_4OS \cdot HCl$），纯度≥99.0%］56.1mg（准确度±0.0001g），相当于 50mg 硫胺素、用 0.01mol/L 盐酸溶液溶解并定容至 100mL，摇匀。置于 0～4℃冰箱中，保存期为 3 个月。

（12）10.00μg/mL 维生素 B_1 标准中间液：准确移取 2.00mL 标准储备溶液，用水稀释并定容至 100mL，摇匀。临用前配制。

(13) 维生素 B_1 标准系列工作液：吸取维生素 B_1 标准中间液 0.00μL、50.00μL、100.00μL、200.00μL、400.00μL、800.00μL、1000.00μL，用水定容至 10mL，标准系列工作液中维生素 B_1 的浓度分别为 0.00μg/mL、0.050μg/mL、0.10μg/mL、0.20μg/mL、0.40μg/mL、0.80μg/mL、1.00μg/mL。临用时配制。

三、测定过程

1. 试样的制备

(1) 液体或固体粉末样品　将样品混合均匀后，立即测定或于冰箱中冷藏。

(2) 新鲜水果、蔬菜和肉类　取 500g 左右样品（肉类取 250g），用匀浆机或者粉碎机将样品均质后，制得均匀一致性好的匀浆，立即测定或者于冰箱中冷冻保存。

(3) 其他含水量较低的固体样品　如含水量在 15%左右的谷物，取 100g 左右样品，用粉碎机将样品粉碎后，制得均匀一致性好的粉末，立即测定或者于冰箱中冷藏保存。

2. 试样溶液的制备

(1) 试液提取　称取 3～5g（准确度±0.0001g）固体试样或者 10～20g 液体试样于 100mL 锥形瓶（带有软质塞子）中，加 60mL 0.1mol/L 盐酸溶液，充分摇匀，塞上软质塞子，高压灭菌锅中在 121℃保持 30min；水解结束待冷却至 40℃以下取出，轻摇数次；用 pH 计指示，用 2.0mol/L 乙酸钠溶液调节 pH 至 4.0 左右，加入 2.0mL（可根据酶活力不同适当调整用量）混合酶溶液，摇匀后，置于培养箱中在 37℃过夜（约 16h）；将酶解液全部转移至 100mL 容量瓶中，用水定容至刻度，摇匀，离心或者过滤，取上清液或滤液备用。

(2) 试液衍生化　准确移取上述上清液或者滤液 2.00mL 于 10mL 试管中，加入 1.0mL 碱性铁氰化钾溶液，涡旋混匀后，准确加入 2.00mL 正丁醇，再次涡旋混匀 1.5min 后静置约 10min 或者离心，待充分分层后，吸取正丁醇相（上层）经 0.45μm 有机微孔滤膜过滤，取滤液于 2mL 棕色进样瓶中，供分析用。若试液中维生素 B_1 浓度超出线性范围的最高浓度值，应取上清液或滤液稀释适宜倍数后，重新衍生后进样。

另取 2.0mL 标准系列工作液，与试液同步进行衍生化。

注 1：室温条件下衍生产物在 4h 内稳定。

注 2：试液提取和试液衍生化操作过程应在避免强光照射的环境下进行。

注 3：辣椒干等样品，提取液直接衍生后测定时，维生素 B_1 的回收率偏低。提取液经人造沸石净化后，再衍生时维生素 B_1 的回收率满足要求。故对于个别特殊样品，当回收率偏低时，样品提取液应净化后再衍生。

3. 仪器参考条件

(1) 色谱柱：C_{18} 反相色谱柱（250mm×4.6mm，粒径 5μm）或相当者。

(2) 流动相：0.05mol/L 乙酸钠溶液-甲醇（65+35）。

(3) 流速：0.8mL/min。

(4) 检测波长：激发波长为 375nm，发射波长为 435nm。

(5) 进样量：20μL。

4. 标准曲线的绘制

将标准系列工作液衍生物注入高效液相色谱仪中，测定相应的维生素 B_1 峰面积，以标准系列工作液的浓度（μg/mL）为横坐标，以峰面积为纵坐标，绘制标准曲线。维生素 B_1

标准衍生物的高效液相色谱图，见图 5-6。

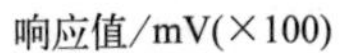

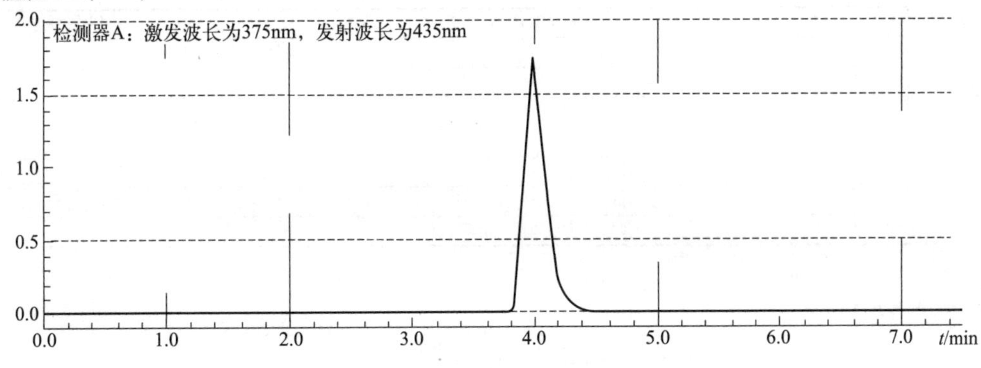

图 5-6　维生素 B_1 标准衍生物的高效液相色谱图

5. 试样溶液的测定

按照上述的色谱条件，将试样衍生物溶液注入高效液相色谱仪中，得到维生素 B_1 的峰面积，根据标准曲线计算得到待测液中维生素 B_1 的浓度。

四、数据记录

项目	1	2	3
相对极差/%			

五、数据处理

试样中维生素 B_1（以硫胺素计）含量根据下面公式计算：

$$X=\frac{cVf\times 10^{-3}}{m}\times 100$$

式中　X——试样中维生素 B_1（以硫胺素计）的含量，mg/100g；

c——由标准曲线计算得到的试液（提取液）中维生素 B_1 的浓度，μg/mL；

V——试液（提取液）的定容体积，mL；

f——试液（上清液）衍生前的稀释倍数；

m——试样的质量，g。

注：试样中测定的硫胺素含量乘以换算系数 1.121，即得盐酸硫胺素的含量。

计算结果以重复性条件下获得的两次独立测定结果的算术平均值表示，计算结果保留三位有效数字。

精密度：在重复性条件下获得的两次独立测定结果的绝对差值不得超过算术平均值的 10%。

【制订实施方案】

步骤	实施方案内容	任务分工
1		
2		
3		
4		
5		
6		
7		

【确定方案】

1. 分组讨论高效液相色谱法测定面粉中维生素 B_1 的过程，分组派代表阐述流程；

2. 师生共同讨论，选出最佳方案。

【实施方案】

1. 领取仪器并检查仪器是否完好；

2. 领取试剂并配制溶液；

3. 按照最佳方案完成任务；

4. 数据记录并处理。

【考核评价】

见 32 页综合评价表。

子任务 7-5 食品中维生素 B_2 的测定——高效液相色谱法

【任务描述】

维生素 B_2（化学式：$C_{17}H_{20}N_4O_6$，分子量为 376.37）又叫核黄素，微溶于水，在中性或酸性溶液中加热稳定，为体内黄酶类辅基的组成部分。当缺乏时，就影响机体的生物氧化，使代谢发生障碍。其病变多表现为口、眼等部位的炎症，如口角炎、唇炎、舌炎、结膜炎等。体内维生素 B_2 的储存是很有限的，因此每天都要由饮食提供。维生素 B_2 含量较为丰富的食品有奶类及其制品、动物肝肾、蛋黄、鳝鱼、胡萝卜、香菇、紫菜、芹菜、橘子、柑、橙等。

【学习目标】

1. 素质目标：具备实验室安全意识、“质量第一”的责任意识、团队合作意识、环保意识、良好的实验习惯及职业素养、严谨的思维方法、实事求是的工作作风。

2. 知识目标：掌握高效液相色谱法测定牛奶中维生素 B_2 的原理及计算。

3. 能力目标：能规范使用高效液相色谱仪、电子分析天平等分析仪器，能准确书写数据记录和检验报告。

【任务书】

任务要求： 解读 GB 5009.85—2016《食品安全国家标准　食品中维生素 B_2 的测定》。

一、方法提要

试样在稀盐酸中恒温水解，调 pH 至 6.0～6.5，用木瓜蛋白酶和高峰淀粉酶酶解，定容过滤后，滤液经反相色谱柱分离，高效液相色谱-荧光检测器检测，外标法定量。

该方法适用于食品中维生素 B_2 含量的测定。

二、仪器与试剂

1. 仪器、材料

（1）分析天平：准确度±0.0001g；

（2）高效液相色谱仪：配置荧光检测器；

（3）离心机：转速≥4000r/min；

（4）pH 计：精度±0.01；

（5）组织捣碎机：最大转速不低于 10000r/min；

（6）电热恒温干燥箱或高压灭菌锅；

（7）超声波振荡器；

（8）容量瓶：10mL、50mL、100mL、1000mL；

（9）移液管：5mL；

（10）具塞锥形瓶：100mL；

（11）干燥器；

（12）冰箱。

2. 试剂及溶液

除非另有说明，本方法所用试剂均为分析纯，水为 GB/T 6682 规定的一级水。

（1）0.1mol/L 盐酸溶液：吸取 9mL 浓盐酸，用水稀释并定容至 1000mL。

（2）盐酸溶液（1+1）：量取 100mL 浓盐酸，缓慢倒入 100mL 水中，混匀。

（3）1mol/L 氢氧化钠溶液：准确称取 4g 氢氧化钠，加 90mL 水溶解，冷却后定容至 100mL。

（4）0.1mol/L 乙酸钠溶液：准确称取 13.60g 三水乙酸钠，加 900mL 水溶解，用水定容至 1000mL。

（5）0.05mol/L 乙酸钠溶液：准确称取 6.808 三水乙酸钠，加 900mL 水溶解，用冰醋酸调 pH 至 4.0～5.0，用水定容至 1000mL。

（6）木瓜蛋白酶：活力≥10U/mg。

（7）高峰淀粉酶：活力≥100U/g，或性能相当者。

（8）混合酶溶液：准确称取 2.345g 木瓜蛋白酶和 1.175g 高峰淀粉酶，加水溶解后定容至 50mL。临用前配制。

(9) 标准溶液配制

① 100.00μg/mL 维生素 B_2 标准储备液：将维生素 B_2 标准品（$C_{17}H_{20}N_4O_6$，纯度≥98%）置于真空干燥器或装有五氧化二磷的干燥器中干燥处理 24h 后，准确称取 10mg（准确度±0.0001g）维生素 B_2 标准品，加入 2mL 盐酸溶液（1+1）超声溶解后，立即用水转移并定容至 100mL。混匀后转入棕色玻璃容器中，在 4℃冰箱中贮存，保存期 2 个月。标准储备液在使用前需要进行浓度校正。

② 2.00μg/mL 维生素 B_2 标准中间液：准确吸取 2.00mL 维生素 B_2 标准储备液，用水稀释并定容至 100mL。临用前配制。

③ 维生素 B_2 标准系列工作液：分别吸取维生素 B_2 标准中间液 0.25mL、0.50mL、1.00mL、2.50mL、5.00mL，用水定容至 10mL，该标准系列工作液浓度分别为 0.050μg/mL、0.10μg/mL、0.20g/mL、0.50μg/mL、1.00μg/mL。临用前配制。

三、测定过程

1. 试样的制备

取样品约 500g，用组织捣碎机充分捣碎混匀，分装入洁净棕色磨口瓶中，密封，并做好标记，避光存放备用。

准确称取 2～10g（准确度±0.0001g）经均质后的试样（试样中维生素 B_2 的含量大于 5μg）于 100mL 具塞锥形瓶中，加入 60mL 0.1mol/L 盐酸溶液，充分摇匀，塞好瓶塞。将锥形瓶放入高压灭菌锅内，在 121℃下保持 30min，冷却至室温后取出。用 1mol/L 氢氧化钠溶液调 pH 至 6.0～6.5，加入 2mL 混合酶溶液，摇匀后，置于 37℃培养箱或恒温水浴锅中过夜酶解，将酶解液转移至 100mL 容量瓶中。加水定容至刻度，用滤纸过滤或离心，取滤液或上清液，过 0.45μm 水相滤膜后作为待测液。

不加试样，按同一操作方法做空白试验。

注：操作过程应避免强光照射。

2. 高效液相色谱仪器参考条件

(1) 色谱柱：C_{18} 柱，柱长 150mm，内径 4.6mm，填料粒径 5μm，或相当者；

(2) 流动相：0.05mol/L 乙酸钠溶液-甲醇（65∶35）；

(3) 流速：1mL/min；

(4) 柱温：30℃；

(5) 检测波长：激发波长为 462nm，发射波长为 522nm；

(6) 进样体积：20μL。

3. 标准曲线的制作

将标准系列工作液分别注入高效液相色谱仪中，测定相应的峰面积，以标准系列工作液的浓度为横坐标，以峰面积为纵坐标，绘制标准曲线。维生素 B_2 标准衍生物的高效液相色谱图，见图 5-7。

4. 试样溶液的测定

将试样溶液注入高效液相色谱仪中，得到相应的峰面积，根据标准曲线得到待测液中维生素 B_2 浓度。

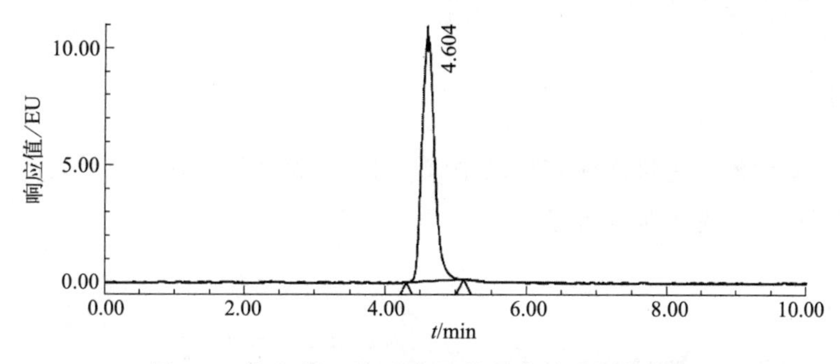

图 5-7 维生素 B_2 标准衍生物的高效液相色谱图

5. 空白试验要求

空白试验溶液色谱图中应不含待测组分峰或其他干扰峰。

四、数据记录

项目	1	2	3
相对极差/%			

五、数据处理

试样中维生素 B_2（核黄素）含量根据下面公式计算：

$$X=\frac{\rho V\times 10^{-3}}{m}\times 100$$

式中 X——试样中维生素 B_2（核黄素）的含量，mg/100g；

ρ——根据标准曲线计算得到的试液中维生素 B_2 的浓度，μg/mL；

V——试样溶液的定容体积，mL；

m——试样的质量，g。

计算结果保留三位有效数字。

精密度：在重复性条件下获得的两次独立测定结果的绝对差值不得超过算术平均值的 10%。

【制订实施方案】

步骤	实施方案内容	任务分工
1		
2		
3		
4		
5		
6		
7		

【确定方案】

1. 分组讨论高效液相色谱法测定食品中维生素 B_2 的过程，分组派代表阐述流程；

2. 师生共同讨论，选出最佳方案。

【实施方案】

1. 领取仪器并检查仪器是否完好；
2. 领取试剂并配制溶液；
3. 按照最佳方案完成任务；
4. 数据记录并处理。

【考核评价】

见 32 页综合评价表。

子任务 7-6　食品中维生素 B_6 的测定——高效液相色谱法

【任务描述】

维生素 B_6 又称吡哆素，包括吡哆醇、吡哆醛及吡哆胺，在体内以磷酸酯的形式存在，是一种水溶性维生素，遇光或碱易被破坏，不耐高温。1936 年定名为维生素 B_6。维生素 B_6 为无色晶体，易溶于水及乙醇，在酸液中稳定存在，在碱液中易被破坏，吡哆醇耐热，吡哆醛和吡哆胺不耐高温。维生素 B_6 在酵母菌、肝脏、谷粒、肉、鱼、蛋、豆类及花生中含量较多。维生素 B_6 为人体内某些辅酶的组成成分，参与多种代谢反应，尤其是和氨基酸代谢有密切关系。

【学习目标】

1. 素质目标：具备实验室安全意识、“质量第一”的责任意识、团队合作意识、环保意识、良好的实验习惯及职业素养、严谨的思维方法、实事求是的工作作风。

2. 知识目标：掌握高效液相色谱法测定食品中维生素 B_6 的原理及计算。

3. 能力目标：能规范使用高效液相色谱仪、电子分析天平等分析仪器，能准确书写数据记录和检验报告。

【任务书】

任务要求：解读 GB 5009.154—2023《食品安全国家标准　食品中维生素 B_6 的测定》。

一、方法提要

试样经提取后，经 C_{18} 色谱柱分离，高效液相色谱-荧光检测器检测，外标法定量测定

维生素 B_6（吡哆醇、吡哆醛、吡哆胺）的含量。

该方法适用于食品中维生素 B_6 的测定。

二、仪器与试剂

1. 仪器、材料

(1) 分析天平：准确度±0.0001g；

(2) 高效液相色谱仪：配置荧光检测器；

(3) 超声波振荡器；

(4) pH 计：精度±0.01；

(5) 恒温培养箱，或性能相当者；

(6) 容量瓶：50mL、100mL；

(7) 移液管：5mL；

(8) 锥形瓶：150mL（带塞）。

2. 试剂及溶液

除非另有说明，本方法所用试剂均为分析纯，水为 GB/T 6682 规定的一级水。

(1) 5.0mol/L 盐酸溶液：吸取 41.7mL 盐酸，用水稀释并定容至 100mL。

(2) 0.1mol/L 盐酸溶液：吸取 9mL 盐酸，用水稀释并定容至 1000mL。

(3) 5.0mol/L 氢氧化钠溶液：准确称取 20g 氢氧化钠，加 50mL 水溶解，冷却后用水定容至 100mL。

(4) 0.1mol/L 氢氧化钠溶液：准确称取 0.4g 氢氧化钠，加 50mL 水溶解，冷却后用水定容至 100mL。

(5) 盐酸吡哆醇（$C_8H_{12}ClNO_3$），纯度≥98%，或经国家认证并授予标准物质证书的标准物质；

(6) 盐酸吡哆醛（$C_8H_{10}ClNO_3$），纯度≥99%，或经国家认证并授予标准物质证书的标准物质；

(7) 双盐酸吡哆胺（$C_8H_{14}Cl_2N_2O_3$），纯度≥99%，或经国家认证并授予标准物质证书的标准物质。

(8) 标准溶液配制

① 1.00mg/mL 吡哆醇标准储备液：准确称取 60.8mg（准确度±0.0001g）盐酸吡哆醇标准品，用 0.1mol/L 盐酸溶液溶解后定容到 50mL，在−20℃下避光保存，有效期 1 个月。

② 1.00mg/mL 吡哆醛标准储备液：准确称取 60.9mg（准确度±0.0001g）盐酸吡哆醛标准品，用 0.1mol/L 盐酸溶液溶解后定容到 50mL，在−20℃下避光保存，有效期 1 个月。

③ 1.00mg/mL 吡哆胺标准储备液：准确称取 71.7mg（准确度±0.0001g）双盐酸吡哆胺标准品，用 0.1mol/L 盐酸溶液溶解后定容到 50mL，在−20℃下避光保存，有效期 1 个月。

注：标准储备液在使用前需要进行浓度校正。

④ 20.00μg/mL 维生素 B_6 混合标准中间液：分别准确吸取吡哆醇、吡哆醛、吡哆胺的标准储备液各 1.00mL，用 0.1mol/L 盐酸溶液稀释并定容至 50mL。临用前配制。

⑤ 维生素 B_6 混合标准系列工作液：分别准确吸取维生素 B_6 混合标准中间液 0.50mL、

1.00mL、2.00mL、3.00mL、5.00mL，置于100mL容量瓶中，用水定容。该标准系列工作液浓度分别为0.10μg/mL、0.20μg/mL、0.40μg/mL、0.60μg/mL、1.00μg/mL。临用前配制。

(9) 辛烷磺酸钠（$C_8H_{17}NaO_3S$）。

(10) 冰醋酸（$C_2H_4O_2$）。

(11) 三乙胺（$C_6H_{15}N$）：色谱纯。

(12) 甲醇（CH_4O）：色谱纯。

(13) 淀粉酶：酶活力≥1.5U/mg。

三、测定过程

1. 试样的制备

(1) 含淀粉的试样

① 固体试样　称取混合均匀的固体试样约5g（准确度±0.0001g），于150mL锥形瓶中，加入约25mL 45～50℃的水，混匀。加入约0.5g淀粉酶，混匀后向锥形瓶中充氮，盖上瓶塞，置于50～60℃培养箱内约30min，取出冷却至室温。

② 液体试样　称取混合均匀的液体试样约20g（准确度±0.0001g）于150mL锥形瓶中，加入约0.5g淀粉酶，混匀后向锥形瓶中充氮，盖上瓶塞，置于50～60℃培养箱内约30min，取出冷却至室温。

(2) 不含淀粉的试样

① 固体试样　称取混合均匀的固体试样约5g（准确度±0.0001g），于150mL锥形瓶中，加入约25mL45～50℃的水，混匀。静置5～10min，冷却至室温。

② 液体试样　称取混合均匀的液体试样约20g（准确度±0.0001g）于150mL锥形瓶中，静置5～10min。

(3) 待测液的制备　用盐酸调节上述试样溶液pH至1.7±0.1，放置约1min，再用氢氧化钠溶液调节试样溶液pH至4.5±0.1。把上述锥形瓶放入超声波振荡器中，超声振荡约10min。将试样溶液转移至50mL容量瓶中，用水冲洗锥形瓶，洗液合并于50mL容量瓶中，用水定容至50mL。另取50mL锥形瓶，上面放置漏斗和滤纸，把定容后的试样溶液倒入其中，自然过滤。滤液再经0.45μm微孔滤膜过滤，用试管收集，转移1mL滤液至进样瓶作为试样待测液。

注：操作过程应避免强光照射。

2. 高效液相色谱仪器参考条件

(1) 色谱柱：C_{18}柱，柱长150mm，柱内径4.6mm，柱填料粒径为5μm，或相当者；

(2) 流动相：移取甲醇50mL、辛烷磺酸钠2.0g、三乙胺2.5mL，用水溶解并定容到1000mL后，用冰醋酸调pH至3.0±0.1，过0.45μm微孔滤膜即得；

(3) 流速：1mL/min；

(4) 柱温：30℃；

(5) 检测波长：激发波长为293nm，发射波长为395nm；

(6) 进样体积：10μL。

3. **标准曲线的绘制**

将维生素 B_6 混合标准系列工作液分别注入高效液相色谱仪中，测定各组分的峰面积，以相应标准系列工作液的浓度为横坐标，以峰面积为纵坐标，绘制标准曲线。维生素 B_6 标准溶液的液相色谱图，见图 5-8。

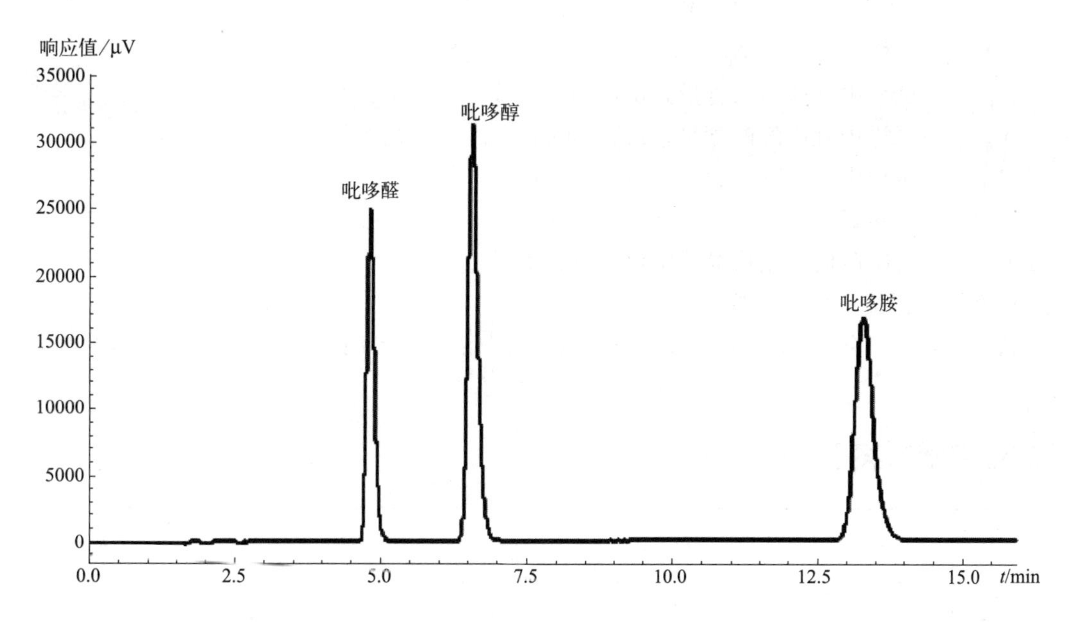

图 5-8　维生素 B_6 标准溶液的液相色谱图

4. **试样溶液的测定**

将试样溶液注入高效液相色谱仪中，得到各组分相应的峰面积，根据标准曲线得到待测试样溶液中维生素 B_6 各个组分的浓度。

四、数据记录

项目	1	2	3
相对极差/%			

五、数据处理

试样中维生素 B_6 各组分含量根据下面公式计算：

$$X_i=\frac{\rho V\times 10^{-3}}{m}\times 100$$

式中　X_i——试样中维生素 B_6 各个组分的含量，mg/100g；

ρ——根据标准曲线计算得到的试样中维生素 B_6 各个组分的浓度，$\mu g/mL$；

V——试样溶液的定容体积，mL；

m——试样的质量，g。

试样中维生素 B_6 的含量根据下面公式计算：

$$X = X_{醇} + X_{醛} \times 1.012 + X_{胺} \times 1.006$$

式中 X——试样中维生素 B_6（以吡哆醇计）的含量，mg/100g；

$X_{醇}$——试样中吡哆醇的含量，mg/100g；

$X_{醛}$——试样中吡哆醛的含量，mg/100g；

$X_{胺}$——试样中吡哆胺的含量，mg/100g；

1.012——吡哆醛的含量换算成吡哆醇的系数；

1.006——吡哆胺的含量换算成吡哆醇的系数。

计算结果保留三位有效数字。

精密度：在重复性条件下获得的两次独立测定结果的绝对差值不得超过算术平均值的15%。

【制订实施方案】

步骤	实施方案内容	任务分工
1		
2		
3		
4		
5		
6		
7		

【确定方案】

1. 分组讨论高效液相色谱法测定食品中维生素 B_6 的过程，分组派代表阐述流程；
2. 师生共同讨论，选出最佳方案。

【实施方案】

1. 领取仪器并检查仪器是否完好；
2. 领取试剂并配制溶液；
3. 按照最佳方案完成任务；
4. 数据记录并处理。

【考核评价】

见32页综合评价表。

子任务 7-7　奶粉中维生素 B_{12} 的测定——分光光度法

【任务描述】

维生素 B_{12} 又称钴胺素或氰钴素，是一种由含钴的卟啉类化合物组成的 B 族维生素。维生素 B_{12} 为浅红色的针状结晶，易溶于水和乙醇，在 pH 值为 4.5～5.0 的弱酸条件下最稳定，在强酸（pH<2）或碱性溶液中分解，遇热可受到一定程度破坏，短时间的高温消毒损失小，遇强光或紫外线易被破坏。维生素 B_{12} 主要存在于肉类中，植物中的大豆以及一些草药也含有维生素 B_{12}，肠道细菌可以合成，故一般情况下不缺乏，但维生素 B_{12} 是消化道疾病患者容易缺乏的维生素，也是红细胞生成不可缺少的重要元素，如果严重缺乏，将导致恶性贫血。

【学习目标】

1. 素质目标：具备实验室安全意识、“质量第一”的责任意识、团队合作意识、环保意识、良好的实验习惯及职业素养、严谨的思维方法、实事求是的工作作风。

2. 知识目标：掌握分光光度法测定奶粉中维生素 B_{12} 的原理及计算。

3. 能力目标：能规范使用分光光度计、电子分析天平等分析仪器，能准确书写数据记录和检验报告。

【任务书】

任务要求：解读 GB 5009.285—2022《食品安全国家标准　食品中维生素 B_{12} 的测定》。

一、方法提要

利用莱士曼氏乳酸杆菌对维生素 B_{12} 的特异性和灵敏性，定量测定出试样中维生素 B_{12} 的含量。在测定用培养基中供给除维生素 B_{12} 以外的所有营养成分，这样微生物生长产生的吸光度就会同标准曲线工作液及未知待测溶液中维生素 B_{12} 的含量相对应。以不同浓度标准溶液的吸光度相对于各浓度水平标准物质的浓度绘制标准曲线，根据标准曲线即可计算出试样中维生素 B_{12} 的含量。

该方法适用于食品中维生素 B_{12} 的测定。

二、仪器与试剂

1. 仪器、材料

除微生物实验室常规灭菌及培养设备外，其他设备和材料如下：

（1）分析天平：准确度±0.0001g；

（2）超声波振荡器；

（3）pH 计：精度±0.01；

（4）分光光度计；

(5) 涡旋混合器；

(6) 恒温培养箱：(36±1)℃；

(7) 离心机：转速≥2000r/min；

(8) 冰箱：2～5℃；

(9) 无菌吸管 10mL（具 0.1mL 刻度）或微量移液器和吸头；

(10) 瓶口分液器：0～10mL；

(11) 锥形瓶：200mL；

(12) 容量瓶：25mL、100mL、1000mL；

(13) 单刻度移液管：容量 5mL；

(14) 漏斗：直径 90mm；

(15) 定量滤纸：直径 90mm；

(16) 试管：18mm×180mm。

注：准备玻璃仪器时，使用活性剂对硬玻璃测定管及其他必要的玻璃器皿进行清洗，清洗之后要求在200℃干燥 2h。

2. 试剂及溶液

除非另有规定，本方法所用试剂均为分析纯，水为 GB/T 6682 规定的二级水。

(1) 菌株：莱士曼氏乳酸杆菌 ATCC 7830。

(2) 维生素 B_{12} 标准品：分子式 $C_{63}H_{88}CoN_{14}O_{14}P$，纯度≥99%。

(3) 培养基

① 乳酸杆菌琼脂培养基

a. 成分　番茄汁 100mL，三号蛋白胨 7.5g，酵母浸膏 7.5g，葡萄糖 10.0g，磷酸二氢钾 2.0g，聚山梨糖单油酸酯 1.0g，琼脂 14.0g，水 1000mL，pH 6.8±0.1 [(25±5)℃]。

b. 制法　先将除琼脂以外的其他成分溶解于蒸馏水中，调节 pH，再加入琼脂，加热煮沸至完全溶解。混合均匀后分装试管，每管 10mL。121℃下高压灭菌 15min，备用。

② 乳酸杆菌肉汤培养基

a. 成分　番茄汁 100mL，三号蛋白胨 7.5g，酵母浸膏 7.5g，葡萄糖 10.0g，磷酸二氢钾 2.0g，聚山梨糖单油酸酯 1.0g，水 1000mL，pH 6.8±0.1 [(25±5)℃]。

b. 制法　先将上述成分溶解于水中，调节 pH，加热煮沸，混合均匀后分装试管，每管 10mL。121℃下高压灭菌 1min，备用。

③ 维生素 B_{12} 测定用培养基

a. 成分　无维生素酸水解酪蛋白 15.0g，葡萄糖 40.0g，天门冬酰胺 0.2g，醋酸钠 20.0g，抗坏血酸 4.0g，L-胱氨酸 0.4g，DL-色氨酸 0.4g，硫酸腺嘌呤 20.0mg，盐酸鸟嘌呤 20.0mg，尿嘧啶 20.0mg，黄嘌呤 20.0mg，核黄素 1.0mg，盐酸硫胺素 1.0mg，生物素 10.0μg，烟酸 2.0mg，*p*-氨基苯甲酸 2.0mg，泛酸钙 1.0mg，盐酸吡哆醇 4.0mg，盐酸吡哆醛 4.0mg，盐酸吡哆胺 800.0μg，叶酸 200.0μg，磷酸二氢钾 1.0g，磷酸氢二钾 1.0g，硫酸镁 0.4g，氯化钠 20.0mg，硫酸亚铁 20.0mg，硫酸锰 20.0mg，聚山梨糖单油酸酯（吐温-80）2.0g，水 1000mL，pH 6.0±0.1 [(25±5)℃]。

b. 制法　将上述成分溶解于水中，调节 pH，备用。

注：一些商品化合成培养基效果良好，商品化合成培养基按标签说明进行配制。

(4) 4g/L 氯化钠溶液（生理盐水）：称取 9.0g 氯化钠溶解于 1000mL 水中，分装在具塞试管中，每管 10mL。121℃下灭菌 15min。

(5) 25%（体积分数）乙醇溶液。

(6) 无水磷酸氢二钠（Na_2HPO_4）。

(7) 无水焦亚硫酸钠（$Na_2S_2O_5$）。

(8) 柠檬酸（$C_6H_8O_7 \cdot H_2O$）。

(9) 10μg/mL 维生素 B_{12} 储备液：精确称取维生素 B_{12} 标准品 10mg（准确度±0.0001g），用乙醇溶液定容至 1000mL。

(10) 100ng/mL 维生素 B_{12} 中间液：准确移取 5.00mL 维生素 B_{12} 储备液用乙醇溶液定容至 500mL。

(11) 1ng/mL 维生素 B_{12} 工作液：准确移取 5.0mL 维生素 B_{12} 中间液，用乙醇溶液定容至 500mL。

(12) 标准曲线工作液：分别吸取两个 5mL 维生素 B_{12} 工作液于 250mL 和 500mL 容量瓶中，用水定容至刻度。高浓度溶液的浓度为 0.02ng/mL，低浓度溶液的浓度为 0.01ng/mL。

注：所有标准溶液要储存于冰箱内。保存期三个月，工作液临用前配制。

三、测定过程

1. 测试菌液的制备

(1) 将莱士曼氏乳酸杆菌（ATCC 7830）的冻干菌株活化后，接种到乳酸杆菌琼脂培养基上，(36±1)℃培养 24h，再转种 2～3 代来增强活力。置于 2～5℃冰箱保存备用。每 15d 转种一次。

(2) 将活化后的菌株接种到乳酸杆菌肉汤培养基中，(36±1)℃培养 18～24h，以 2000r/min 离心 2～3min，弃去上清液，加入 10mL 生理盐水，混匀，再离心 2～3min，弃去上清液，再加入 10mL 生理盐水，混匀。如前离心操作，弃去上清液。再加 10mL 生理盐水，混匀。吸取适量该菌悬液于 10mL 生理盐水中，混匀制成测试菌液。

(3) 用分光光度计，以生理盐水作空白，于 550nm 波长下测定菌液的吸光度，使其吸光度在 0.1～0.2 之间。

2. 试样的处理

(1) 称取无水磷酸氢二钠 1.3g、无水焦亚硫酸钠 1.0g、柠檬酸（含一个结晶水）1.2g，用 100mL 水溶解。

(2) 称取一定量的样品（准确度±0.0001g），含维生素 B_{12} 约 50～100ng，与 10mL 上述溶液混合后，再加 150mL 水，于 121℃水解 10min，冷却后调 pH 至 4.5±0.2，再用水定容至 250mL，过滤。移取滤液 5mL，加入水 20～30mL，调 pH 至 6.8±0.2，用水定容至 100mL。最终溶液中维生素 B_{12} 的质量浓度约在 0.01～0.02ng/mL，焦亚硫酸钠的质量浓度小于 0.03mg/mL。

(3) 标准曲线的绘制　按顺序加入水、标准曲线工作液和维生素 B_{12} 测定用培养基于培养管中，一式三份。标准曲线的绘制，见表 5-3。

表 5-3　标准曲线的绘制

试管号	S_1	S_2	S_3	S_4	S_5	S_6	S_7	S_8	S_9	S_{10}
水的体积/mL	5	5	4	3	2	1	0	2	1	0
0.01ng/mL 标准曲线工作液的体积/mL	0	0	1	2	3	4	5	0	0	0
0.02ng/mL 标准曲线工作液的体积/mL	0	0	0	0	0	0	0	3	4	5
培养基的体积/mL	5	5	5	5	5	5	5	5	5	5

(4) 待测液的制备　按顺序加水、待测液和维生素 B_{12} 测定用培养基于培养管内，一式三份。待测液的制备，见表 5-4。

表 5-4　待测液的制备

试管号	1	2	3	4
水的体积/mL	4	3	2	1
待测液的体积/mL	1	2	3	4
培养基的体积/mL	5	5	5	5

(5) 灭菌　将标准曲线系列工作液和待测液所有的试管盖上试管帽，121℃灭菌 5min（商品培养基按标签说明进行灭菌）。

(6) 接种　将上述试管迅速冷却至 30℃以下，用滴管或移液器向上述试管中各滴加 1 滴（约 50μL）测试菌液（其中标准曲线管中空白 S_1 除外）。

(7) 培养　将试管放入恒温培养箱内，(36±1)℃下培养 19～20h。

3. 测定

(1) 培养结束后，对每支试管进行目测检查，未接种试管 S_1 内培养液应是澄清的，如果出现浑浊，则测定无效。以接种空白管作对照，测定高浓度标准曲线试管的吸光度，2h 后重新测定。两次结果吸光度差值若小于 2%，则取出全部试管测其吸光度。

(2) 用未接种空白试管（S_1）作空白，将分光光度计吸光度调节为 0，读出接种空白试管（S_2）的吸光度。再以接种空白试管（S_2）为空白，调节吸光度为 0，依次读出其他每支试管的吸光度。

(3) 用涡旋混合器充分混合每一支试管（也可以加一滴消泡剂）后，立即将培养液移入比色皿内进行测定，波长为 550nm，待读数稳定 30s 后，读出吸光度，每支试管稳定时间要相同。以维生素 B_{12} 标准品的含量为横坐标，吸光度为纵坐标作标准曲线。

(4) 根据待测液的吸光度，从标准曲线中查得该待测液中维生素 B_{12} 的含量，再根据稀释倍数和称样量计算出试样中维生素 B_{12} 的含量。吸光度超出标准曲线管 S_3～S_{10} 范围的试样管要舍去。

(5) 对每个编号的待测液的试管，用每支试管的吸光度计算该支试管中待测液维生素 B_{12} 的含量，并计算该编号待测液的维生素 B_{12} 含量平均值，每支试管测得的含量不得超过该平均值的±15%，超过者要舍去。如果符合该要求的管数少于所有四个编号待测液的总管数的 2/3，用于计算试样含量的数据是不充分的，需要重新检验。如果符合要求的管数超过总管数的 2/3，重新计算每一个编号的有效试样管中待测液中维生素 B_{12} 含量的平均值，以此平均值计算全部编号试样管的总平均值（C_x），用于计算试样中的维生素 B_{12} 含量。

注：绘制标准曲线，既可读取吸光度（A），也可读取透光率（T）。

四、数据记录

项目	1	2	3
相对极差/%			

五、数据处理

试样中维生素 B_{12} 的含量根据下面公式计算：

$$X=\frac{C_x f\times10^{-3}}{m}\times100$$

式中　X——试样中维生素 B_{12} 的含量，μg/100g；

C_x——总平均值，ng；

m——试样的质量，g；

f——稀释倍数。

计算结果保留两位有效数字。

精密度：在重复性条件下获得的两次独立测定结果的绝对差值不得超过算术平均值的 10%。

【制订实施方案】

步骤	实施方案内容	任务分工
1		
2		
3		
4		
5		
6		
7		

【确定方案】

1. 分组讨论分光光度法测定奶粉中维生素 B_{12} 的过程，分组派代表阐述流程；
2. 师生共同讨论，选出最佳方案。

【实施方案】

1. 领取仪器并检查仪器是否完好；
2. 领取试剂并配制溶液；
3. 按照最佳方案完成任务；
4. 数据记录并处理。

【考核评价】

见 32 页综合评价表。

任务 8
食品中矿物元素的测定

食品中所包含的金属和非金属元素大约有 80 种，可分为三类：第一类是人体所需常量元素，如碳、氢、氧、钾、钠、钙等；第二类是人体所需微量元素，如铁、碘、铜、锌、锰、钴、钼、硒、铬、镍、锡、硅、氟和钒等，人体仅需要极少量，吸收过多将出现中毒现象；第三类是对人体有害的元素，如铅、砷、镉等。

食品中的元素常与有机物质结合在一起，在测定其含量之前，必须先采用灰化、消化等办法破坏有机物质，释放出被测元素及其他共存元素。这些共存元素常常干扰测定，另外，待测的元素含量通常很低，因而在样品分析前，需进行分离和浓缩，以除去干扰元素、富集待测元素。

食品中元素的测定方法，主要有分光光度法、原子吸收分光光度法、荧光分光光度法、离子选择性电极法等。

子任务 8-1　食品中钙的测定——火焰原子吸收光谱法

【任务描述】

人体中的钙元素主要以晶体的形式存在于骨骼中，约占体重的 2%。人体中的钙大多分布在骨骼中，约占总量的 99%，其余 1%分布在血液、细胞间液及软组织中。钙除了是骨骼发育的基本原料，直接影响身高外，还在体内具有其他重要的生理功能。钙是食品中含量很高的常量元素，在肉类、蛋类、鱼虾、乳类与乳制品、豆类与豆制品、蔬菜类中含量丰富。

【学习目标】

1. 素质目标：具备实验室安全意识、“质量第一”的责任意识、团队合作意识、环保意识、良好的实验习惯及职业素养、严谨的思维方法、实事求是的工作作风。

2. 知识目标：掌握火焰原子吸收光谱法测定食品中钙的原理及计算。

3. 能力目标：能规范使用火焰原子吸收分光光度计、电子分析天平等分析仪器，能准确书写数据记录和检验报告。

【任务书】

任务要求：解读 GB 5009.92—2016《食品安全国家标准　食品中钙的测定》。

一、方法提要

试样经消解处理后，加入镧溶液作为释放剂，经原子吸收火焰原子化，在 422.7nm 处测定的吸光度值在一定浓度范围内与钙含量成正比，与标准系列比较定量。

该方法适用于食品中钙含量的测定。

二、仪器与试剂

1. 仪器、材料

注：所有玻璃器皿及聚四氟乙烯消解内罐均需硝酸溶液（1+5）浸泡过夜，用自来水反复冲洗，最后用蒸馏水或去离子水冲洗干净。

（1）分析天平：准确度±0.0001g；

（2）原子吸收光谱仪：配火焰原子化器，钙空心阴极灯；

（3）微波消解系统：配聚四氟乙烯消解内罐；

（4）可调式电热炉；

（5）可调式电热板；

（6）恒温干燥箱；

（7）马弗炉；

（8）容量瓶：25mL、100mL、1000mL；

（9）移液管：5mL。

2. 试剂及溶液

除非另有规定，本方法所用试剂均为分析纯，水为 GB/T 6682 规定的二级水。

（1）硝酸溶液（5+95）：量取 50mL 硝酸，加入 950mL 水中，混匀。

（2）硝酸溶液（1+1）：量取 500mL 硝酸，与 500mL 水混合均匀。

（3）盐酸溶液（1+1）：量取 500mL 盐酸，与 500mL 水混合均匀。

（4）20g/L 镧溶液：称取 23.45g 氧化镧，先用少量水湿润后再加入 75mL 盐酸溶液（1+1）溶解，转入 1000mL 容量瓶中，加水定容至刻度，混匀。

（5）1000.00mg/L 钙标准储备液：准确称取 2.4963g（准确度±0.0001g）碳酸钙，加盐酸（1+1）溶解，移入 1000mL 容量瓶中，加水定容至刻度，混匀。

（6）100.00mg/L 钙标准中间液：准确吸取钙标准储备液 10mL 于 100mL 容量瓶中，加硝酸溶液（5+95）定容至刻度，混匀。

（7）钙标准系列溶液：分别吸取钙标准中间液 0.00mL、0.50mL、1.00mL、2.00mL、4.00mL、6.00mL 于 100mL 容量瓶中，另在各容量瓶中加入 5mL 20g/L 镧溶液，最后加硝酸溶液（5+95）定容至刻度，混匀。此钙标准系列溶液中钙的质量浓度分别为 0.00mg/L、0.50mg/L、1.00mg/L、2.00mg/L、4.00mg/L、6.00mg/L。

三、测定过程

1. 试样制备

注：在采样和试样制备过程中，应避免试样污染。

（1）粮食、豆类样品　将样品去除杂物后，粉碎，储存于塑料瓶中。

(2) 蔬菜、水果、鱼类、肉类等样品　将样品用水洗净，晾干，取可食部分，制成匀浆，储存于塑料瓶中。

(3) 饮料、酒、醋、酱油、食用植物油、液态乳等液体样品　将样品摇匀。

2. 试样消解

(1) 湿法消解　准确称取固体试样 0.2～3g（准确度±0.0001g）或准确移取液体试样 0.50～5.00mL 于带刻度消化管中，加入 10mL 硝酸、0.5mL 高氯酸，在可调式电热炉上消解（参考条件：120℃/0.5～1h，升温至 180℃/2～4h、升温至 200～220℃/1h）。若消化液呈棕褐色，再加硝酸，消解至冒白烟，消化液呈无色透明或略带黄色。取出消化管，冷却后用水定容至 25mL，再根据实际测定需要稀释，并在稀释液中加入一定体积的 20g/L 镧溶液，使其在最终稀释液中的浓度为 1g/L，混匀备用，此为试样待测液。同时制备试剂空白溶液。亦可采用锥形瓶，于可调式电热板上，按上述操作方法进行湿法消解。

(2) 微波消解　准确称取固体试样 0.2～0.8g（准确度±0.0001g）或准确移取液体试样 0.50～3.00mL 于微波消解罐中，加入 5mL 硝酸，按照微波消解的操作步骤消解试样，消解条件见表 5-5。冷却后取出消解罐，在电热板上于 140～160℃驱赶硝酸至 1mL 左右。消解罐放冷后，将消化液转移至 25mL 容量瓶中，用少量水洗涤消解罐 2～3 次，合并洗涤液于容量瓶中并用水定容至刻度。根据实际测定需要稀释，并在稀释液中加入一定体积 20g/L 镧溶液使其在最终稀释液中的浓度为 1g/L，混匀备用，此为试样待测液。同时制备试剂空白溶液。

表 5-5　微波消解升温程序参考条件

步骤	设定温度/℃	升温时间/min	恒温时间/min
1	120	5	5
2	160	5	10
3	180	5	10

(3) 压力罐消解　准确称取固体试样 0.2～1g（准确度±0.0001g）或准确移取液体试样 0.50～5.00mL 于消解内罐中，加入 5mL 硝酸。盖好内盖，旋紧不锈钢外罐，放入恒温干燥箱，于 140～160℃下保持 4～5h。冷却后缓慢旋松外罐，取出消解内罐，放在可调式电热板上于 140～160℃驱赶硝酸至 1mL 左右。冷却后将消化液转移至 25mL 容量瓶中，用少量水洗涤内罐和内盖 2～3 次，合并洗涤液于容量瓶中并用水定容至刻度，混匀备用。根据实际测定需要稀释，并在稀释液中加入一定体积的 20g/L 镧溶液，使其在最终稀释液中的浓度为 1g/L，混匀备用，此为试样待测液。同时制备试剂空白溶液。

(4) 干法灰化　准确称取固体试样 0.5～5g（准确度±0.001g）或准确移取液体试样 0.50～10.00mL 于坩埚中，小火加热，炭化至无烟，转移至马弗炉中，于 550℃灰化 3～4h。冷却，取出。对于灰化不彻底的试样，加数滴硝酸，小火加热，小心蒸干，再转入 550℃马弗炉中，继续灰化 1～2h，至试样呈白灰状，冷却，取出，用适量硝酸溶液（1+1）溶解并转移至刻度管中，用水定容至 25mL。根据实际测定需要稀释，并在稀释液中加入一定体积的镧溶液，使其在最终稀释液中的浓度为 1g/L，混匀备用，此为试样待测液。同时制备试剂空白溶液。

3. 仪器参考条件

火焰原子吸收光谱法参考条件，见表 5-6。

表 5-6　火焰原子吸收光谱法参考条件

元素	波长/nm	狭缝宽度/nm	灯电流/mA	燃烧头高度/mm	空气流量/(L/min)	乙炔流量/(L/min)
钙	422.7	1.3	5～15	3	9	2

4. 标准曲线的制作

将钙标准系列溶液按浓度由低到高的顺序分别导入火焰原子吸收光谱仪，测定吸光度值，以标准系列溶液中钙的质量浓度为横坐标，相应的吸光度值为纵坐标，制作标准曲线。

5. 试样溶液的测定

在与测定标准系列溶液相同的实验条件下，将空白溶液和试样待测液分别导入原子吸收光谱仪，测定相应的吸光度值，与标准系列比较定量。

四、数据记录

项目	1	2	3
相对极差/%			

五、数据处理

试样中钙的含量根据下面公式计算：

$$X=\frac{(\rho-\rho_0)fV}{m}$$

式中　X——试样中钙的含量，mg/kg 或 mg/L；

ρ——试样待测液中钙的质量浓度，mg/L；

ρ_0——空白溶液中钙的质量浓度，mg/L；

f——试样消化液的稀释倍数；

V——试样消化液的定容体积，mL；

m——试样质量或移取体积，g 或 mL。

当钙含量≥10.0mg/kg 或 10.0mg/L 时，计算结果保留三位有效数字；当钙含量<10.0mg/kg 或 10.0mg/L 时，计算结果保留两位有效数字。

精密度：在重复性条件下获得的两次独立测定结果的绝对差值不得超过算术平均值的 10%。

【制订实施方案】

步骤	实施方案内容	任务分工
1		
2		
3		

续表

步骤	实施方案内容	任务分工
4		
5		
6		
7		

【确定方案】

1. 分组讨论火焰原子吸收光谱法测定食品中钙的过程，分组派代表阐述流程；
2. 师生共同讨论，选出最佳方案。

【实施方案】

1. 领取仪器并检查仪器是否完好；
2. 领取试剂并配制溶液；
3. 按照最佳方案完成任务；
4. 数据记录并处理。

【考核评价】

见 32 页综合评价表。

子任务 8-2　食品中铁的测定——火焰原子吸收光谱法

【任务描述】

铁元素是构成人体必不可少的元素之一，成人体内约有 4～5g 铁，成人每天摄取量是 10～15mg。动物性食物中含铁量最高的是猪肝，其次为鱼、瘦猪肉、牛肉、羊肉等。在植物性食物中，以大豆中的含量为最高。新鲜蔬菜中含铁量较高的有韭菜、荠菜、芹菜等。果类中桃子、香蕉、核桃、红枣含铁量也较多。

【学习目标】

1. 素质目标：具备实验室安全意识、“质量第一”的责任意识、团队合作意识、环保意识、良好的实验习惯及职业素养、严谨的思维方法、实事求是的工作作风。
2. 知识目标：掌握火焰原子吸收光谱法测定奶粉中铁的原理及计算。
3. 能力目标：能规范使用火焰原子吸收光谱仪、电子分析天平等分析仪器，能准确书写数据记录和检验报告。

【任务书】

任务要求：解读 GB 5009.90—2016《食品安全国家标准　食品中铁的测定》。

一、方法提要

试样消解后，经原子吸收火焰原子化，在 248.3nm 处测定吸光度值。在一定浓度范围内吸光度值与铁含量成正比，与标准系列比较定量。

该方法适用于食品中铁含量的测定。

二、仪器与试剂

1. 仪器、材料

注：所有玻璃器皿及聚四氟乙烯消解内罐均需用硝酸溶液（1+5）浸泡过夜，用自来水反复冲洗，最后用蒸馏水或去离子水冲洗干净。

（1）分析天平：准确度±0.0001g；

（2）原子吸收光谱仪：配火焰原子化器，铁空心阴极灯；

（3）微波消解系统：配聚四氟乙烯消解内罐；

（4）可调式电热炉；

（5）可调式电热板；

（6）压力消解罐：配聚四氟乙烯消解内罐；

（7）恒温干燥箱；

（8）马弗炉；

（9）容量瓶：100mL；

（10）移液管：10mL。

2. 试剂及溶液

除非另有说明，本方法所用试剂均为分级纯，水为 GB/T 6682 规定的二级水。

（1）硝酸溶液（5+95）：量取 50mL 硝酸，倒入 950mL 水中，混匀。

（2）硝酸溶液（1+1）：量取 250mL 硝酸，倒入 250mL 水中，混匀。

（3）硫酸溶液（1+3）：量取 50mL 硫酸，缓慢倒入 150mL 水中，混匀。

（4）1000.00mg/L 铁标准储备液：准确称取 0.8631g（准确度±0.0001g），标准品硫酸铁铵［$NH_4Fe(SO_4)_2 \cdot 12H_2O$，纯度>99.99%］，或移取一定浓度经国家认证并授予标准物质证书的铁标准溶液，加水溶解，加 1.00mL 硫酸溶液（1+3），移入 100mL 容量瓶中，加水定容至刻度。混匀。

（5）100.00mg/L 铁标准中间液：准确吸取铁标准储备液 10mL 于 100mL 容量瓶中，加硝酸溶液（5+95）定容至刻度，混匀。

（6）铁标准系列溶液：分别准确吸取铁标准中间液 0.00mL、0.50mL、1.00mL、2.00mL、4.00mL、6.00mL 于 100mL 容量瓶中，加硝酸溶液（5+95）定容至刻度，混匀。此铁标准系列溶液中铁的质量浓度分别为 0.00mg/L、0.50mg/L、1.00mg/L、2.00mg/L、4.00mg/L、6.00mg/L。

注：可根据仪器的灵敏度及样品中铁的实际含量确定标准系列溶液中铁的具体浓度。

三、测定过程

1. 试样制备

注：在采样和试样制备过程中，应避免试样污染。

（1）粮食、豆类样品　将样品去除杂物后，粉碎，储存于塑料瓶中。

（2）蔬菜、水果、鱼类、肉类等样品　将样品用水洗净，晾干，取可食部分，制成匀浆，储存于塑料瓶中。

（3）饮料、酒、醋、酱油、食用植物油、液态乳等液体样品将样品摇匀。

2. 试样消解

（1）湿法消解　准确称取固体试样 0.5～3g（准确度±0.0001g）或准确移取液体试样 1.00～5.00mL 于带刻度消化管中，加入 10mL 硝酸、0.5mL 高氯酸，在可调式电热炉上消解（参考条件：120℃/0.5～1h、升温至 180℃/2～4h、升温至 200～220℃/1h）。若消化液呈棕褐色，再加硝酸，消解至冒白烟，消化液呈无色透明或略带黄色。取出消化管，冷却后转移至 25mL 容量瓶中，用少量水洗涤消化管 2～3 次，合并洗涤液于容量瓶中并用水定容至刻度，混匀备用。同时制备试剂空白溶液。亦可采用锥形瓶，于可调式电热板上，按上述操作方法进行湿法消解。

（2）微波消解　准确称取固体试样 0.2～0.8g（准确度±0.0001g）或准确移取液体试样 1.00～3.00mL 于微波消解罐中，加入 5mL 硝酸，按照微波消解的操作步骤消解试样，消解条件见表 5-7。冷却后取出消解罐，在电热板上于 140～160℃驱赶硝酸至 1mL 左右。消解罐放冷后，将消化液转移至 25mL 容量瓶中，用少量水洗涤消解罐 2～3 次，合并洗涤液于容量瓶中并用水定容至刻度。混匀备用。同时制备试样空白溶液。

表 5-7　微波消解升温程序参考条件

步骤	设定温度/℃	升温时间/min	恒温时间/min
1	120	5	5
2	160	5	10
3	180	5	10

（3）压力罐消解　准确称取固体试样 0.3～2g（准确度±0.0001g）或准确移取液体试样 2.00～5.00mL 于消解内罐中，加入 5mL 硝酸。盖好内盖，旋紧不锈钢外罐，放入恒温干燥箱，于 140～160℃下保持 4～5h。冷却后缓慢旋松外罐，取出消解内罐，放在可调式电热板上于 140～160℃驱赶硝酸至 1mL 左右。冷却后将消化液转移至 25mL 容量瓶中，用少量水洗涤内罐和内盖 2～3 次，合并洗涤液于容量瓶中并用水定容至刻度，混匀备用。同时制备试剂空白溶液。

（4）干法灰化　准确称取固体试样 0.5～5g（准确度±0.0001g）或准确移取液体试样 2.50～5.00mL 于坩埚中，小火加热，炭化至无烟，转移至马弗炉中，于 550℃灰化 3～4h。冷却，取出。对于灰化不彻底的试样，加数滴硝酸，小火加热，小心蒸干，再转入 550℃马弗炉中，继续灰化 1～2h，至试样呈白灰状，冷却，取出，用适量硝酸溶液（1+1）溶解并转移至 25mL 容量瓶中，用少量水洗涤坩埚 2～3 次，合并洗涤液于容量瓶中并用水定容至刻度，混匀备用。同时制备试剂空白溶液。

3. 仪器参考条件

火焰原子吸收光谱仪参考条件，见表 5-8。

表 5-8　火焰原子吸收光谱仪参考条件

元素	波长/nm	狭缝宽度/nm	灯电流/mA	燃烧头高度/mm	空气流量/(L/min)	乙炔流量/(L/min)
铁	248.3	0.2	5～15	3	9	2

4. 标准曲线的制作

将铁标准系列溶液按质量浓度由低到高的顺序分别导入火焰原子吸收光谱仪，测定其吸光度值。以铁标准系列溶液中铁的质量浓度为横坐标，以相应的吸光度值为纵坐标，制作标准曲线。

5. 试样溶液的测定

在与测定标准溶液相同的实验条件下，将空白溶液和试样待测液分别导入原子吸收光谱仪，测定相应的吸光度值，与标准系列比较定量。

四、数据记录

项目	1	2	3
相对极差/%			

五、数据处理

试样中铁的含量根据下面公式计算：

$$X=\frac{(\rho-\rho_0)V}{m}$$

式中　X——试样中铁的含量，mg/kg 或 mg/L；

ρ——试样待测液中铁的质量浓度，mg/L；

ρ_0——空白溶液中铁的质量浓度 mg/L；

V——试样消化液的定容体积，mL；

m——试样质量或移取体积，g 或 mL。

当铁含量≥10.0mg/kg 或 10.0mg/L 时，计算结果保留三位有效数字；当铁含量<10.0mg/kg 或 10.0mg/L 时，计算结果保留两位有效数字。

精密度：在重复性条件下获得的两次独立测定结果的绝对差值不得超过算术平均值的 10%。

【制订实施方案】

步骤	实施方案内容	任务分工
1		
2		
3		
4		
5		

续表

步骤	实施方案内容	任务分工
6		
7		

【确定方案】

1. 分组讨论火焰原子吸收光谱法测定食品中铁的过程，分组派代表阐述流程；

2. 师生共同讨论，选出最佳方案。

【实施方案】

1. 领取仪器并检查仪器是否完好；

2. 领取试剂并配制溶液；

3. 按照最佳方案完成任务；

4. 数据记录并处理。

【考核评价】

见 32 页综合评价表。

子任务 8-3　食品中锌的测定——火焰原子吸收光谱法

【任务描述】

锌元素是构成人体必不可少的元素之一。锌对大脑发育起着重要的作用，可以促进大脑的生长。缺锌会导致儿童智力障碍，使儿童智商不高；人体缺锌会导致发育不良，营养不良，发育缓慢；还会导致食欲减退，适当的补充锌可以使胃口大增，锌缺乏多见于 2 岁以下的婴幼儿，由于此时生长速度快，对锌的需要量相对比较高，是锌缺乏的高危人群。含锌丰富的食物主要有肉类、贝壳类、谷类、干果类。

【学习目标】

1. 素质目标：具备实验室安全意识、“质量第一”的责任意识、团队合作意识、环保意识、良好的实验习惯及职业素养、严谨的思维方法、实事求是的工作作风。

2. 知识目标：掌握火焰原子吸收光谱法测定食品中锌的原理及计算。

3. 能力目标：能规范使用火焰原子吸收光谱仪、电子分析天平等分析仪器，能准确书写数据记录和检验报告。

【任务书】

任务要求：解读 GB 5009.14—2017《食品安全国家标准　食品中锌的测定》。

一、方法提要

试样消解处理后，经火焰原子化，在 213.9nm 处测定吸光度。在一定浓度范围内锌的吸光度值与锌含量成正比，与标准系列比较定量。

该方法适用于各类食品中锌含量的测定。

二、仪器与试剂

1. 仪器、材料

注：所有玻璃器皿及聚四氟乙烯消解内罐均需用硝酸溶液（1+5）浸泡过夜，用自来水反复冲洗，最后用蒸馏水或去离子水冲洗干净。

（1）分析天平：准确度±0.0001g；

（2）原子吸收光谱仪：配火焰原子化器，锌空心阴极灯；

（3）微波消解系统：配聚四氟乙烯消解内罐；

（4）可调式电热炉；

（5）可调式电热板；

（6）压力消解罐：配聚四氟乙烯消解内罐；

（7）恒温干燥箱；

（8）马弗炉；

（9）容量瓶：100mL；

（10）移液管：10mL。

2. 试剂及溶液

除非另有说明，本方法所用试剂均为优级纯，水为 GB/T 6682 规定的二级水。

（1）硝酸溶液（5+95）：量取 50mL 硝酸，倒入 950mL 水中，混匀。

（2）硝酸溶液（1+1）：量取 250mL 硝酸，倒入 250mL 水中，混匀。

（3）1000.00mg/L 锌标准储备液：准确称取 1.2447g（准确度±0.0001g）氧化锌（标准品氧化锌，纯度>99.99%，或经国家认证并授予标准物质证书的一定浓度的锌标准溶液），加少量硝酸溶液（1+1），加热溶解，冷却后移入 1000mL 容量瓶，加水定容至刻度。混匀。

（4）10.00mg/L 锌标准中间液：准确吸取锌标准储备液 1.00mL 于 100mL 容量瓶中，加硝酸溶液（5+95）至刻度，混匀。

（5）锌标准系列溶液：分别准确吸取锌标准中间液 0.00mL、1.00mL、2.00mL、4.00mL、8.00mL 和 10.00mL 于 100mL 容量瓶中，加硝酸溶液（5+95）至刻度，混匀。此锌标准系列溶液的质量浓度分别为 0.00mg/L、0.10mg/L、0.20mg/L、0.40mg/L、0.80mg/L 和 1.00mg/L。

注：可根据仪器的灵敏度及样品中锌的实际含量确定标准系列溶液中铁的具体浓度。

三、测定过程

1. 试样制备

注：在采样和试样制备过程中，应避免试样污染。

(1) 粮食、豆类样品　将样品去除杂物后，粉碎，储于塑料瓶中。

(2) 蔬菜、水果、鱼类、肉类等样品　将样品用水洗净，晾干，取可食部分，制成匀浆，储于塑料瓶中。

(3) 饮料、酒、醋、酱油、食用植物油、液态乳等液体样品将样品摇匀。

2. 试样消解

(1) 湿法消解　准确称取固体试样 0.2～3g（准确度±0.0001g）或准确移取液体试样 0.50～5.00mL 于带刻度消化管中，加入 10mL 硝酸、0.5mL 高氯酸，在可调式电热炉上消解（参考条件：120℃/0.5～1h，升温至 180℃/2～4h，升温至 200～220℃/1h）。若消化液呈棕褐色，再加少量硝酸，消解至冒白烟，消化液呈无色透明或略带黄色。取出消化管，冷却后转移至 25mL 容量瓶中，用少量水洗涤 2～3 次，合并洗涤液于容量瓶中并用水定容至刻度，混匀备用。同时制备试剂空白溶液。亦可采用锥形瓶，于可调式电热板上，按上述操作方法进行湿法消解。

(2) 微波消解　准确称取固体试样 0.2～0.8g（准确度±0.0001g）或准确移取液体试样 0.50～3.00mL 于微波消解罐中，加入 5mL 硝酸，按照微波消解的操作步骤消解试样，消解条件见表 5-9。冷却后取出消解罐，在电热板上于 140～160℃ 驱赶硝酸至 1mL 左右。消解罐放冷后，将消化液转移至 25mL 容量瓶中，用少量水洗涤消解罐 2～3 次，合并洗涤液于容量瓶中并用水定容至刻度，混匀备用。同时制备试样空白溶液。

表 5-9　微波消解升温程序参考条件

步骤	设定温度/℃	升温时间/min	恒温时间/min
1	120	5	5
2	160	5	10
3	180	5	10

(3) 压力罐消解　准确称取固体试样 0.2～1g（准确度±0.0001g）或准确移取液体试样 0.50～5.00mL 于消解内罐中，加入 5mL 硝酸。盖好内盖，旋紧不锈钢外罐，放入恒温干燥箱，于 140～160℃下保持 4～5h。冷却后缓慢旋松外罐，取出消解内罐，放在可调式电热板上于 140～160℃驱赶硝酸至 1mL 左右。冷却后将消化液转移至 25mL 容量瓶中，用少量水洗涤内罐和内盖 2～3 次，合并洗涤液于容量瓶中并用水定容至刻度，混匀备用。同时制备试剂空白溶液。

(4) 干法灰化　准确称取固体试样 0.5～5g（准确度±0.0001g）或准确移取液体试样 0.50～10.00mL 于坩埚中，小火加热，炭化至无烟，转移至马弗炉中，于 550℃ 灰化 3～4h。冷却，取出。对于灰化不彻底的试样，加数滴硝酸，小火加热，小心蒸干，再转入 550℃ 马弗炉中，继续灰化 1～2h，至试样呈白灰状，冷却，取出，用适量硝酸溶液（1+1）溶解并转移至 25mL 容量瓶中，用少量水洗涤坩埚 2～3 次，合并洗涤液于容量瓶中并用水定容至刻度，混匀备用。同时制备试剂空白溶液。

3. 仪器参考条件

火焰原子吸收光谱法参考条件，见表 5-10。

表 5-10　火焰原子吸收光谱法参考条件

元素	波长/nm	狭缝宽度/nm	灯电流/mA	燃烧头高度/mm	空气流量/(L/min)	乙炔流量/(L/min)
锌	213.9	0.2	3～5	3	9	2

4. 标准曲线的制作

将锌标准系列溶液按质量浓度由低到高的顺序分别导入火焰原子吸收光谱仪，测定其吸光度值。以锌标准系列溶液中锌的质量浓度为横坐标，以相应的吸光度值为纵坐标，制作标准曲线。

5. 试样溶液的测定

在与测定标准溶液相同的实验条件下，将空白溶液和试样待测液分别导入原子吸收光谱仪，测定相应的吸光度值，与标准系列比较定量。

四、数据记录

项目	1	2	3
相对极差/%			

五、数据处理

试样中锌的含量根据下面公式计算：

$$X=\frac{(\rho-\rho_0)V}{m}$$

式中 X——试样中锌的含量，mg/kg 或 mg/L；

ρ——试样待测液中锌的质量浓度，mg/L；

ρ_0——空白溶液中锌的质量浓度，mg/L；

V——试样消化液的定容体积，mL；

m——试样质量或移取体积，g 或 mL。

当锌含量≥10.0mg/kg 或 10.0mg/L 时，计算结果保留三位有效数字；当锌含量<10.0mg/kg 或 10.0mg/L 时，计算结果保留两位有效数字。

精密度：在重复性条件下获得的两次独立测定结果的绝对差值不得超过算术平均值的 10%。

【制订实施方案】

步骤	实施方案内容	任务分工
1		
2		
3		
4		
5		
6		
7		

【确定方案】

1. 分组讨论火焰原子吸收光谱法测定食品中锌的过程，分组派代表阐述流程；
2. 师生共同讨论，选出最佳方案。

【实施方案】

1. 领取仪器并检查仪器是否完好；
2. 领取试剂并配制溶液；
3. 按照最佳方案完成任务；
4. 数据记录并处理。

【考核评价】

见 32 页综合评价表。

子任务 8-4　食品中硒的测定——氢化物原子荧光光谱法

【任务描述】

硒是人体所需要的微量元素之一，可以提高人体的免疫能力，维护心、肝、肺、胃等重要器官的正常功能，预防老年性心脑血管疾病的发生，硒元素可以降低血液黏度，对降血脂、降血压、降低胆固醇有良好的作用。硒元素对人体具有很好的抗衰老作用，同时能增强人体免疫力、抵抗力，具有抗癌、抗肿瘤等功效。硒对一些有毒元素（如镉、汞、砷、铊等）有拮抗作用。生活中的许多食物中都富含硒元素，比如动物的心、肝、肾等，还有一些水果蔬菜中也含有硒元素，如大白菜、洋葱、番茄等。

【学习目标】

1. 素质目标：具备实验室安全意识、“质量第一”的责任意识、团队合作意识、环保意识、良好的实验习惯及职业素养、严谨的思维方法、实事求是的工作作风。

2. 知识目标：掌握氢化物原子荧光光谱法测定食品中硒的原理及计算。

3. 能力目标：能规范使用原子荧光光谱仪、电子分析天平等分析仪器，能准确书写数据记录和检验报告。

【任务书】

任务要求：解读 GB 5009.93—2017《食品安全国家标准　食品中硒的测定》。

一、方法提要

试样经酸加热消化后，在 6mol/L 盐酸介质中，试样中的六价硒还原成四价硒，用硼氢化钠或硼氢化钾作还原剂，将四价硒在盐酸介质中还原成硒化氢，由载气（氩气）带入原子化器中进行原子化，在硒空心阴极灯照射下，基态硒原子被激发至高能态，在去活化回到基态时，发射出特征波长的荧光，其荧光强度与硒含量成正比，与标准系列比较定量。

该方法适用于各类食品中硒的测定。

二、仪器与试剂

1. 仪器、材料

注：所有玻璃器皿及聚四氟乙烯消解内罐均需用硝酸溶液（1+5）浸泡过夜，用自来水反复冲洗，最后用蒸馏水或去离子水冲洗干净。

（1）分析天平：准确度±0.0001g；

（2）原子荧光光谱仪：配火焰原子化器，配硒空心阴极灯；

（3）微波消解系统：配聚四氟乙烯消解内罐；

（4）可调式电热炉；

（5）可调式电热板；

（6）容量瓶：10mL、100mL；

（7）移液管：5mL。

2. 试剂及溶液

除非另有说明，本方法所用试剂均为优级纯，水为GB/T 6682规定的二级水。

（1）硝酸-高氯酸混合酸（9+1）：将900mL硝酸与100mL高氯酸混匀。

（2）5g/L氢氧化钠溶液：称取5g氢氧化钠，溶于1000mL水中，混匀。

（3）8g/L硼氢化钠碱溶液：称取8g硼氢化钠，溶于5g/L氢氧化钠溶液中，混匀。现配现用。

（4）6mol/L盐酸溶液：量取50mL盐酸，缓慢加入40mL水中，冷却后用水定容至100mL，混匀。

（5）100g/L铁氰化钾溶液：称取10g铁氰化钾，溶于100mL水中，混匀。

（6）盐酸溶液（5+95）：量取25mL盐酸，缓慢加入475mL水中，混匀。

（7）1000.00mg/L硒标准储备溶液：经国家认证并授予标准物质证书的一定浓度的硒标准溶液。

（8）100.00mg/L硒标准中间液：准确吸取1.00mL硒标准储备溶液于10mL容量瓶中，加盐酸溶液（5+95）定容至刻度，混匀。

（9）1.00mg/L硒标准使用液：准确吸取硒标准中间液1.00mL于100mL容量瓶中，用盐酸溶液（5+95）定容至刻度，混匀。

（10）硒标准系列溶液：分别准确吸取硒标准使用液0.00mL、0.50mL、1.00mL、2.00mL和3.00mL于100mL容量瓶中，加入铁氰化钾溶液，用盐酸溶液（5+95）定容至刻度，混匀待测。此硒标准系列溶液的质量浓度分别为0.00μg/L、5.00μg/L、10.00μg/L、20.00μg/L和30.00μg/L。

注：可根据仪器的灵敏度及样品中硒的实际含量确定标准系列溶液中硒元素的质量浓度。

三、测定过程

1. 试样制备

注：在采样和试样制备过程中，应避免试样污染。

（1）粮食、豆类样品　将样品去除杂物后，粉碎，储于塑料瓶中。

（2）蔬菜、水果、鱼类、肉类等样品　将样品用水洗净，晾干，取可食部分，制成匀浆，储于塑料瓶中。

（3）饮料、酒、醋、酱油、食用植物油、液态乳等液体样品将样品摇匀。

2. 试样消解

（1）湿法消解　准确称取固体试样 0.5～3g（准确度±0.0001g）或准确移取液体试样 1.00～5.00mL 于锥形瓶中，加入 10mL 硝酸-高氯酸混合酸及几粒玻璃珠，盖上表面皿消化过夜。次日于电热板上加热，并及时补加硝酸。当溶液变为清亮无色并伴有白烟产生时，再继续加热至剩余体积为 2mL 左右，切不可蒸干。冷却，再加 5mL 6mol/L 盐酸，继续加热至溶液变为清亮无色并伴有白烟出现。冷却后转移至 10mL 容量瓶中，加入 2.5mL 铁氰化钾溶液，用水定容，混匀待测。同时制备试剂空白溶液。

（2）微波消解　准确称取固体试样 0.2～0.8g（准确度±0.0001g）或准确移取液体试样 1.00～3.00mL 于微波消解罐中，加入 5mL 硝酸、2mL 过氧化氢，振摇混合均匀，于微波消解仪中消化，微波条件见表 5-11。消解结束待冷却后，将消化液转入锥形瓶中，加几粒玻璃珠，在电热板上继续加热至接近干燥，切不可蒸干。再加 5mL 6mol/L 盐酸，继续加热至溶液变为清亮无色并伴有白烟出现，冷却，转移至 10mL 容量瓶中，加入 2.5mL 铁氰化钾溶液，用水定容，混匀待测。同时制备试剂空白溶液。

表 5-11　微波消解升温程序参考条件

步骤	设定温度/℃	升温时间/min	恒温时间/min
1	120	6	1
2	150	3	5
3	200	5	10

3. 仪器参考条件

负高压：340V；灯电流：100mA；原子化温度：800℃；炉高：8mm；载气流速：500mL/min；屏蔽气流速：1000mL/min；测量方式：标准曲线法；读数方式：峰面积；延迟时间：1s；读数时间：15s；加液时间：8s；进样体积：2mL。

4. 标准曲线的制作

以盐酸溶液（5＋95）为载流，硼氢化钠碱溶液为还原剂，连续用标准系列的零管进样，待读数稳定之后，将硒标准系列溶液按质量浓度由低到高的顺序分别导入仪器，测定其荧光强度，以质量浓度为横坐标，荧光强度为纵坐标，制作标准曲线。

5. 试样溶液的测定

在与测定标准系列溶液相同的实验条件下，将空白溶液和试样待测液分别导入仪器，测其荧光强度，与标准系列比较定量。

四、数据记录

项目	1	2	3
相对极差/%			

五、数据处理

试样中硒的含量根据下面公式计算：

$$X=\frac{(\rho-\rho_0)V\times10^{-3}}{m}$$

式中 X——试样中硒的含量，mg/kg 或 mg/L；

ρ——试样待测液中硒的质量浓度，μg/L；

ρ_0——空白溶液中硒的质量浓度，μg/L；

V——试样消化液的定容体积，mL；

m——试样质量或移取体积，g 或 mL。

当硒含量≥10.0mg/kg 或 10.0mg/L 时，计算结果保留三位有效数字；当硒含量<10.0mg/kg 或 10.0mg/L 时，计算结果保留两位有效数字。

精密度：在重复性条件下获得的两次独立测定结果的绝对差值不得超过算术平均值的 20%。

【制订实施方案】

步骤	实施方案内容	任务分工
1		
2		
3		
4		
5		
6		
7		

【确定方案】

1. 分组讨论氢化物原子荧光光谱法测定食品中硒的过程，分组派代表阐述流程；
2. 师生共同讨论，选出最佳方案。

【实施方案】

1. 领取仪器并检查仪器是否完好；
2. 领取试剂并配制溶液；

3. 按照最佳方案完成任务；

4. 数据记录并处理。

【考核评价】

见 32 页综合评价表。

子任务 8-5　食品中碘的测定——氧化还原滴定法

【任务描述】

碘是人体所需要的微量元素之一。碘元素对人体的作用主要包括以下几点。一是合成甲状腺激素的原料。甲状腺激素能够促进物质代谢，调节蛋白质、脂肪和糖类的代谢，有助于调节水盐代谢。所以碘过多或过少都会导致甲状腺功能异常，影响人体新陈代谢、生长发育。二是增强酶的活性，促进维生素的吸收和利用。甲状腺激素能够影响多种维生素的吸收，影响机体酶活性。碘通过甲状腺激素发挥作用，对机体有重要调节作用。但高碘对人体的危害也有很多，常吃碘含量过多的食物，会引起很多的不良反应，导致碘源性甲亢。富含碘的食物为海产品，如海带、紫菜、鲜带鱼、蚶干、蛤干、干贝、海参、海蜇、龙虾等；菠菜、芹菜也含有碘。

【学习目标】

1. 素质目标：具备实验室安全意识、“质量第一”的责任意识、团队合作意识、环保意识、良好的实验习惯及职业素养、严谨的思维方法、实事求是的工作作风。

2. 知识目标：掌握氧化还原滴定法测定食品中碘的原理及计算。

3. 能力目标：能规范使用滴定装置、电子分析天平等分析仪器，能准确书写数据记录和检验报告。

【任务书】

任务要求：解读 GB 5009.267—2020《食品安全国家标准　食品中碘的测定》。

一、方法提要

样品经炭化、灰化处理后，在酸性介质中，用液溴将碘离子氧化成碘酸根离子，碘酸根离子在酸性溶液中氧化碘化钾而析出碘，以淀粉溶液作为指示剂，用硫代硫酸钠溶液滴定，计算样品中碘的含量。具体反应式如下。

$$NaI + 3Br_2 + 3H_2O \longrightarrow NaIO_3 + 6HBr$$

$$NaIO_3 + 5NaI + 3H_2SO_4 \longrightarrow 3I_2 + 3H_2O + 3Na_2SO_4$$

$$I_2 + 2Na_2S_2O_3 \longrightarrow 2NaI + Na_2S_4O_6$$

该方法（氧化还原滴定法）适用于藻类及其制品中碘的测定。

二、仪器与试剂

1. 仪器、材料

注：所有玻璃器皿及聚四氟乙烯消解内罐均需用硝酸溶液（1+5）浸泡过夜，用自来水反复冲洗，最后用蒸馏水或去离子水冲洗干净。

（1）分析天平：准确度±0.0001g；

（2）组织捣碎机；

（3）高速粉碎机；

（4）恒温干燥箱；

（5）马弗炉；

（6）瓷坩埚：50mL；

（7）可调电炉：1000W；

（8）碘量瓶：250mL；

（9）棕色酸式滴定管：25mL，最小刻度为0.1mL；

（10）容量瓶：10mL、100mL；

（11）移液管：5mL。

2. 试剂及溶液

除非另有说明，本方法所用试剂均为分析纯，水为GB/T 6682规定的三级水。

（1）50g/L碳酸钠溶液：称取5g无水碳酸钠，用水溶解并定容至100mL。

（2）饱和溴水：量取5mL液溴置于带涂有凡士林塞子的棕色玻璃瓶中，加水100mL，充分振荡，使其成为饱和溶液（溶液底部留有少量液溴，操作应在通风橱内进行）。

（3）3mol/L硫酸溶液：量取166.7mL硫酸缓缓注入盛有700mL水的烧杯中，并不断搅拌，冷却至室温，用水稀释至1000mL，混匀。

（4）1mol/L硫酸溶液：量取57mL硫酸缓缓注入盛有700mL水的烧杯中，并不断搅拌，冷却至室温，用水稀释至1000mL，混匀。

（5）150g/L碘化钾溶液：称取15.0g碘化钾，用水溶解并稀释至100mL，贮存于棕色瓶中，现用现配。

（6）200g/L甲酸钠溶液：称取20.0g甲酸钠，用水溶解并稀释至100mL。

（7）1g/L甲基橙溶液：称取0.1g甲基橙，溶于100mL水中。

（8）5g/L淀粉溶液：称取0.5g淀粉于200mL烧杯中，加入5mL水调成糊状，再倒入100mL沸水，搅拌后再煮沸0.5min，冷却备用，现用现配。

（9）0.10mol/L硫代硫酸钠标准储备液：称取24.8g五水硫代硫酸钠，加0.2g无水碳酸钠，溶于1000mL水中，缓缓煮沸10min，冷却。放置两周后过滤、标定。可采用经国家认证并授予标准物质证书的硫代硫酸钠标准溶液。

（10）0.010mol/L硫代硫酸钠标准溶液：吸取10.00mL硫代硫酸钠标准储备液，用新煮沸冷却的水稀释至100mL，临用前配制。

（11）0.0020mol/L硫代硫酸钠标准溶液：吸取2.00mL硫代硫酸钠标准储备液，用新煮沸冷却的水稀释至100mL，临用前配制。

注：根据样品中碘的含量水平选择不同浓度水平的硫代硫酸钠标准溶液。

三、测定过程

1. 试样制备

(1) 固态样品

① 干样　对于豆类、谷物、菌类、茶叶、干制水果、焙烤食品等样品，取可食部分，经高速粉碎机粉碎，搅拌至均匀；对于固体乳制品、蛋白粉、面粉等呈均匀状的粉状样品，摇匀。

② 鲜样　对于蔬菜、水果、水产品等样品必要时洗净、沥干，取可食部分均质至匀浆；对于肉类、蛋类等样品取可食部分均质至匀浆。

③ 速冻及罐头食品　对于经解冻的速冻食品及罐头样品，取可食部分均质至匀浆。

(2) 液态样品　将软饮料、调味品等样品摇匀。

2. 试样分析

(1) 称取试样2g～5g（准确度±0.0001g），置于50mL瓷坩埚中，加入5～10mL碳酸钠溶液，充分浸润试样，静置5min，置于101～105℃恒温干燥箱中将样品烘干，取出。

(2) 将烘干试样加热炭化至无烟，置于(550±25)℃马弗炉中灼烧40min，冷却至室温后取出，加入少量水研磨，将溶液及残渣全部转移至250mL烧杯中，并用水冲洗坩埚数次，合并洗液至烧杯中，烧杯中溶液总量约为150～200mL，煮沸5min后趁热用滤纸过滤至250mL碘量瓶中，备用。

(3) 在碘量瓶中加入2～3滴甲基橙溶液，用1mol/L硫酸溶液调至红色，加入5mL饱和溴水，加热煮沸至黄色消失。稍冷后加入5mL甲酸钠溶液，加热煮沸2min，用水浴冷却至30℃以下，再加入5mL 3mol/L硫酸溶液、5mL碘化钾溶液，盖上瓶盖避光放置10min，用硫代硫酸钠标准溶液滴定至溶液呈浅黄色，加入1mL淀粉溶液，继续滴定至蓝色恰好消失，同时做空白试验，分别记录消耗的硫代硫酸钠标准溶液体积。

四、数据记录

项目	1	2	3
相对极差/%			

五、数据处理

试样中碘的含量根据下面公式计算：

$$X=\frac{c(V-V_0)Mf}{2m\times10^{-3}}$$

式中　X——试样中碘的含量，mg/kg；

V——滴定样品溶液消耗硫代硫酸钠标准溶液的体积，mL；

V_0——滴定试剂空白消耗硫代硫酸钠标准溶液的体积，mL；

c——硫代硫酸钠标准溶液的浓度，mol/L；

M——I_2 的摩尔质量，253.8g/mol；

f——试样稀释倍数；

m——样品的质量，g；

计算结果保留三位有效数字。

精密度：在重复性条件下获得的两次独立测定结果的绝对差值不得超过算术平均值的10%。

【制订实施方案】

步骤	实施方案内容	任务分工
1		
2		
3		
4		
5		
6		
7		

【确定方案】

1. 分组讨论氧化还原滴定法测定食品中碘的过程，分组派代表阐述流程；
2. 师生共同讨论，选出最佳方案。

【实施方案】

1. 领取仪器并检查仪器是否完好；
2. 领取试剂并配制溶液；
3. 按照最佳方案完成任务；
4. 数据记录并处理。

【考核评价】

见32页综合评价表。

阅读材料

生物芯片技术

一、生物芯片简介及分类

生物芯片是指通过机器人自动印迹或光引导化学合成技术在硅片、玻璃、凝胶或尼龙膜上制造的生物分子微阵列。根据分子间的特异性相互作用的原理，将生命科学领域中不连续的分析过程集成于芯片表面，以实现对细胞、蛋白质、基因及其他生物组分的准确、快速、大信息量的检测。生物芯片主要特点是高通量、微型化和自动化。

生物芯片分为基因芯片、蛋白质芯片、细胞芯片、组织芯片。

二、基因芯片制作

1. 基因芯片技术的概念

将大量探针分子固定于支持物上，根据碱基互补配对原理，与标记的样品分子进行杂交，通过检测杂交信号的强度分布而获取样品中靶分子的数量和序列信息。

2. 基因芯片的基本原理

基因芯片的工作原理与经典的核酸分子杂交方法一致，应用已知核酸序列作为靶基因与互补的探针核苷酸序列杂交，通过随后的信号检测进行定性与定量分析。

3. 基因芯片的制备

包括样品的准备、样品核酸的标记、分子杂交和信号检测与结果分析等过程。

样品的准备包括样品的分离纯化（DNA、mRNA）、扩增（PCR、RT-PCR、固相PCR）、探针。已克隆的基因片段，PCR、RT-PCR扩增的基因片段，人工合成的DNA片段，单链、比链、DNA或RNA均可作为探针。

样品核酸的标记：荧光标记（常用Cy3、Cy5），生物素、放射性标记，通常是在待测样品的PCR扩增、逆转录或体外转录过程中实现对样品的标记，

分子杂交是指标记的样品与芯片上的探针进行杂交，产生检测信号的过程。与经典分子杂交的区别是杂交时间短，30分钟内完成，可同时平行检测许多基因序列。影响杂交反应的因素有靶分子的浓度、探针温度、靶分子和探针的序列组成、盐浓度、杂交温度和反应时间、DNA二级结构等。

信号检测与结果分析是指芯片经杂交反应后，各反应点形成强弱不同的光信号图像，用芯片扫描仪和相关软件加以分析，即可获得有关的生物信息。如果是用同位素标记靶基因，其后的信号检测即为放射自显影；若用荧光标记，则需要一套荧光扫描及分析系统，对相应探针阵列上的荧光强度进行分析比较，得到待测样品的相应信息。激光激发使含荧光标记的DNA片段发射荧光，激光扫描仪或激光共聚焦显微镜采集各杂交点的信号，软件进行图像分析和数据处理。

任务单元 4

食品中食品添加剂的分析

对食品添加剂的定义是：为改善食品的品质和色、香、味以及为防腐和加工工艺的需要而加入食品中的化学合成物质或天然物质。因此，添加剂是出于技术目的而有意识加到食品中的物质。它不包括食品中的污染物。当前食品添加剂已经进入到粮油、肉禽、果蔬加工等各个领域。如方便面中含有的 BHA（叔丁基羟基茴香醚）、BHT（二丁基羟基甲苯）抗氧化剂，味精、肌苷酸等风味剂，磷酸盐等品质改良剂；酱油中的防腐剂苯甲酸钠、食用色素；饮料中含有的酸味剂如柠檬酸，甜味剂如甜蜜素等。食品中添加剂的测定已成为食品分析中的重要内容。

食品添加剂的种类繁多，我国较为常用的有 300 多种。按来源分为天然食品添加剂和化学合成添加剂。按其功能和用途食品添加剂分为 22 类，它们是防腐剂、护色剂、抗氧化剂、着色剂、漂白剂、甜味剂、抗结剂、酸度调节剂、消泡剂、膨松剂、胶基糖果中基础剂物质、乳化剂、酶制剂、增味剂、面粉处理剂、被膜剂、水分保持剂、食品工业用加工助剂、稳定剂和凝固剂、增稠剂、食品用香料和其他。

任务 1
食品中苯甲酸（钠）的测定——高效液相色谱法

【任务描述】

苯甲酸俗称安息香酸，是最常用的防腐剂之一。因对其安全性尚有争议，此前已有苯甲酸引起叠加（蓄积）中毒的报道，有逐步被山梨酸盐类防腐剂取代的趋势。在我国由于山梨酸盐类防腐剂的价格比苯甲酸类防腐剂要贵很多，一般多用于出口食品或婴幼儿食品，普通酸性食品则以苯甲酸（钠）应用为主。

【学习目标】

1. 素质目标：具备实验室安全意识、“质量第一”的责任意识、团队合作意识、环保意识、良好的实验习惯及职业素养、严谨的思维方法、实事求是的工作作风。

2. 知识目标：掌握高效液相色谱法测定食品中苯甲酸（钠）的原理及计算。

3. 能力目标：能规范使用高效液相色谱仪、电子分析天平等分析仪器，能准确书写数据记录和检验报告。

【任务书】

任务要求：解读 GB 5009.28—2016《食品安全国家标准　食品中苯甲酸、山梨酸和糖精钠的测定》。

一、方法提要

高脂肪样品经正己烷脱脂，高蛋白样品经蛋白沉淀剂沉淀蛋白质，其他样品经水提取，采用液相色谱分离、紫外检测器检测，外标法定量。

该方法适用于食品中苯甲酸、山梨酸和糖精钠的测定。

二、仪器与试剂

1. 仪器、材料

（1）分析天平：准确度±0.0001g；

（2）高效液相色谱仪：配紫外检测器；

（3）涡旋振荡器；

（4）离心机：转速＞8000r/min；

（5）匀浆机；

（6）恒温水浴锅；

（7）超声波发生器；

（8）水相微孔滤膜：0.22μm；

（9）具塞离心管：50mL；

（10）容量瓶：10mL、50mL、100mL、1000mL；

（11）移液管：10mL。

2. 试剂及溶液

除非另有说明，本方法所用试剂均为分析纯，水为 GB/T 6682 规定的一级水。

（1）1%氨水溶液：取氨水 1mL，加到 99mL 水中，混匀。

（2）92g/L 亚铁氰化钾溶液：称取 92g 亚铁氰化钾，加入适量水溶解，用水定容至 1000mL。

（3）183g/L 乙酸锌溶液：称取 183g 乙酸锌溶于少量水中，加入 30mL 冰醋酸，用水定容至 1000mL。

（4）20mmol/L 乙酸铵溶液：称取 1.54g 乙酸铵，加入适量水溶解，用水定容至 1000mL，经 0.22μm 水相微孔滤膜过滤后备用。

（5）2mmol/L 甲酸-20mmol/L 乙酸铵溶液：称取 1.54g 乙酸铵，加入适量水溶解，再加入 75.2μL 甲酸，用水定容至 1000mL，经 0.22μm 水相微孔滤膜过滤后备用。

（6）无水乙醇。

（7）正己烷。

（8）甲醇：色谱纯。

3. 标准溶液配制

（1）1000.00mg/L 苯甲酸、山梨酸和糖精钠（以糖精计）标准储备溶液：分别准确称取苯甲酸钠、山梨酸钾和糖精钠 0.118g、0.134g 和 0.117g（准确度±0.0001g），用水溶解并分别定容至 100mL。于 4℃贮存，保存期为 6 个月。当使用苯甲酸和山梨酸标准品时，需要用甲醇溶解并定容。

注：糖精钠含结晶水，使用前需要在 120℃烘 4h，干燥器中冷却至室温后备用。

（2）200.00mg/L 苯甲酸、山梨酸和糖精钠（以糖精计）混合标准中间溶液：分别准确吸取苯甲酸、山梨酸和糖精钠标准储备溶液各 10.00mL 置于 50mL 容量瓶中，用水定容。于 4℃贮存，保存期为 3 个月。

（3）苯甲酸、山梨酸和糖精钠（以糖精计）混合标准系列工作溶液：分别准确吸取苯甲酸、山梨酸和糖精钠混合标准中间溶液 0.00mL、0.05mL、0.25mL、0.50mL、1.00mL、2.50mL、5.00mL 和 10.00mL，用水定容至 10mL，配制成质量浓度分别为 0.00mg/L、1.00mg/L、5.00mg/L、10.00mg/L、20.00mg/L、50.00mg/L、100.00mg/L 和 200.00mg/L 的混合标准系列工作溶液。临用现配。

三、测定过程

1. 样品的处理

（1）含胶基的果冻、糖果等试样的处理　准确称取约 2g（准确度±0.001g）试样于 50mL 具塞离心管中，加水约 25mL，涡旋混匀，于 70℃水浴加热溶解试样，于 50℃水浴超声 20min，冷却至室温后加亚铁氰化钾溶液 2mL 和乙酸锌溶液 2mL，混匀，于 8000r/min 离心 5min，将水相转移至 50mL 容量瓶中，于残渣中加水 20mL，涡旋混匀后超声 5min，于 8000r/min 离心 5min，将水相转移到同一 50mL 容量瓶中，并用水定容至刻度，混匀。取适量上清液过 0.22μm 水相微孔滤膜，待液相色谱测定。

（2）一般性试样　准确称取约 2g（准确度±0.001g）试样于 50mL 具塞离心管中，加水约 25mL，涡旋混匀，于 50℃水浴超声 20min，冷却至室温后加亚铁氰化钾溶液 2mL 和乙酸锌溶液 2mL，混匀，于 8000r/min 离心 5min，将水相转移至 50mL 容量瓶中，于残渣中加水 20mL，涡旋混匀后超声 5min，于 8000r/min 离心 5min，将水相转移到同一 50mL 容量瓶中，并用水定容至刻度，混匀。取适量上清液过 0.22μm 水相微孔滤膜，待液相色谱测定。

注：碳酸饮料、果酒、果汁、蒸馏酒等测定时可以不加蛋白沉淀剂。

（3）油脂、巧克力、奶油、油炸食品等高油脂试样　准确称取约 2g（准确度±0.001g）试样于 50mL 具塞离心管中，加正己烷 10mL，于 60℃水浴加热约 5min，并不时轻摇以溶解脂肪，然后加 25mL 1%氨水溶液、1mL 乙醇，涡旋混匀，于 50℃水浴超声 20min，冷却至室温后，加亚铁氰化钾溶液 2mL 和乙酸锌溶液 2mL，混匀，于 8000r/min 离心 5min，弃去有机相，将水相转移至 50mL 容量瓶中。于残渣中加水 20mL，涡旋混匀后超声 5min，于 8000r/min 离心 5min，将水相转移到同一 50mL 容量瓶中，并用水定容至刻度，混匀。取适量上清液过 0.22μm 水相微孔滤膜，待液相色谱测定。再提取一次后测定。

2. 仪器参考条件

（1）色谱柱：C_{18} 柱，柱长 250mm，内径 4.6mm，粒径 5μm，或等效色谱柱。

（2）流动相：甲醇-乙酸铵溶液（5+95）。

（3）流速：1mL/min。

（4）检测波长：230nm。

（5）进样量：10μL。

注：当存在干扰峰或需要辅助定性时，可以采用加入甲酸的流动相来测定，如甲醇＋甲酸-乙酸铵溶液（8＋92）。液相色谱图见图 6-1。

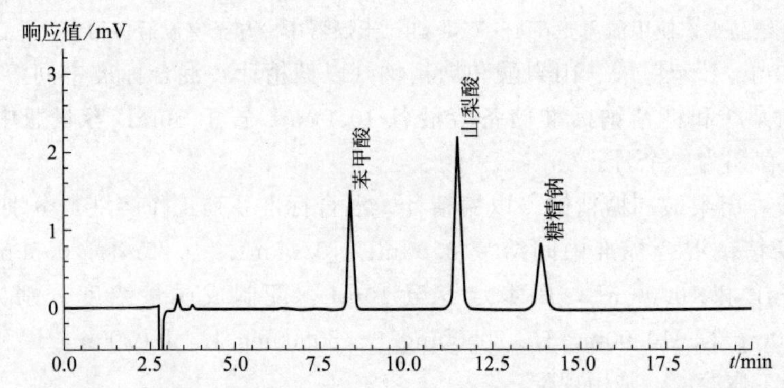

图 6-1　1mg/L 苯甲酸、山梨酸和糖精钠标准溶液液相色谱图［流动相：甲醇-乙酸铵溶液（5＋95）］

3. 标准曲线的制作

将混合标准系列工作溶液分别注入高效液相色谱仪中，测定相应的峰面积，以混合标准系列工作溶液的质量浓度为横坐标，以峰面积为纵坐标，绘制标准曲线。

4. 试样溶液的测定

将试样溶液注入高效液相色谱仪中，得到峰面积，根据标准曲线得到待测液中苯甲酸、山梨酸和糖精钠（以糖精计）的质量浓度。

四、数据记录

项目	1	2	3
相对极差/%			

五、数据处理

试样中苯甲酸、山梨酸和糖精钠（以糖精计）的含量根据下面公式计算：

$$X=\frac{\rho V}{m}$$

式中　X——试样中待测组分含量，mg/kg；

ρ——由标准曲线得出的试样溶液中待测物的质量浓度，mg/L；

V——试样溶液定容体积，mL；

m——试样质量，g；

计算结果保留三位有效数字。

精密度：在重复性条件下获得的两次独立测定结果的绝对差值不得超过算术平均值的10%。

【制订实施方案】

步骤	实施方案内容	任务分工
1		
2		
3		
4		
5		
6		
7		

【确定方案】

1. 分组讨论高效液相色谱法测定食品中苯甲酸（钠）的过程，并分组派代表阐述流程；
2. 师生共同讨论，选出最佳方案。

【实施方案】

1. 领取仪器并检查仪器是否完好；
2. 领取试剂并配制溶液；
3. 按照最佳方案完成任务；
4. 数据记录并处理。

【考核评价】

见32页综合评价表。

任务2
食品中亚硝酸盐的测定——分光光度法

【任务描述】

亚硝酸盐毒性较强，摄入量大可使亚铁血红蛋白（二价铁）变成高铁血红蛋白（三价铁），失去输氧能力，引起肠还原性青紫症。尤其是亚硝酸盐可与胺类物质生成强致癌物亚硝胺。各国都在保证安全和产品质量的前提下严格控制其使用。我国目前批准使用的护色剂有硝酸钠（钾）和亚硝酸钠（钾），常用于香肠、火腿、午餐肉罐头等中。

【学习目标】

1. 素质目标：具备实验室安全意识、“质量第一”的责任意识、团队合作意识、环保意识、良好的实验习惯及职业素养、严谨的思维方法、实事求是的工作作风。

2. 知识目标：掌握分光光度法测定食品中亚硝酸盐的原理及计算。

3. 能力目标：能规范使用分光光度计、电子分析天平等分析仪器，能准确书写数据记录和检验报告。

【任务书】

任务要求：解读 GB 5009.33—2016《食品安全国家标准　食品中亚硝酸盐与硝酸盐的测定》。

一、方法提要

试样经沉淀蛋白质、除去脂肪后，在弱酸条件下，亚硝酸盐与对氨基苯磺酸重氮化后，再与盐酸萘乙二胺偶合形成紫红色染料，外标法测得亚硝酸盐含量。

该方法适用于食品中亚硝酸盐和硝酸盐的测定。

二、仪器与试剂

1. 仪器、材料

（1）分析天平：准确度±0.0001g；

（2）分光光度计；

（3）小型绞肉机；

（4）水浴锅；

（5）容量瓶：100mL、500mL、1000mL；

（6）移液管：10mL；

（7）具塞比色管：50mL；

（8）具塞锥形瓶：150mL、250mL。

2. 试剂及溶液

除非另有说明，本方法所用试剂均为分析纯，水为 GB/T 6682 规定的一级水。

（1）106g/L 亚铁氰化钾溶液：称取 106.0g 亚铁氰化钾用水溶解，并稀释至 1000mL。

（2）220g/L 乙酸锌溶液：称取 220.0g 乙酸锌，加 30mL 冰醋酸溶解，用水稀释至 1000mL。

（3）50g/L 饱和硼砂溶液：称取 5.0g 硼酸钠，溶于 100mL 热水中，冷却后备用。

（4）4g/L 对氨基苯磺酸溶液：称取 0.4g 对氨基苯磺酸，溶于 100mL 20%盐酸中，置于棕色瓶中混匀，避光保存。

（5）2g/L 盐酸萘乙二胺溶液：称取 0.2g 盐酸萘乙二胺，溶解于 100mL 水中，混匀后，置于棕色瓶中，避光保存。

（6）200.00μg/mL 亚硝酸钠标准储备溶液：准确称取 0.1000g 于 110～120℃干燥恒重的亚硝酸钠，加水溶解并移入 500mL 容量瓶中，加水稀释至刻度，混匀。

（7）5.00μg/mL 亚硝酸钠标准使用液：临用前，吸取 2.50mL 亚硝酸钠标准储备溶液，置于 100mL 容量瓶中，加水稀释至刻度。

三、测定过程

1. 试样的处理

（1）蔬菜、水果　将新鲜蔬菜、水果试样用自来水洗净后，用去离子水或蒸馏水冲洗，晾干后，取可食部分切碎混匀。将切碎的样品用四分法取适量，用食物粉碎机制成匀浆，备用。如需要加水应记录加水量。

（2）粮食及其他植物样品　除去可见杂质后，取有代表性的试样 50～100g，粉碎后，过 0.30mm 孔筛，混匀，备用。

（3）肉类、蛋、水产及其制品　用四分法取适量或取全部，用食物粉碎机制成匀浆，备用。

（4）乳粉、豆奶粉、婴儿配方奶粉等固态乳制品（不包括干酪）　将试样装入能够容纳 2 倍试样体积的带盖容器中，通过反复摇晃和颠倒容器使样品充分混匀直到均一化。

（5）发酵乳、乳、炼乳及其他液体乳制品　通过搅拌或反复摇晃和颠倒容器使试样充分混匀。

（6）干酪　取适量的样品研磨成均匀的泥浆状。为避免水分损失，研磨过程中应避免产生过多的热量。

2. 亚硝酸盐的提取

（1）干酪　称取试样 2.5g（准确度±0.0001g），置于 150mL 具塞锥形瓶中，加水 80mL，摇匀，超声 30min，取出放置至室温，定量转移至 100mL 容量瓶中，加入 2mL 3% 乙酸溶液，加水稀释至刻度，混匀。于 4℃放置 20min，取出放置至室温，溶液经滤纸过滤，滤液备用。

（2）液体乳样品　称取试样 90g（准确度±0.0001g），置于 250mL 具塞锥形瓶中，加 12.5mL 饱和硼砂溶液，加入 70℃左右的水约 60mL，混匀，于沸水浴中加热 15min，取出置冷水浴中冷却，并放置至室温。定量转移上述提取液至 200mL 容量瓶中，加入 5mL 106g/L 亚铁氰化钾溶液，摇匀，再加入 5mL 220g/L 乙酸锌溶液，以沉淀蛋白质。加水至刻度，摇匀，放置 30min，除去上层脂肪，上清液用滤纸过滤，滤液备用。

（3）乳粉　称取试样 10g（准确度±0.0001g），置于 150mL 具塞锥形瓶中，加 12.5mL 50g/L 饱和硼砂溶液，加入 70℃左右的水约 150mL，混匀，于沸水浴中加热 15min，取出置冷水浴中冷却，并放置至室温。定量转移上述提取液至 200mL 容量瓶中，加入 5mL 106g/L 亚铁氰化钾溶液，摇匀，再加入 5mL 220g/L 乙酸锌溶液，以沉淀蛋白质。加水至刻度，摇匀，放置 30min，除去上层脂肪，上清液用滤纸过滤，弃去初滤液 30mL，滤液备用。

（4）其他样品　称取 5g（准确度±0.0001g）匀浆试样（如制备过程中加水，应按加水量折算），置于 250mL 具塞锥形瓶中，加 12.5mL50g/L 饱和硼砂溶液，加入 70℃左右的水约 150mL，混匀，于沸水浴中加热 15min，取出置冷水浴中冷却，并放置至室温。定量转移上述提取液至 200mL 容量瓶中，加入 5mL 106g/L 亚铁氰化钾溶液，摇匀，再加入 5mL 220g/L 乙酸锌溶液，以沉淀蛋白质。加水至刻度，摇匀，放置 30min，除去上层脂肪，上清液用滤纸过滤，弃去初滤液 30mL，滤液备用。

3. 绘制标准曲线

吸取 0.00mL、0.20mL、0.40mL、0.60mL、0.80mL、1.00mL、1.50mL、2.00mL、2.50mL 亚硝酸钠标准使用液（相当于 0.00μg、1.00μg、2.00μg、3.00μg、4.00μg、5.00μg、7.50μg、10.00μg、12.50μg 亚硝酸钠），分别置于 50mL 带塞比色管中，分别加入 2mL 4g/L 对氨基苯磺酸溶液，混匀，静置 3～5min 后各加入 1mL 2g/L 盐酸萘乙二胺溶液，加水至刻度，混匀，静置 15min，用 1cm 比色皿，以零管液调节零点，于波长 538nm 处测吸光度，绘制标准曲线。

4. 亚硝酸钠的测定

吸取 10～20mL 还原后的样品溶液于 50mL 带塞比色管中。于带塞比色管中分别加入 2mL 4g/L 对氨基苯磺酸溶液，混匀，静置 3～5min 后各加入 1mL 2g/L 盐酸萘乙二胺溶液，加水至刻度，混匀，静置 15min，用 1cm 比色皿，以零管液调节零点，于波长 538nm 处测吸光度。

四、数据记录

项目	1	2	3
相对极差/%			

五、数据处理

$$X=\frac{m_1}{m\times\frac{V_1}{V_0}}$$

式中　X——试样中亚硝酸钠的含量，mg/kg；

m_1——测定用样品溶液中亚硝酸钠的质量，μg；

m——试样质量，g；

V_1——测定用样品溶液体积，mL；

V_0——试样处理液总体积，mL。

计算结果保留两位有效数字。

精密度：在重复性条件下获得的两次独立测定结果的绝对差值不得超过算术平均值的 10%。

【制订实施方案】

步骤	实施方案内容	任务分工
1		
2		
3		
4		
5		
6		
7		

【确定方案】

1. 分组讨论分光光度法测定食品中亚硝酸盐的过程，并分组派代表阐述流程；
2. 师生共同讨论，选出最佳方案。

【实施方案】

1. 领取仪器并检查仪器是否完好；
2. 领取试剂并配制溶液；
3. 按照最佳方案完成任务；
4. 数据记录并处理。

【考核评价】

见 32 页综合评价表。

任务 3
食品中抗氧化剂的测定——高效液相色谱法

【任务描述】

含油脂的食品在储存过程中，会发生化学、生物变化，尤其是氧化反应，即在酶或某些金属的催化作用下，食品中所含易于氧化的成分与空气中的氧反应，生成醛、酮、醛酸、酮酸等一系列物质。为防止或延缓食品成分的氧化变质，在其加工过程中要加入适量的抗氧化剂保护食品的质量。抗氧化剂按溶解性分为油溶性与水溶性两类：油溶性的如没食子酸丙酯(PG)、2,4,5-三羟基苯丁酮（THBP)、叔丁基对苯二酚（TBHQ)、去甲二氢愈创木酸(NDGA)、丁基羟基茴香醚（BHA)、2,6-二丁基羟基甲苯（BHT)、2,6-二叔丁基 4-羟甲基苯酚（Ionox-100)、没食子酸辛酯（OG)、没食子酸十二酯（DG）等，水溶性的有异抗坏血酸及其盐类等。

【学习目标】

1. 素质目标：具备实验室安全意识、“质量第一”的责任意识、团队合作意识、环保意识、良好的实验习惯及职业素养、严谨的思维方法、实事求是的工作作风。

2. 知识目标：掌握高效液相色谱法测定食品中抗氧化剂的原理及计算。

3. 能力目标：能规范使用高效液相色谱仪、电子分析天平等分析仪器，能准确书写数据记录和检验报告。

【任务书】

任务要求：解读 GB 5009.32—2016《食品安全国家标准　食品中 9 种抗氧化剂的测定》。

一、方法提要

油脂样品经有机溶剂溶解后，使用凝胶渗透色谱（GPC）净化；固体类食品样品用正已烷溶解，乙腈提取，固相萃取柱净化。用高效液相色谱法测定，外标法定量。

高效液相色谱法适用于食品中 PG、THBP、TBHQ、NDGA、BHA、BHT、Ionox-100、OG、DG 的测定。

二、仪器与试剂

1. 仪器、材料

(1) 分析天平：准确度±0.0001g；

(2) 离心机：转速≥3000r/min；

(3) 旋转蒸发仪；

(4) 高效液相色谱仪；

(5) 凝胶渗透色谱仪；

(6) 涡旋振荡器；

(7) C_{18} 固相萃取柱：2000mg/12mL；

(8) 有机系滤膜：孔径为 0.22μm；

(9) 容量瓶：10mL、100mL；

(10) 移液管：10mL。

2. 试剂及溶液

除非另有说明，本方法所用试剂均为分析纯，水为 GB/T 6682 规定的一级水。

(1) 乙酸乙酯和环已烷混合溶液（1+1）：取 50mL 乙酸乙酯和 50mL 环已烷混匀。

(2) 乙腈和甲醇混合溶液（2+1）：取 100mL 乙腈和 50mL 甲醇混合。

(3) 饱和氯化钠溶液：向水中加入氯化钠至饱和。

(4) 0.1%甲酸溶液：取 0.1mL 甲酸移入 100mL 容量瓶，定容至刻度。

(5) 1000.00mg/L 抗氧化剂标准物质混合储备液：准确称取 0.1g（准确度±0.0001g）固体抗氧化剂标准物质，用乙腈溶于 100mL 棕色容量瓶中，定容至刻度，0～4℃避光保存。

(6) 抗氧化剂混合标准使用液：移取适量体积的浓度为 1000.00mg/L 的抗氧化剂标准物质混合储备液分别稀释至浓度为 20.00mg/L、50.00mg/L、100.00mg/L、200.00mg/L、

400.00mg/L 的混合标准使用液。

三、测定过程

1. 试样处理

（1）将固体或半固体样品粉碎混匀，取有代表性试样，密封保存；将液体样品混合均匀，取有代表性试样，密封保存。

（2）提取

① 固体类样品　称取 1g（准确度±0.0001g）试样于 50mL 离心管中，加入 5mL 乙腈饱和的正己烷溶液，涡旋 1min 充分混匀，浸泡 10min。加入 5mL 饱和氯化钠溶液，用 5mL 正己烷饱和的乙腈溶液涡旋 2min，以 3000r/min 离心 5min，收集乙腈层于试管中，再重复使用 5mL 正己烷饱和的乙腈溶液提取 2 次，合并 3 次提取液，加入 0.1%甲酸溶液调节 pH=4，待净化。同时制备空白溶液。

② 油类　称取 1g（准确度±0.0001g）试样于 50mL 离心管中，加入 5mL 乙腈饱和的正己烷溶液溶解样品，涡旋 1min，静置 10min，用 5mL 正己烷饱和的乙腈溶液涡旋提取 2min，以 3000r/min 离心 5min，收集乙腈层于试管中，再重复使用 5mL 正己烷饱和的乙腈溶液提取 2 次，合并 3 次提取液，待净化。同时制备空白溶液。

（3）净化　在 C_{18} 固相萃取柱中装入约 2g 的无水硫酸钠，用 5mL 甲醇活化萃取柱，再以 5mL 乙腈平衡萃取柱，弃去流出液。将所有提取液倾入柱中，弃去流出液，再以 5mL 乙腈和甲醇混合溶液洗脱，收集所有洗脱液于试管中，40℃下旋转蒸发至干，加入 2mL 乙腈定容，过 0.22μm 有机系滤膜，供液相色谱仪测定。

（4）凝胶渗透色谱法（纯油类样品可选）　称取样品 10g（准确度±0.0001g）于 100mL 容量瓶中，以乙酸乙酯和环己烷混合溶液定容至刻度，作为母液；取 5mL 母液于 10mL 容量瓶中，以乙酸乙酯和环己烷混合溶液定容至刻度，待净化。取 10mL 待测液加入凝胶渗透色谱（GPC）进样管中，使用 GPC 净化，收集流出液，40℃下旋转蒸发至干，加入 2mL 乙腈定容，过 0.22μm 有机系滤膜，供液相色谱仪测定。同时制备空白溶液。

2. 液相色谱仪条件

（1）色谱柱：C_{18} 柱，柱长 250mm，内径 4.6mm，粒径为 5μm，或等效色谱柱。

（2）流动相 A：0.5%甲酸水溶液；流动相 B：甲醇。

（3）洗脱梯度：0～5min，流动相 A 为 50%；5～15min，流动相 A 从 50%降至 20%；15～20min，流动相 A 为 20%；20～25min，流动相 A 从 20%降至 10%；25～27min，流动相 A 从 10%增至 50%；27～30min，流动相 A 为 50%。

（4）柱温：35℃。

（5）进样量：5μL。

（6）检测波长：280nm。

3. 标准曲线的制作

将系列浓度的混合标准使用液分别注入高效液相色谱仪中，测定相应的响应值，以混合标准使用液的浓度为横坐标，以响应值（如：峰面积、峰高、吸收值等）为纵坐标，绘制标准曲线。9 种抗氧化剂液相色谱图见图 6-2。

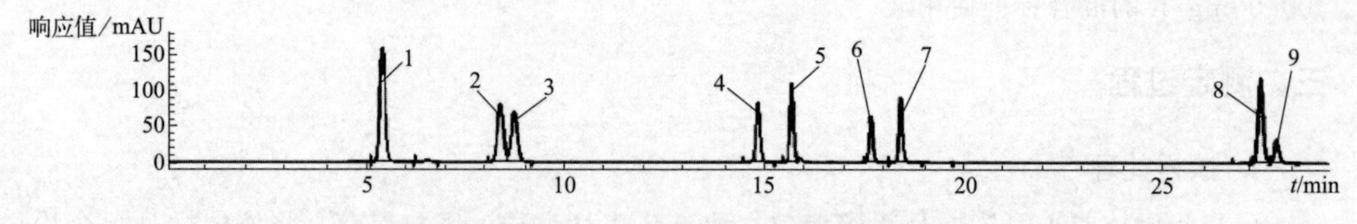

图 6-2　食品中 9 种抗氧化剂标准液相色谱图

1—PG；2—THBP；3—TBHQ；4—NDGA；5—BHA；6—Ionox-100；7—OG；8—BHT；9—DG

4. 试样溶液的测定

将试样溶液注入高效液相色谱仪中，得到相应色谱峰的响应值，根据标准曲线得到待测液中抗氧化剂的浓度。

四、数据记录

项目	1	2	3
相对极差/%			

五、数据处理

试样中抗氧化剂含量根据下面公式计算：

$$X_i=\rho_i\times\frac{V}{m}$$

式中　X_i——试样中抗氧化剂含量，mg/kg；

ρ_i——从标准曲线上得到的抗氧化剂的浓度，μg/mL；

V——样品溶液最终定容体积，mL；

m——称取的试样质量，g。

计算结果保留三位有效数字（或保留到小数点后两位）。

精密度：在重复性条件下获得的两次独立测定结果的绝对差值不得超过算术平均值的 10%。

【制订实施方案】

步骤	实施方案内容	任务分工
1		
2		
3		
4		
5		
6		
7		

【确定方案】

1. 分组讨论高效液相色谱法测定食品中抗氧化剂的过程，分组派代表阐述流程；
2. 师生共同讨论，选出最佳方案。

【实施方案】

1. 领取仪器并检查仪器是否完好；
2. 领取试剂并配制溶液；
3. 按照最佳方案完成任务；
4. 数据记录并处理。

【考核评价】

见 32 页综合评价表。

任务 4 食品中合成着色剂的测定——高效液相色谱法

【任务描述】

着色剂是使食品着色和改善食品色泽的物质，或称食用色素。食用色素按其来源可分为食用天然色素和食用合成色素两大类。食用合成色素因其着色力强、易于调色、在食品加工过程中稳定性能好和价格低廉等优点，在食用色素中占主要地位。食用合成色素多以煤焦油为起始原料，且在合成过程中可能受铅、砷等有害物质污染。我国许可使用的合成色素有苋菜红、胭脂红、诱惑红、新红、柠檬黄、日落黄、靛蓝、亮蓝、赤藓红 9 种。

【学习目标】

1. 素质目标：具备实验室安全意识、“质量第一”的责任意识、团队合作意识、环保意识、良好的实验习惯及职业素养、严谨的思维方法、实事求是的工作作风。

2. 知识目标：掌握高效液相色谱法测定食品中合成着色剂的原理及计算。

3. 能力目标：能规范使用高效液相色谱仪、电子分析天平等分析仪器，能准确书写数据记录和检验报告。

【任务书】

任务要求：解读 GB 5009.35—2023《食品安全国家标准　食品中合成着色剂的测定》。

一、方法提要

食品中人工合成着色剂用聚酰胺吸附法或液-液分配法提取，制成水溶液，注入高效液相色谱仪，经反相色谱分离，根据保留时间定性和与峰面积比较进行定量。

该方法适用于饮料、配制酒、硬糖、蜜饯、淀粉软糖、巧克力豆及着色糖衣制品中合成着色剂（不含铝色淀）的测定。

二、仪器与试剂

1. 仪器、材料

（1）分析天平：准确度±0.0001g；

（2）高效液相色谱仪，带二极管阵列或紫外检测器；

（3）恒温水浴锅；

（4）G_3 垂融漏斗；

（5）有机系滤膜：孔径为 0.22μm；

（6）容量瓶：5mL、100mL；

（7）移液管：10mL；

（8）分液漏斗：25mL。

2. 试剂及溶液

除非另有说明，本方法所用试剂均为分析纯，水为 GB/T 6682 规定的一级水。

（1）0.02mol/L 乙酸铵溶液：称取 1.54g 乙酸铵，加水至 1000mL，溶解，经 0.45μm 微孔滤膜过滤。

（2）氨水溶液（2+98）：量取氨水 2mL，加水至 100mL，混匀。

（3）甲醇-甲酸溶液（6+4）：量取甲醇 60mL、甲酸 40mL，混匀。

（4）200g/L 柠檬酸溶液：称取 20g 柠檬酸，加水至 100mL，溶解混匀。

（5）无水乙醇-氨水-水混合溶液（7+2+1）：量取无水乙醇 70mL、氨水溶液 20mL、水 10mL，混匀。

（6）5%三正辛胺-正丁醇溶液：量取三正辛胺 5mL，加正丁醇至 100mL，混匀。

（7）饱和硫酸钠溶液。

（8）pH=6 的柠檬酸溶液：水中加入柠檬酸溶液调节至 pH=6。

（9）pH=4 的柠檬酸溶液：水中加入柠檬酸溶液调节至 pH=4。

（10）1.00mg/mL 合成着色剂标准储备液：准确称取按其纯度折算为 100%质量的柠檬黄、日落黄、苋菜红、胭脂红、新红、赤藓红、亮蓝各 0.1g（准确度±0.0001g），置于 100mL 容量瓶中，加入 pH=6 的柠檬酸溶液到刻度。

（11）50.00μg/mL 合成着色剂标准使用液：临用时将标准储备液加水稀释 20 倍，经 0.45μm 微孔滤膜过滤。

三、测定过程

1. 试样制备

（1）果汁饮料及果汁、果味碳酸饮料等：称取 20.0～40.0g（准确度±0.0001g），放入 100mL 烧杯中。对含二氧化碳样品加热驱赶二氧化碳。

（2）配制酒类：称取 20.0～40.0g（准确度±0.0001g），放入 100mL 烧杯中，加入小碎瓷片数片，加热驱除乙醇。

(3) 硬糖、蜜饯类、淀粉软糖等：称取 5.00～10.00g 粉碎样品，放入 100mL 小烧杯中，加水 30mL，温热溶解，若样品溶液 pH 较高，用柠檬酸溶液调 pH 到 6 左右。

(4) 巧克力豆及着色糖衣制品：称取 5.00～10.00g，放入 100mL 小烧杯中，用水反复洗涤色素，到试样无色素为止，合并色素漂洗液为样品溶液。

2. 色素提取

(1) 聚酰胺吸附法　将样品溶液加柠檬酸溶液调 pH=6，加热至 60℃，将 1g 聚酰胺粉加少许水调成粥状，倒入样品溶液中，搅拌片刻，以 G_3 垂融漏斗抽滤，用 60℃ pH=4 的柠檬酸溶液洗涤 3～5 次，然后用甲醇-甲酸混合溶液洗涤 3～5 次，再用水洗至中性，用乙醇-氨水-水混合溶液解吸 3～5 次，直至色素完全解吸，收集解吸液，加乙酸中和，蒸发至接近干燥，加水溶解，定容至 5mL。经 0.45μm 微孔滤膜过滤，用高效液相色谱仪分析。

(2) 液-液分配法（适用于含赤藓红的样品）　将制备好的样品溶液放入分液漏斗中，加入 2mL 盐酸、5%三正辛胺-正丁醇溶液 10～20mL，振摇提取，分取有机相，重复提取，直至有机相无色，合并有机相，用饱和硫酸钠溶液洗涤 2 次，每次 10mL，分取有机相，放蒸发皿中，水浴加热浓缩至 10mL，转移至分液漏斗中，加入 10mL 正己烷，混匀，加氨水溶液提取 2～3 次，每次 5mL，合并氨水溶液层（含水溶性酸性色素），用正己烷洗涤 2 次，将氨水层加乙酸调成中性，水浴加热蒸发至接近干燥，加水定容至 5mL。经 0.45μm 微孔滤膜过滤，注入高效液相色谱仪分析。

3. 仪器参考条件

(1) 色谱柱：C_{18} 柱，4.6mm×250mm，5μm。

(2) 进样量：10μL。

(3) 柱温：35℃。

(4) 二极管阵列检测器波长范围在 400～800nm，或紫外检测器检测波长为 254nm。

(5) 流动相 A：0.02mol/L 乙酸铵溶液；流动相 B：甲醇。

(6) 洗脱梯度：0～3min，流动相 A 从 95%降至 65%；3～10min，流动相 A 从 65%降至 0%；10～21min，流动相 A 从 0%升至 95%。

4. 测定

将样品提取液和合成着色剂标准使用液分别注入高效液相色谱仪，根据保留时间定性，外标峰面积法定量。着色剂标准色谱图，见图 6-3。

四、数据记录

项目	1	2	3
相对极差/%			

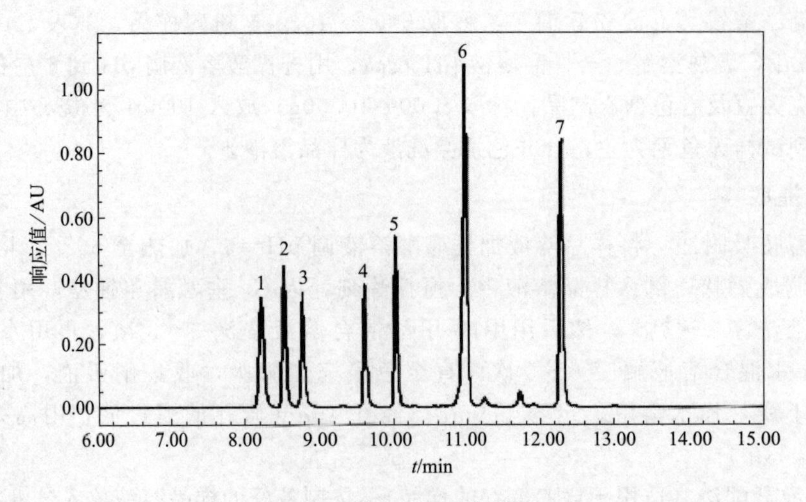

图 6-3　着色剂标准色谱图

1—柠檬黄；2—新红；3—苋菜红；4—胭脂红；5—日落黄；6—亮蓝；7—赤藓红

五、数据处理

试样中着色剂含量根据下面公式计算：

$$X=\frac{cV\times 10^{-3}}{m}$$

式中　X——试样中着色剂的含量，g/kg；

c——样品溶液中着色剂的浓度，μg/mL；

V——试样稀释总体积，mL；

m——试样质量，g。

计算结果保留两位有效数字。

精密度：在重复性条件下获得的两次独立测定结果的绝对差值不得超过算术平均值的 10%。

【制订实施方案】

步骤	实施方案内容	任务分工
1		
2		
3		
4		
5		
6		
7		

【确定方案】

1. 分组讨论高效液相色谱法测定食品中合成着色剂的过程，分组派代表阐述流程；

2. 师生共同讨论，选出最佳方案。

【实施方案】

1. 领取仪器并检查仪器是否完好；
2. 领取试剂并配制溶液；
3. 按照最佳方案完成任务；
4. 数据记录并处理。

【考核评价】

见32页综合评价表。

任务5 食品中漂白剂二氧化硫的测定——酸碱滴定法

【任务描述】

利用酸碱滴定法测定食品中二氧化硫含量是否达到标准，进而评价产品的质量。

【学习目标】

1. 素质目标：具备实验室安全意识、“质量第一”的责任意识、团队合作意识、环保意识、良好的实验习惯及职业素养、严谨的思维方法、实事求是的工作作风。

2. 知识目标：掌握酸碱滴定法测定食品中二氧化硫的原理及计算。

3. 能力目标：能规范使用蒸馏装置、电子分析天平等分析仪器，能准确书写数据记录和检验报告。

【任务书】

任务要求：解读GB 5009.34—2022《食品安全国家标准　食品中二氧化硫的测定》。

一、方法提要

采用充氮蒸馏法处理试样，试样酸化后在加热条件下亚硫酸盐等系列物质释放二氧化硫，用过氧化氢溶液吸收蒸馏物，二氧化硫溶于吸收液被氧化成硫酸，采用氢氧化钠标准溶液滴定，根据氢氧化钠标准溶液消耗量计算试样中二氧化硫的含量。

该方法（酸碱滴定法）适用于食品中二氧化硫的测定。

二、仪器与试剂

1. 仪器、材料

（1）分析天平：准确度±0.0001g；

（2）半微量滴定管：10mL；

（3）滴定管：25mL；

（4）粉碎机；

（5）组织捣碎机；

（6）容量瓶：100mL、1000mL；

（7）玻璃充氮蒸馏器：500mL 或 1000mL，另配电热套、氮气源及气体流量计，或等效的蒸馏设备，装置原理图见图 6-4。

2. 试剂及溶液

除非另有说明，本方法所用试剂均为分析纯，水为 GB/T 6682 规定的三级水。

（1）3%过氧化氢溶液：量取质量分数为 30% 的过氧化氢 100mL，加水稀释至 1000mL。临用时现配。

（2）6mol/L 盐酸溶液：量取盐酸（ρ_{20} =1.19g/mL）50mL，缓缓倾入 50mL 水中，边加边搅拌。

（3）2.5g/L 甲基红乙醇溶液指示剂：称取甲基红指示剂 0.25g，溶于 100mL 无水乙醇中。

（4）0.1mol/L 氢氧化钠标准溶液：按照 GB/T 601 配制并标定，或经国家认证并授予标准物质证书的标准滴定溶液。

（5）0.01mol/L 氢氧化钠标准溶液：移取 0.1mol/L 氢氧化钠标准溶液 10.00mL 于 100mL 容量瓶中，加入无二氧化碳的水稀释至刻度。

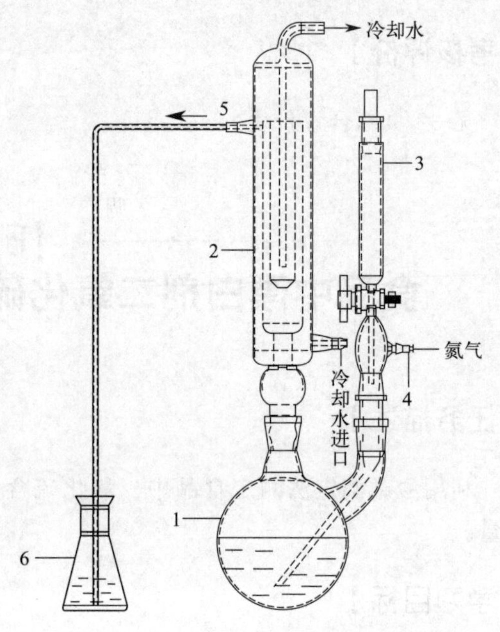

图 6-4 酸碱滴定法蒸馏仪器装置原理图

1—圆底烧瓶；2—竖式回流冷凝管；3—（带刻度）分液漏斗；4—连接氮气流入口；5—SO_2 导气口；6—接收瓶

三、测定过程

1. 试样前处理

（1）液体试样　对于啤酒、葡萄酒、果酒、其他发酵酒、配制酒、饮料类试样，采样量应大于 1L，对于袋装、瓶装等包装试样需要采集至少 3 个包装（同一批次或批号），将所有液体在一个容器中混合均匀后，密闭并标识，供检测用。

（2）固体试样　对于粮食加工品、固体调味品、饼干、薯类食品、糖果制品（含巧克力及其制品）、代用茶、酱腌菜、蔬菜干制品、食用菌制品、其他蔬菜制品、蜜饯、水果干制品、炒货食品及坚果制品（烘炒类、油炸类、其他类）、食糖、干制水产品、熟制动物性水产制品、食用淀粉、淀粉制品、淀粉糖、非发酵性豆制品、蔬菜、水果、海水制品、生干坚果与籽类食品等试样，采样量应大于 600g，根据具体产品的不同性质和特点，直接取样，充分混合均匀，或者将可食用的部分，采用粉碎机等合适的粉碎手段进行粉碎，充分混合均匀，贮存于洁净盛样袋内，密闭并标识，供检测用。

(3) 半流体试样　对于袋装、瓶装等包装试样需要采取至少3个包装（同一批次或批号），对于酱、果蔬罐头及其他半流体试样，采样量均应大于600g，采用组织捣碎机捣碎混匀后，贮存于洁净盛样袋内，密闭并标识，供检测用。

2. 试样测定

取固体或半流体试样20～100g（准确度±0.0001g），取样量可视含量高低而定；取液体试样20～200mL（g）。将称量好的试样置于图6-4中圆底烧瓶中，加入水200～500mL。安装好装置后，打开回流冷凝管开关给水（冷凝水温度<15℃），将冷凝管的上端SO_2导气口处连接的玻璃导管置于100mL锥形瓶底部。锥形瓶内加入3%过氧化氢溶液50mL作为吸收液（玻璃导管的末端应在吸收液液面以下）。取一定量吸收液加入3滴2.5g/L甲基红乙醇溶液指示剂，并用0.01mol/L氢氧化钠标准溶液滴定至黄色即为终点（如果超过终点，则应舍弃该吸收液）。开通氮气，调节气体流量计至1.0～2.0L/min；打开分液漏斗的活塞，使10mL 6mol/L盐酸快速流入圆底烧瓶，立刻加热烧瓶内的溶液至沸，并保持微沸1.5h，停止加热。将吸收液放冷后摇匀，用0.01mol/L氢氧化钠标准溶液滴定至黄色且20s不褪，并同时进行空白试验。

四、数据记录

项目	1	2	3
相对极差/%			

五、数据处理

试样中二氧化硫含量根据下面公式计算：

$$X=\frac{(V-V_0)cM}{2m\times10^{-3}}$$

式中　X——试样中二氧化硫含量（以SO_2计），mg/kg或mg/L；

V——试样溶液消耗氢氧化钠标准溶液的体积，mL；

V_0——空白溶液消耗氢氧化钠标准溶液的体积，mL；

c——氢氧化钠标准溶液的浓度，mol/L；

M——二氧化硫的摩尔质量，g/mol；

m——试样的质量或体积，g或mL。

计算结果保留两位有效数字。

精密度：在重复性条件下获得的两次独立测定结果的绝对差值不得超过算术平均值的10%。

【制订实施方案】

步骤	实施方案内容	任务分工
1		
2		
3		
4		
5		
6		
7		

【确定方案】

1. 分组讨论酸碱滴定法测定食品中二氧化硫的过程，并分组派代表阐述流程；
2. 师生共同讨论，选出最佳方案。

【实施方案】

1. 领取仪器并检查仪器是否完好；
2. 领取试剂并配制溶液；
3. 按照最佳方案完成任务；
4. 数据记录并处理。

【考核评价】

见 32 页综合评价表。

任务 6
食品中甜味剂环己基氨基磺酸钠（又名甜蜜素）的测定——液相色谱法

【任务描述】

测定食品中环己基氨基磺酸钠（又名甜蜜素）的含量是否满足国家技术标准的要求，进而评价产品的质量。

【学习目标】

1. 素质目标：具备实验室安全意识、“质量第一”的责任意识、团队合作意识、环保意

识、良好的实验习惯及职业素养、严谨的思维方法、实事求是的工作作风。

2. 知识目标：掌握液相色谱法测定食品中环己基氨基磺酸钠（又名甜蜜素）的原理。

3. 能力目标：能规范使用液相色谱仪、电子分析天平等分析仪器，能准确书写数据记录和检验报告。

【任务书】

任务要求： 解读 GB 5009.97—2023《食品安全国家标准　食品中环己基氨基磺酸钠的测定》。

一、方法提要

食品中的环己基氨基磺酸钠用水提取后，在强酸性溶液中与次氯酸钠反应，生成 *N*,*N*-二氯环己胺，用正庚烷萃取后，利用高效液相色谱法检测，以保留时间定性，外标法定量。

该方法（液相色谱法）适用于饮料类、蜜饯凉果、果丹类、带壳及脱壳熟制坚果与籽类、配制酒、水果罐头、果酱、糕点、面包、饼干、冷冻饮品、果冻、复合调味料、腌渍的蔬菜、腐乳等食品中环己基氨基磺酸钠的测定。

二、仪器与试剂

1. 仪器、材料

（1）分析天平：准确度±0.0001g；

（2）液相色谱仪：配有紫外检测器或二极管阵列检测器；

（3）超声波振荡器；

（4）离心机：转速≥4000r/min；

（5）样品粉碎机；

（6）恒温水浴锅；

（7）容量瓶：50mL、100mL；

（8）移液管：10mL；

（9）离心管：50mL。

2. 试剂及溶液

除非另有说明，本方法所用试剂均为分析纯，水为 GB/T 6682 规定的一级水。

（1）硫酸溶液（1+1）：将 50mL 硫酸小心缓缓加入 50mL 水中，混匀。

（2）次氯酸钠溶液：将次氯酸钠溶解并稀释，保存于棕色瓶中，保持有效氯含量在 50g/L 以上，混匀，市售产品需要及时标定，临用时配制。

（3）50g/L 碳酸氢钠溶液：称取 5g 碳酸氢钠，用水溶解并稀释至 100mL，混匀。

（4）300g/L 硫酸锌溶液：称取 30g 硫酸锌，溶于水并稀释至 100mL，混匀。

（5）150g/L 亚铁氰化钾溶液：称取 15g 亚铁氰化钾，溶于水并稀释至 100mL，混匀。

（6）5.00mg/mL 环己基氨基磺酸标准储备液：精确称取 0.5612g（准确度±0.0001g）环己基氨基磺酸钠标准品（纯度≥99%。环己基氨基磺酸钠与环己基氨基磺酸的换算系数为0.8909)，用水溶解并定容至100mL，混匀。置于1～4℃冰箱保存，可保存12个月。

(7) 1.00mg/mL环已基氨基磺酸标准中间液：准确移取20.00mL环已基氨基磺酸标准储备液，用水稀释并定容至100mL，混匀。置于1～4℃冰箱保存，可保存6个月。

(8) 环已基氨基磺酸标准系列工作液：分别吸取标准中间液0.50mL、1.00mL、2.50mL、5.00mL、10.00mL至50mL容量瓶中，用水定容，该标准系列工作液浓度分别为10.00μg/mL、20.00μg/mL、50.00μg/mL、100.00μg/mL、200.00μg/mL。临用现配。

三、测定过程

1. 试样溶液的制备

(1) 固体类和半固体类试样处理　称取均质后试样5.00g(准确度±0.0001g)于50mL离心管中，加入30mL水，混匀，超声提取20min，以3000r/min离心20min，将上清液转出，用水洗涤残渣，合并上清液和洗涤液并定容至50mL备用。含高蛋白类样品可在超声提取时加入2.0mL硫酸锌溶液和2.0mL亚铁氰化钾溶液。含高脂质类样品可在提取前加入25mL石油醚振摇后弃去石油醚层除脂。

(2) 液体类试样处理

① 普通液体试样：摇匀后可直接称取样品25.0g(准确度±0.0001g)，用水定容至50mL备用(如需要可过滤)。

② 含二氧化碳的试样：称取25.0g(准确度±0.0001g)试样于烧杯中，60℃水浴加热30min以除二氧化碳，放冷，用水定容至50mL备用。

③ 含酒精的试样：称取25.0g(准确度±0.0001g)试样于烧杯中，用氢氧化钠溶液调至弱碱性，即pH 7～8，60℃水浴加热30min以除酒精，放冷，用水定容至50mL备用。

④ 含乳类饮料：称取试样25.0g(准确度±0.0001g)于50mL离心管中，加入3.0mL硫酸锌溶液和3.0mL亚铁氰化钾溶液，混匀，离心分层后，将上清液转出，用水洗涤残渣，合并上清液和洗涤液并定容至50mL备用。

(3) 衍生化　准确移取10.00mL已处理好的试样溶液，加入2.0mL硫酸溶液、5.0mL正庚烷，和1.0mL次氯酸钠溶液，剧烈振荡1min，静置分层，除去水层后在正庚烷层中加入25mL碳酸氢钠溶液，振荡1min。静置取上层有机相经0.45μm微孔有机系滤膜过滤，滤液备进样用。

2. 仪器参考条件

(1) 色谱柱：C_{18}柱，150mm×3.9mm，5μm，或同等性能的色谱柱。

(2) 流动相：乙腈+水(70+30)。

(3) 流速：0.8mL/min。

(4) 进样量：10μL。

(5) 柱温：40℃。

(6) 检测器：紫外检测器或二极管阵列检测器。

(7) 检测波长：314nm。

3. **标准曲线的制作**

移取 10mL 环己基氨基磺酸标准系列工作液进行衍生化，取过 0.45μm 微孔有机系滤膜后的溶液 10μL 分别注入液相色谱仪中，测定相应的峰面积，以标准工作液的浓度为横坐标，以环己基氨基磺酸衍生化产物 N,N-二氯环己胺峰面积为纵坐标，绘制标准曲线。环己基氨基磺酸标准溶液衍生化产物 N,N-二氯环己胺的液相色谱图，见图 6-5。

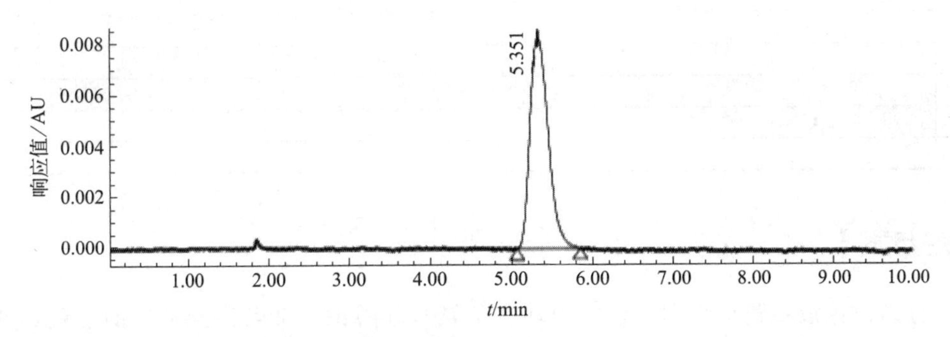

图 6-5　100μg/mL 环己基氨基磺酸标准溶液衍生化产物 N,N-二氯环己胺的液相色谱图

4. **样品的测定**

将衍生后的试样溶液 10.00μL 注入液相色谱仪中，以保留时间定性，测得峰面积，根据标准曲线得到试样溶液中环己基氨基磺酸的浓度，平行测定次数不少于两次。

四、数据记录

项目	1	2	3
相对极差/%			

五、数据处理

试样中环己基氨基磺酸含量根据下面公式计算：

$$X=\frac{cV\times 10^{-3}}{m}$$

式中　X——试样中环己基氨基磺酸的含量，g/kg；

c——由标准曲线计算出试样溶液中环己基氨基磺酸的浓度，μg/mL；

V——试样的最后定容体积，mL；

m——试样的质量，g。

计算结果保留三位有效数字。

精密度：在重复性条件下获得的两次独立测定结果的绝对差值不得超过算术平均值

的 10%。

【制订实施方案】

步骤	实施方案内容	任务分工
1		
2		
3		
4		
5		
6		
7		

【确定方案】

1. 分组讨论液相色谱法测定食品中环己基氨基磺酸钠（又名甜蜜素）的过程，并分组派代表阐述流程；

2. 师生共同讨论，选出最佳方案。

【实施方案】

1. 领取仪器并检查仪器是否完好；
2. 领取试剂并配制溶液；
3. 按照最佳方案完成任务；
4. 数据记录并处理。

【考核评价】

见 32 页综合评价表。

阅读材料

“时代楷模”——南仁东

2017 年 10 月 10 日，中国科学院国家天文台发布了 500 米口径球面射电望远镜（FAST）取得的首批成果，FAST 探测到数十个优质脉冲星候选体。俯瞰大地，老百姓习惯将 FAST 比喻成一口“大锅”。这口锅直径 500 米，有 30 个足球场那么大；这口锅很难造，历时 22 年，南仁东从 391 个备选的洼地中选中了条件最适宜、独一无二的大窝凼。

FAST 是南仁东人生当中最后一次拼搏，虽然没能亲眼看到它产出科学成果的那一天，但遥望“天眼”，他倾注一生的事业已经成功了。

在“天眼”设计之初，曾有人认为这是一个不可能完成的任务。但是南仁东敢为人先，用二十余载的时光铸成了这个奇迹。

时间倒回至 1993 年，在日本东京国际无线电科学联盟大会上，科学家们提出应该在地球的无线电波环境恶化之前，建造新一代射电望远镜，接收更多来自外太空的讯息。听到消息的南仁东难掩激动和兴奋，从那时就下定决心，要做建造新一代射电望远镜的领跑者。当时中国最大的射电望远镜口径只有30米，从30米到500米，从壮年到暮年，南仁东为此付出了一生的心血。为了给“天眼”找到独一无二的台址，南仁东无数次往返于北京和贵州之间，带着300多幅卫星遥感图，用双脚丈量了贵州大山的角角落落。有一次他下大窝凼时，瓢泼大雨从天而降，眼看山洪就要冲下来了，他往嘴里塞了救心丸，连滚带爬回到垭口，全身都湿透了。最终贵州天然喀斯特巨型洼地成为望远镜台址，使得望远镜建设得以突破百米极限。

整个“天眼”工程划分成五大系统，每个系统的工作都是千头万绪，南仁东作为首席科学家，承担的任务更是繁重异常。然而，工程的每一张设计图纸他几乎都会详细审核，并且提出指导意见。他曾说：“国家投了那么多钱，我要负责，如果FAST有一点瑕疵，我对不起国家，对不起贵州人民。”如今，“天眼”已成为当之无愧的国之重器，未来还将开展巡视宇宙中的中性氢、研究宇宙大尺度物理学、主导国际低频甚长基线干涉测量网、获得天体超精细结构、探测星际分子、搜索可能的星际通信信号等工作。

FAST是世界上唯一一个完全利用变形反射面工作的射电望远镜，它由4000多块镜片拼接而成，控制镜片的就是在镜面下方的2200多根下拉索组成的钢索网。每一根下拉索至少要反复拉伸几十万次，而当时国内没有合适的产品达到使用要求。台址开挖工程已经开始，如果钢索网做不出来，整个工程就面临着搁浅的风险。据FAST工程工作人员回忆：“南老师很焦虑，每天都在念叨钢索，抽烟特别厉害”。在辗转反侧中，南仁东下定决心，要靠自主创新解决索网问题。他带着团队成员，设计了无数个方案，推翻，再重来，咨询遍了国内每一个索网结构专家，每天与技术人员沟通……接近两年的研制工作后，南仁东带领科研人员采用光机电一体化技术，自主研制出了轻型钢索拖动机，让FAST渡过了难关。

“美丽的宇宙太空/以它的神秘和绚丽/召唤我们踏过平庸/进入到无垠的广袤。”在探寻星空奥秘的路上，南仁东如同自己所写的这首诗一样，24年如一日，在贵州的崇山峻岭间负任辛劳，为“中国天眼”呕心沥血，燃烧到生命最后一瞬。

建设“天眼”是一项前无古人的大工程，在这段曲折的道路上，南仁东顶着压力，风雨兼程。为了保证工程扎实，他亲自确认每个细节，不轻易放过任何瑕疵；为了精益求精，他自学岩土工程知识，能发现施工方设计图纸的错误；为了这个毕生的梦想，他在100多米高的塔架上爬上爬下，把“天眼”当成自己的孩子，为科研事业奋斗到生命的最后一刻。

南仁东的一生，是所有人学习的榜样；南仁东的愿望，是所有科研人员今后努力的方向。南仁东的科学精神，将激励更多的人不断进取，在科学探索的道路上砥砺前行。

任务单元 5 食品中有毒有害物质的分析

农牧产品在种植养殖过程中，由于可能受到土壤（重金属）、农药、化肥、兽药等物质中某些成分的污染，可能对人类健康造成危害。据试验，用含有滴滴涕 1.0mg/kg 以上的饲料喂养乳牛，其分泌的乳汁即可检出滴滴涕的残留。这说明，农药可以通过食物链由土壤进入植物，再进入动物，而最后富集到人体组织中去。为了预防和治疗家畜及养殖鱼患病而大量投入抗生素、磺胺类等化学药物，往往残留于食用动物组织中，国内外发生的因兽药残留引起的中毒事件，增加了消费者对所食用畜产品的担忧和关注。

毒素是目前极为重视的安全问题。毒素主要表现为天然毒素，如贝类毒素和真菌毒素。贝类毒素不易被加热所破坏，所以其危害性是相当大的。我国浙江、福建、广东等地曾多次发生贝类中毒事件，中毒症状主要表现为突然发病、唇舌麻木、肢端麻痹、头晕恶心、胸闷乏力等，部分病人伴有低烧，重症者则昏迷、呼吸困难，最后因呼吸衰竭窒息而死亡。黄曲霉毒素常出现在花生、坚果等粮油类食品及其制品中，近年来我国频繁出现的“毒大米”事件，即为黄曲霉毒素污染事件。

对食品中的有害有毒物质，有时须迅速鉴别，以便采取针对性的防治措施。由于食品中常见的有毒有害物质通常都是微量存在的，一般的化学分析方法灵敏度达不到，目前较多使用仪器分析方法。

任务 1 食品中农药残留量的测定

子任务 1-1 蜂蜜中有机磷农药残留量的测定——气相色谱法

【任务描述】

利用气相色谱法测定蜂蜜中有机磷农药残留量，进而评价产品的质量。

【学习目标】

1. 素质目标：明确农药残留量超标对人体的危害，树立环保意识。

2. 知识目标：掌握气相色谱法测定蜂蜜中有机磷农药残留量的原理及计算。

3. 能力目标：能规范使用气相色谱仪、电子分析天平等分析仪器，能准确书写数据记录和检验报告。

【任务书】

任务要求： 解读GB 23200.97—2016《食品安全国家标准　蜂蜜中5种有机磷农药残留量的测定　气相色谱法》。

一、方法提要

蜂蜜加水稀释后，用乙酸乙酯提取样品中有机磷农药，低温浓缩，用配有火焰光度检测器的气相色谱仪测定，外标法定量。

该方法适用于蜂蜜中敌百虫、皮蝇磷、毒死蜱、马拉硫磷、蝇毒磷农药残留量的测定和确证，其他食品可参照执行。

二、仪器与试剂

1. 仪器、材料

(1) 分析天平：准确度±0.0001g；

(2) 气相色谱仪：配有火焰光度检测器（磷滤光片525nm）；

(3) 旋转蒸发器；

(4) 离心机：4000r/min；

(5) 混匀器；

(6) 容量瓶：100mL；

(7) 移液管：10mL；

(8) 离心管：50mL。

2. 试剂及溶液

除另有规定外，所有试剂均为分析纯，水为符合GB/T 6682中规定的一级水。

(1) 乙酸乙酯（$C_4H_8O_2$）：色谱纯。

(2) 氯化钠（NaCl）。

(3) 有机磷类标准品：敌百虫、皮蝇磷、毒死蜱、马拉硫磷、蝇毒磷、纯度≥97%。

(4) 100.00μg/mL敌百虫、皮蝇磷、毒死蜱、马拉硫磷、蝇毒磷标准储备溶液：分别移取适量标准品，用乙酸乙酯溶解并定容至100mL，使得溶液浓度为100μg/mL，存放于4℃冰箱。临用前根据需要用乙酸乙酯稀释至适当浓度，作为混合标准工作液。

三、测定过程

1. 试样制备与保存

对未结晶的样品用力搅拌均匀。对有结晶析出的样品可将样品瓶盖塞紧后，置于不超过

60℃的水浴中温热，待样品全部溶解后搅拌均匀，迅速冷却至室温。在溶解时必须注意防止水分挥发。将制备好的试样平均分成两份，分别装入样品瓶中，密封，并标记。在制样的操作过程中，应防止样品污染或发生残留物含量的变化。将试样于室温下保存。

2. 提取

称取10g（准确度±0.0001g）均匀试样，置于50mL离心管中，加入15mL水和5g氯化钠，混匀，再加入15mL乙酸乙酯，在混匀器上混匀2min，以3000r/min离心5min，用尖嘴吸管将上层乙酸乙酯溶液移至100mL浓缩瓶中，水相再加入15mL乙酸乙酯，重复上述操作，合并两次提取液，用旋转蒸发器在40℃水浴减压浓缩至接近干燥，加入8mL乙酸乙酯溶解，定量转移至10mL离心管中，在40℃以下水浴中用平缓氮气流吹至干燥，准确加入1mL乙酸乙酯，混匀，供气相色谱测定。

3. 测定

（1）气相色谱参考条件

① 色谱柱：石英毛细管柱，DB-1701，30m×0.25mm（内径）×0.25m（膜厚），或相当者；

② 载气为氮气（纯度大于99.999%），载气流速为1.0mL/min，尾吹气流速为30mL/min，氢气流速为75mL/min，空气流速为100mL/min；

③ 柱温：初始温度为50℃保持2min，以15℃/min升至180℃保持1min，以8℃/min升至290℃保持10min；

④ 进样口温度：250℃；

⑤ 检测器温度：250℃；

⑥ 进样方式：不分流进样；

⑦ 进样量：2μL；

⑧ 开阀时间：1.5min。

（2）色谱测定　根据样品中被测有机磷农药的含量，选定峰面积相近的标准工作液。标准工作液和样品溶液中各种有机磷农药的响应值均应在仪器的线性范围内。标准工作液和样品溶液等体积穿插进样测定。在上述色谱条件下敌百虫的保留时间约为6.0min、皮蝇磷的保留时间约为17.8min、毒死蜱的保留时间约为18.5min、马拉硫磷的保留时间约为18.9min、蝇毒磷的保留时间约为27.8min。标准品的色谱图，见图7-1。

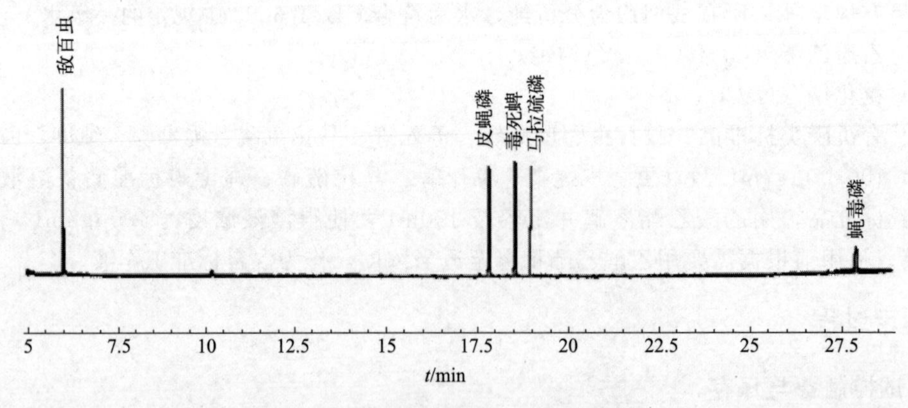

图7-1　有机磷标准品的气相色谱图

（3）空白试验　除不加试样外，均按上述测定步骤进行。

四、数据记录

项目	1	2	3
相对极差/%			

五、数据处理

用色谱数据处理机或根据下面公式计算试样中有机磷农药的含量：

$$X_i = \frac{A_i C_{si} V}{A_{si} m}$$

式中　X_i——试样中各有机磷农药的残留量，mg/kg；

A_i——样品溶液中各有机磷农药的峰面积；

V——样品溶液最终定容体积，mL；

A_{si}——标准工作液中各有机磷农药的峰面积；

C_{si}——标准工作液中各有机磷农药的浓度，μg/mL；

m——最终样品溶液所代表的试样质量，g。

注：计算结果需要扣除空白值，测定结果用平行测定的算术平均值表示，保留两位有效数字。精密度，见表 7-1。

表 7-1　被测组分不同含量的精密度

被测组分含量/(mg/kg)	精密度/%
$X \leqslant 0.001$	36
$0.001 < X \leqslant 0.01$	32
$0.01 < X \leqslant 0.1$	22
$0.1 < X \leqslant 1$	18
$X > 1$	14

【制订实施方案】

步骤	实施方案内容	任务分工
1		
2		
3		
4		
5		
6		
7		

【确定方案】

1. 分组讨论气相色谱法测定蜂蜜中有机磷农药残留量的过程，分组派代表阐述流程；

2. 师生共同讨论，选出最佳方案。

【实施方案】

1. 领取仪器并检查仪器是否完好；
2. 领取试剂并配制溶液；
3. 按照最佳方案完成任务；
4. 数据记录并处理。

【考核评价】

见32页综合评价表。

子任务1-2 饮料中有机氯农药残留量的测定——气相色谱法

【任务描述】

利用气相色谱法测定饮料中有机氯（七氯、六氯苯、六六六及其异构体、五氯硝基苯等）农药残留量，进而评价产品质量。

【学习目标】

1. 素质目标：具备实验室安全意识、“质量第一”的责任意识、团队合作意识、环保意识、良好的实验习惯及职业素养、严谨的思维方法、实事求是的工作作风。

2. 知识目标：掌握气相色谱法测定饮料中有机氯农药残留量的原理及计算。

3. 能力目标：能规范使用气相色谱仪、电子分析天平等分析仪器，能准确书写数据记录和检验报告。

【任务书】

任务要求：解读GB 23200.40—2016《食品安全国家标准　可乐饮料中有机磷、有机氯农药残留量的测定　气相色谱法》。

一、方法提要

试样中有机氯残留经乙酸乙酯萃取，旋转蒸发浓缩，磺化净化，使用气相色谱-电子俘获检测器测定，外标法定量。

该方法适用于可乐饮料中七氯、六氯苯、六六六及其异构体（α-六六六、β-六六六、γ-六六六、δ-六六六）、五氯硝基苯等有机氯农药残留量的检测，其他食品可参照执行。

二、仪器与试剂

1. 仪器、材料

(1) 分析天平：准确度±0.0001g；

(2) 气相色谱仪：配电子俘获检测器（ECD）和火焰光度检测器（磷滤光片 525nm）；

(3) 旋转蒸发器；

(4) 离心机：5000r/min；

(5) 混匀器；

(6) 吹氮浓缩仪；

(7) 固相萃取装置；

(8) 分液漏斗：500mL；

(9) 磨口玻璃圆底烧瓶：500mL；

(10) 玻璃砂芯漏斗；

(11) 聚丙烯具塞离心管：15mL；

(12) 棕色容量瓶：100mL；

(13) 移液管：10mL；

(14) HLB 固相萃取小柱：60mg，3mL，或相当者。

2. 试剂及溶液

除另有规定外，所有试剂均为色谱纯，水为符合 GB/T 6682 中规定的一级水。

(1) 甲醇-水溶液（5+95）：量取 5mL 甲醇与 95mL 水混合。

(2) 甲醇-水溶液（10+90）：量取 10mL 甲醇与 90mL 水混合。

(3) 1mol/L 氢氧化钠溶液：称取 20g 氢氧化钠，用水溶解并定容至 500mL。

(4) 1000.00mg/L 有机氯农药标准储备溶液：准确称取适量的七氯、六氯苯、六六六、五氯硝基苯，分别用正己烷溶解并转移至棕色容量瓶中定容，储备溶液于−18℃以下保存。

(5) 10.00mg/L 有机氯农药混合标准中间溶液：移取适量体积的七氯、六氯苯、六六六、五氯硝基苯标准储备溶液于棕色容量瓶中，用正己烷定容至刻度，此中间溶液于−18℃以下保存。

(6) 有机氯农药混合标准工作溶液：用正己烷将混合标准中间溶液按需要逐级稀释，配制为有机氯农药混合标准工作溶液，混合标准工作溶液于 0～4℃保存。

三、测定过程

1. 提取

取样品于烧杯中，放置 60min，并用玻璃棒搅拌排气。准确称取 150g（准确度±0.0001g）样品，加入 1mol/L 的氢氧化钠溶液调节溶液 pH 值至 7 左右。将调节至中性的样品转移至 500mL 分液漏斗中，加入 15g 氯化钠和 100mL 乙酸乙酯，剧烈振荡 2min 并不时排气，静置 10min 后，取上层有机相，通过预先填充的无水硫酸钠柱（在玻璃砂芯漏斗中装入 15g 左右无水硫酸钠，并用 20mL 乙酸乙酯淋洗），收集于 500mL 圆底烧瓶中。在分液漏斗中分两次加入 200mL 乙酸乙酯，每次 100mL，重复以上提取步骤，合并提取液于 40℃水浴下旋转蒸发至 3～4mL，转移至 15mL 离心管中，用 9mL 正己烷分三次洗涤圆底烧瓶，合并洗涤液于 15mL 离心管中，40℃水浴下吹氮至接近干燥。

2. 净化

将提取液用 1mL 正己烷溶解，加入 0.5mL 浓硫酸，手动轻摇混匀，以 5000r/min 离心

5min后，取上层有机相进气相色谱-ECD测定，如净化效果不充分，可再加入浓硫酸净化一次。

3. 测定

气相色谱仪器参考条件：

① 色谱柱：DB-5石英毛细管柱，30m×0.32mm（内径），膜厚0.25μm，或相当者。

② 色谱柱温度：80℃保温1min，以30℃/min升温至180℃，以3℃/min升温至205℃，保温4min，以2℃/min升温至210℃，保温1min，运行280℃ 1min。

③ 进样口温度：250℃。

④ 检测器温度：300℃。

⑤ 载气：氮气，纯度为99.999%，恒压于0.135MPa。

⑥ 进样量：1μL。

⑦ 进样方式：分流进样，分流比为12∶1。

4. 色谱测定与确证

样品溶液进入气相色谱仪检测，根据样品溶液中被测有机氯残留量情况，选定峰面积相近的标准工作溶液。标准工作溶液和样品溶液中有机氯残留量的响应值均应在仪器的检测线性范围内。对混合标准工作溶液和样品溶液等体积组分参差进样测定，外标法定量。在上述色谱条件下，α-六六六的保留时间约为9.657min，六氯苯的保留时间约为9.924min，β-六六六的保留时间约为10.378min，γ-六六六的保留时间约为10.591min、五氯硝基苯的保留时间约为10.749min，δ-六六六的保留时间约为11.284min，七氯的保留时间约为13.072min。

5. 空白试验

除不加试样外，均按上述测定步骤进行。

四、数据记录

项目	1	2	3
相对极差/%			

五、数据处理

根据下面公式计算样品中有机氯农药化合物的含量：

$$X=\frac{Ac_{s}V}{A_{s}m}$$

式中　X——样品中有机氯农药化合物含量，mg/kg；

　　　A——样品溶液中有机氯农药化合物峰面积；

A_s——标准工作溶液中有机氯农药化合物峰面积；

c_s——标准工作溶液中有机氯农药化合物浓度，mg/L；

m——称取的样品质量，g；

V——样品溶液最终定容体积，mL。

计算结果需要扣除空白值，保留两位有效数字。

精密度，见表 7-2。

表 7-2 被测组分不同含量时的精密度

被测组分含量/(mg/kg)	精密度/%
$X \leqslant 0.001$	36
$0.001 < X \leqslant 0.01$	32
$0.01 < X \leqslant 0.1$	22
$0.1 < X \leqslant 1$	18
$X > 1$	14

【制订实施方案】

步骤	实施方案内容	任务分工
1		
2		
3		
4		
5		
6		
7		

【确定方案】

1. 分组讨论气相色谱法测定饮料中有机氯农药残留量的过程，分组派代表阐述流程；
2. 师生共同讨论，选出最佳方案。

【实施方案】

1. 领取仪器并检查仪器是否完好；
2. 领取试剂并配制溶液；
3. 按照最佳方案完成任务；
4. 数据记录并处理。

【考核评价】

见 32 页综合评价表。

子任务 1-3 奶粉中拟除虫菊酯农药残留量的测定——气相色谱-质谱法

【任务描述】

利用气相色谱-质谱法测定乳及乳制品中的2,6-二异丙基萘、七氟菊酯、生物丙烯菊酯、烯虫酯、苄呋菊酯、联苯菊酯、甲氰菊酯、氯氟氰菊酯、氟丙菊酯、氯菊酯、氟氯氰菊酯、氯氰菊酯、氟氰戊菊酯、醚菊酯、氰戊菊酯、氟胺氰菊酯、溴氰菊酯等中的一种或多种农药残留量是否达到标准，进而评价产品的质量。

【学习目标】

1. 素质目标：具备实验室安全意识、“质量第一”的责任意识、团队合作意识、环保意识、良好的实验习惯及职业素养、严谨的思维方法、实事求是的工作作风。

2. 知识目标：掌握气相色谱-质谱法测定奶粉中拟除虫菊酯农药残留量的原理及计算。

3. 能力目标：能规范使用气相色谱-质谱仪、电子分析天平等分析仪器，能准确书写数据记录和检验报告。

【任务书】

任务要求：解读GB 23200.85—2016《食品安全国家标准　乳及乳制品中多种拟除虫菊酯农药残留量的测定　气相色谱-质谱法》。

一、方法提要

试样采用氯化钠盐析，乙腈匀浆提取，分取乙腈层，分别用C_{18}固相萃取柱和氟罗里硅土固相萃取柱净化，洗脱液经浓缩溶解定容后，供气相色谱-质谱仪检测和确证，外标法定量。

该方法适用于液体乳、乳粉、炼乳、乳脂肪、干酪、乳冰淇淋和乳清粉中2,6-二异丙基萘、七氟菊酯、生物丙烯菊酯、烯虫酯、苄呋菊酯、联苯菊酯、甲氰菊酯、氯氟氰菊酯、氟丙菊酯、氯菊酯、氟氯氰菊酯、氯氰菊酯、氟氰戊菊酯、醚菊酯、氰戊菊酯、氟胺氰菊酯、溴氰菊酯等17种农药残留量的检测和确证，其他食品可参照执行。

二、仪器与试剂

1. 仪器、材料

(1) 分析天平：准确度±0.0001g；

(2) 气相色谱-质谱仪：配有电子轰击源（EI）；

(3) 匀浆机：转速不低于10000r/min；

(4) 离心机：转速不低于4000r/min；

(5) 氮吹仪；

(6) 涡流混匀机；

（7）移液管：5mL；

（8）C_{18} 固相萃取柱：C_{18}，500mg/3mL；

（9）氟罗里硅土固相萃取柱：500mg/3mL。

2. 试剂及溶液

除非另有说明，本方法所用试剂均为分析纯，水为GB/T 6682规定的一级水。

（1）正己烷-乙酸乙酯（9+2）：量取90mL正己烷和20mL乙酸乙酯，混匀。

（2）100.00μg/mL 2,6-二异丙基萘、七氟菊酯、生物丙烯菊酯、烯虫酯、苄呋菊酯、联苯菊酯、甲氰菊酯、氯氟氰菊酯、氟丙菊酯、氯菊酯、氟氯氰菊酯、氯氰菊酯、氟氰戊菊酯、醚菊酯、氰戊菊酯、氟胺氰菊酯、溴氰菊酯农药标准储备溶液：分别准确称取适量的2,6-二异丙基萘等17种农药标准品，用正己烷配制成浓度为100.00μg/mL的标准储备溶液。该溶液在0～4℃冰箱中保存。

（3）2,6-二异丙基萘等17种农药标准工作溶液：根据需要用不含2,6-二异丙基萘等17种农药的空白样品配制成适用浓度的标准工作溶液，该溶液现用现配。

三、测定过程

1. 试样制备

取样品约500g，用粉碎机粉碎，混匀，装入洁净容器，密封，标明标记。

2. 试样保存

将试样于0～4℃保存。在制样的操作过程中，应防止样品受到污染或发生残留物含量的变化。

3. 提取

准确称取液体乳、乳冰淇淋试样2.0g（准确度±0.0001g），加入0.5g氯化钠、10.0mL乙腈，于10000r/min匀浆提取60s，再以4000r/min离心5min，准确移取5.0mL乙腈层，于40℃氮吹至大约1mL，待净化。

准确称取奶酪、乳粉、乳清粉、炼乳、乳脂肪试样2.0g（准确度±0.0001g），加入0.5g氯化钠、5mL水、10.0mL乙腈，于10000r/min匀浆提取60s，再以4000r/min离心5min，准确移取5.0mL乙腈层，于40℃氮吹至大约1mL，待净化。

4. 净化

（1）C_{18} 固相萃取净化　将样品提取浓缩液倾入预先用5mL乙腈淋洗的 C_{18} 固相萃取柱，用4mL乙腈洗脱，收集洗脱液，于40℃氮吹至接近干燥，用0.5mL正己烷涡流混合溶解残渣，待用。

（2）氟罗里硅土固相萃取净化　将 C_{18} 固相萃取净化所得溶液倾入预先用5mL正己烷-乙酸乙酯淋洗的氟罗里硅土固相萃取柱，用5.0mL正己烷-乙酸乙酯洗脱，收集洗脱液，于40℃氮吹至接近干燥，用0.5mL正己烷涡流混合溶解残渣，供气-质联用仪测定。

5. 测定

（1）气相色谱-质谱参考条件：

① 色谱柱：TR-5MS石英毛细管柱，30m×0.25mm（内径）×0.25μm，或性能相当者；

② 色谱柱温度：从 50℃以 20℃/min 升温至 200℃，保温 1min，以 5℃/min 升温至 280℃，保温 10min；

③ 进样口温度：250℃；

④ 色谱-质谱接口温度：280℃；

⑤ 电离方式：EI；

⑥ 离子源温度：250℃；

⑦ 灯丝电流：25μA；

⑧ 载气：氦气，纯度大于等于 99.999%，流速为 1mL/min；

⑨ 进样方式：无分流，0.75min 后打开分流阀；

⑩ 进样量：1μL；

⑪ 测定方式：选择离子监测；

⑫ 选择监测离子（m/z）：每种农药选择一个定量离子，3 个定性离子，监测每种农药的保留时间、定量离子、定性离子及定量离子与定性离子相对丰度；

⑬ 溶剂延迟：8.5min。

（2）色谱测定与确证

根据样品溶液中待测物含量情况，选定浓度相近的标准工作溶液，标准工作溶液和样品溶液中 2,6-二异丙基萘等 17 种农药的响应值均应在仪器检测的线性范围内。标准工作溶液与样品溶液等体积进样测定。

标准工作溶液及样品溶液均按规定的条件进行测定，如果样品溶液在与标准工作溶液相同的保留时间有峰出现，则对其进行确证。经确证被测物质色谱峰保留时间与标准物质相一致，并且在扣除背景后的样品谱图中，所选择的离子均出现，同时所选择离子的相对丰度与标准物质相关离子的相对丰度一致，被确证的样品可判定为阳性检出，见表 7-3。

表 7-3　使用气相色谱-质谱法定性时离子相对丰度最大容许误差

相对丰度(基峰)/%	50	2～50	10～20	≤10
允许相对偏差/%	±20	±25	±30	±50

（3）空白试验　除不加试样外，均按上述测定步骤进行。

四、数据记录

项目	1	2	3
相对极差/%			

五、数据处理

用色谱数据处理机或根据下面公式计算试样中 2,6-二异丙基萘等 17 种农药残留量：

$$X_i=\frac{AcV\times10^3}{A_s m\times10^{-3}}$$

式中　X_i——试样中2,6-二异丙基萘等17种农药残留量，mg/kg；

A——样品溶液中2,6-二异丙基萘等17种农药的峰面积（或峰高）；

c——标准工作溶液中2,6-二异丙基萘等17种农药的浓度，g/mL；

V——样品溶液最终定容体积，mL；

A_s——标准工作溶液中2,6-二异丙基萘等17种农药的峰面积（或峰高）；

m——最终样品溶液所代表的试样质量，g。

计算结果需要扣除空白值，测定结果用平行测定的算术平均值表示，保留两位有效数字。

精密度：在重复性条件下获得的两次独立测定结果的绝对差值与其算术平均值的比值（百分率），应符合表7-4的要求。

表7-4　不同被测组分含量的精密度

被测组分含量/(mg/kg)	精密度/%
$X \leqslant 0.001$	36
$0.001 < X \leqslant 0.01$	32
$0.01 < X \leqslant 0.1$	22
$0.1 < X \leqslant 1$	18
$X > 1$	14

【制订实施方案】

步骤	实施方案内容	任务分工
1		
2		
3		
4		
5		
6		
7		

【确定方案】

1. 分组讨论气相色谱-质谱法测定奶粉中拟除虫菊酯农药残留量过程，并分组派代表阐述流程；

2. 师生共同讨论，选出最佳方案。

【实施方案】

1. 领取仪器并检查仪器是否完好；

2. 领取试剂并配制溶液；

3. 按照最佳方案完成任务；

4. 数据记录并处理。

【考核评价】

见32页综合评价表。

任务2 食品中兽药残留量的测定

子任务2-1 蜂蜜中四环素类抗生素的测定——高效液相色谱法

【任务描述】

蜂蜜中常含有二甲胺四环素、土霉素、四环素、去甲基金霉素、金霉素、美他环素、多西环素、差向脱水四环素、脱水四环素等中一种或多种抗生素残留，可利用高效液相色谱检测方法测定其含量是否达到标准，进而评价产品的质量。

【学习目标】

1. 素质目标：具备实验室安全意识、“质量第一”的责任意识、团队合作意识、环保意识、良好的实验习惯及职业素养、严谨的思维方法、实事求是的工作作风。

2. 知识目标：掌握高效液相色谱法测定蜂蜜中四环素类抗生素的原理及计算。

3. 能力目标：能规范使用高效液相色谱仪、电子分析天平等分析仪器，能准确书写数据记录和检验报告。

【任务书】

任务要求：解读GB/T 24800.1—2009《化妆品中九种四环素类抗生素的测定　高效液相色谱法》。

一、方法提要

以甲醇为溶剂，超声提取、离心，经0.45μm的有机滤膜过滤，将溶液注入配有二极管阵列检测器（DAD）的高效液相色谱仪检测，外标法定量。

二、仪器与试剂

1. 仪器、材料

（1）分析天平：准确度±0.0001g；

（2）高效液相色谱仪，配有二极管阵列检测器；

（3）超声波清洗器；

（4）离心机：转速大于5000r/min；

（5）微量进样器：10μL；

（6）溶剂过滤器和0.45μm有机滤膜；

（7）具塞比色管：10mL；

(8) 旋转式减压蒸馏器；

(9) Waters SEP-PAKC_{18} 柱（或国产 PT-C_{18} 柱）：用时先经 10mL 甲醇滤过活化，然后用 10mL 蒸馏水置换，再用 10mL 50g/L 乙二胺四乙酸二钠流过；

(10) 容量瓶：100mL；

(11) 移液管：5mL。

2. 试剂及溶液

除非另有说明，本方法所用试剂均为分析纯，水为 GB/T 6682 规定的一级水。

(1) 1000.00mg/L 九种四环素类（二甲胺四环素、土霉素、四环素、去甲基金霉素、金霉素、美他环素、多西环素、差向脱水四环素、脱水四环素）抗生素标准储备溶液：准确称取各类四环素 0.1g（准确度±0.0001g），分别置于 50mL 烧杯中，加适量甲醇溶解，将溶液定量移入 100mL 容量瓶中，用甲醇稀释至刻度，混匀。

(2) 100.00mg/L 九种四环素类抗生素混合标准储备溶液：分别移取各类四环素类抗生素标准储备溶液各 10.00mL 至 100mL 容量瓶中，用甲醇定容至刻度，混匀。

(3) 九种四环素类抗生素标准工作溶液：用甲醇将上述混合标准储备溶液分别配成一系列浓度为 1.00mg/L、2.00mg/L、5.00mg/L、10.00mg/L、20.00mg/L、50.00mg/L 的标准工作溶液，于冰箱冷藏保存，可使用一周。

(4) 0.01mol/L 草酸溶液：称取草酸（$C_2H_2O_4 \cdot 2H_2O$）1.26g（准确度±0.0001g），于 50mL 烧杯中，加水溶解后，移入 1000mL 容量瓶中，用水定容至刻度，混匀，即得。

(5) pH=4 缓冲液：称取磷酸氢二钠（$Na_2HPO_4 \cdot 12H_2O$）27.6g、柠檬酸（$C_6H_8O_7 \cdot H_2O$）12.9g、乙二胺四乙酸二钠 37.2g，用水溶解后稀释并定容至 1000mL。

(6) 50g/L 乙二胺四乙酸二钠：称取 50.0g 乙二胺四乙酸二钠，用水溶解后稀释定容至 1000mL。

三、测定过程

1. 试样制备

准确称取均匀的蜂蜜试样 1.0g（准确度±0.0001g），加入 3mL pH=4.0 的缓冲液，搅拌均匀，待溶解后进行过滤，将滤液置于注射器中，加入经预处理的 SEP-PAKC_{18} 柱中，用 50mL 水洗柱，再用 10mL 甲醇洗脱，洗脱液经 4℃减压浓缩蒸干后，加入约 5mL 甲醇溶解，置于 10mL 具塞比色管中，在超声波消洗器中超声振荡 30min，冷却至室温后，加甲醇定容至刻度，取部分溶液放入离心管中，在离心机上于 5000r/min 离心 20min，离心后的上清液经 0.45μm 有机滤膜过滤，滤液供测定用。

2. 色谱条件

(1) 色谱柱：Kromasil C_{18} 柱，250mm×4.6mm（内径），粒径为 5μm，或相当者。

(2) 流动相：A 为甲醇与乙腈的混合溶液（1+3），B 为 0.01mol/L 的草酸溶液。

梯度洗脱条件：0～3min 流动相 A 从 22%升至 42%，3～6min 流动相 A 保持在 42%，6～12min 流动相 A 从 42%升至 60%。

(3) 流速：1.0mL/min。

(4) 检测波长：程序可变波长，0～4.00min 为 350nm，4.01～12.00min 为 270nm。

(5) 柱温：25℃。

（6）进样量：10μL。

3. 标准曲线绘制

分别移取一系列浓度为1.00mg/L、2.00mg/L、5.00mg/L、10.00mg/L、20.00mg/L、50.00mg/L的标准工作溶液，按色谱条件进行测定，记录色谱峰面积，以色谱峰面积为纵坐标，对应的溶液浓度为横坐标作图，绘制标准曲线。

九种四环素的标准液相色谱图，见图7-2。

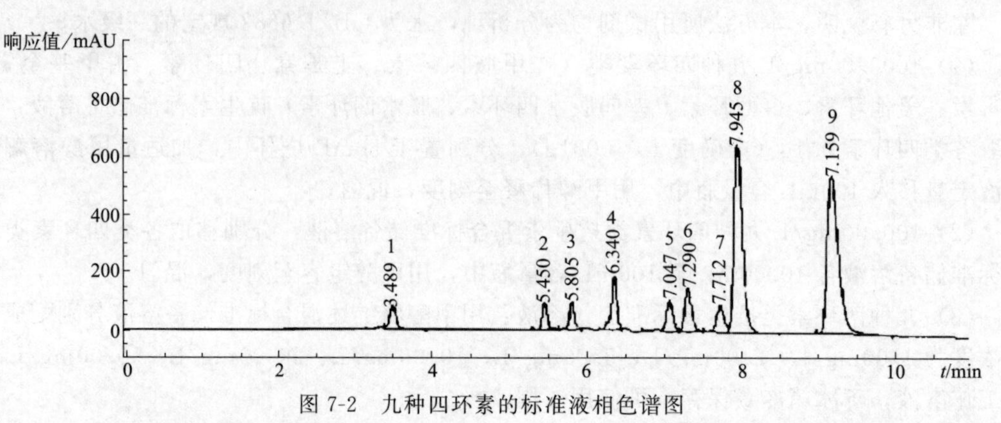

图7-2 九种四环素的标准液相色谱图

1—二甲胺四环素（3.489min）；2—土霉素（5.450min）；3—四环素（5.805min）；4—去甲基金霉素（6.340min）；5—金霉素（7.047min）；6—美他环素（7.290min）；7—多西环素（7.712min）；8—差向脱水四环素（7.945min）；9—脱水四环素（9.159min）

4. 试样测定

用微量进样器吸取试样溶液注入液相色谱仪，按色谱条件进行测定，记录色谱峰的保留时间和峰面积，由色谱峰面积可从标准曲线上求出相应的浓度。样品溶液中的被测物响应值均应在仪器测定的线性范围之内。含量高的试样可取适量试样溶液用流动相稀释后进行测定。

5. 定性确认

液相色谱仪对样品进行定性测定时，如果检出色谱峰的保留时间与四环素类抗生素的标准品相一致，并且在扣除背景后，该物质的紫外吸收图谱与标准品的紫外吸收图谱相一致，则可初步确认样品中存在四环素类抗生素。必要时，阳性样品需要用其他方法进行确认试验。

6. 空白试验

除不称取试样外，均按上述步骤进行。

四、数据记录

项目	1	2	3
相对极差/%			

五、数据处理

样品中被测四环素的含量根据下面公式计算（计算结果需要扣除空白值）：

$$X_i = \frac{c_i V}{m \times 10^{-3}}$$

式中　X_i——样品中被测四环素的质量浓度，mg/kg；

c_i——标准曲线查得被测四环素的浓度，mg/L；

V——样品稀释后的总体积，mL；

m——样品质量，g。

精密度：重复性条件下获得的两次独立测定结果的绝对差值不应超过算术平均值的10%。

【制订实施方案】

步骤	实施方案内容	任务分工
1		
2		
3		
4		
5		
6		
7		

【确定方案】

1. 分组讨论高效液相色谱法测定蜂蜜中四环素类抗生素过程，并分组派代表阐述流程；
2. 师生共同讨论，选出最佳方案。

【实施方案】

1. 领取仪器并检查仪器是否完好；
2. 领取试剂并配制溶液；
3. 按照最佳方案完成任务；
4. 数据记录并处理。

【考核评价】

见32页综合评价表。

子任务2-2　香肠中己烯雌酚残留量的测定——高效液相色谱法

【任务描述】

肉制品中常含有己烯雌酚，利用高效液相色谱检测方法测定其含量是否达到标准，进而评价产品的质量。

【学习目标】

1. 素质目标：具备实验室安全意识、“质量第一”的责任意识、团队合作意识、环保意识、良好的实验习惯及职业素养、严谨的思维方法、实事求是的工作作风。

2. 知识目标：掌握高效液相色谱法测定香肠中己烯雌酚残留量的原理及计算。

3. 能力目标：能规范使用高效液相色谱仪、电子分析天平等分析仪器；能准确书写数据记录和检验报告。

【任务书】

任务要求：解读 GB/T 5009.108—2003《畜禽肉中己烯雌酚的测定》。

一、方法提要

样品匀浆后，经甲醇提取过滤，注入 HPLC 柱中，经紫外检测器于波长 230nm 处测定吸光度，同条件下绘制工作曲线，己烯雌酚含量与吸光度值在一定浓度范围内成正比，样品与工作曲线比较定量。

该方法适用于新鲜鸡肉、牛肉、猪肉、羊肉中己烯雌酚残留量的测定，检出限为 0.25mg/kg。

二、仪器与试剂

1. 仪器、材料

(1) 分析天平：准确度±0.0001g；

(2) 高效液相色谱仪：配有紫外检测器；

(3) 超声波清洗器；

(4) 离心机：转速大于 5000r/min；

(5) 微量进样器：20μL；

(6) 溶剂过滤器和 0.5μm 有机过滤膜、0.45μm 无机过滤膜；

(7) 电动振荡机；

(8) 容量瓶：100mL；

(9) 小型绞肉机；

(10) 具塞离心管：50mL；

(11) 容量瓶：100mL。

2. 试剂及溶液

除非另有说明，本方法所用试剂均为分析纯，水为 GB/T 6682 规定的一级水。

(1) 甲醇；

(2) 0.043mol/L 磷酸二氢钠（$NaH_2PO_4 \cdot 2H_2O$）；

(3) 磷酸；

(4) 1.00mg/mL 己烯雌酚（DES）标准储备液：精密称取 100mg 己烯雌酚溶于甲醇，移入 100mL 容量瓶中，加甲醇至刻度，混匀，储于冰箱中。

(5) 100μg/mL 己烯雌酚（DES）标准使用液：吸取 10.00mL DES 标准储备液，移入 100mL 容量瓶中，加甲醇至刻度，混匀。

三、测定过程

1. 提取及净化

称取 5g（准确度±0.0001g）绞碎样品（小于 5mm），放入 50mL 具塞离心管中，加入 10.00mL 甲醇，充分搅拌，振荡 20min，于 3000r/min 离心 10min，将上清液转移于 100mL 容量瓶中，残渣中再加入 10.00mL 甲醇，混匀后振荡 20min，于 3000r/min 离心 10min，合并上清液于容量瓶中，加入甲醇至刻度线定容，此时出现浑浊，需要再离心 10min，取上清液过 0.5μm 滤膜，备用。

2. 色谱条件

① 紫外检测器：检测波长为 230nm，灵敏度为 0.04AMFS。

② 流动相：甲醇-0.043mol/L 磷酸二氢钠（70＋30），用磷酸调 pH＝5，其中 $NaH_2PO_4 \cdot 2H_2O$ 水溶液需要过 0.45μm 滤膜。

③ 流速：1mL/min。

④ 进样量：20μL。

⑤ 色谱柱：CLC-ODS-C_{18}，6.2mm×150mm，粒径为 5μm，不锈钢柱。

⑥ 柱温：室温。

3. 标准曲线的绘制

准确移取 100.00μg/mL 己烯雌酚（DES）标准使用液 0.00mL、0.30mL、0.60mL、0.90mL、1.20mL 分别置于 100mL 容量瓶中，加入甲醇稀释至刻度，混匀。其浓度分别为 0.00μg/mL、0.30μg/mL、0.60μg/mL、0.90μg/mL、1.20μg/mL，混匀后振荡 20min，于 3000r/min 离心 10min，此时出现浑浊，需要再离心 10min，取上清液过 0.5μm 滤膜，备用。分别取样 20μL，注入 HPLC 柱中，测得不同浓度 DES 标准使用液峰高，以 DES 浓度对峰高绘制标准曲线。己烯雌酚（DES）标准色谱图，见图 7-3。

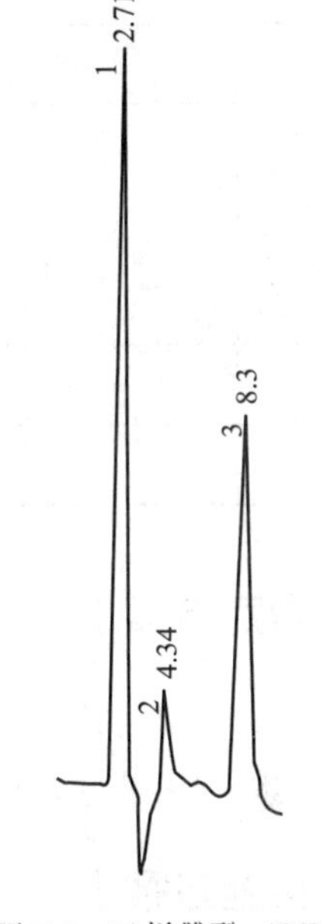

图 7-3 己烯雌酚（DES）标准色谱图

1—溶剂；2—杂质；3—己烯雌酚

4. 样品测定

取样品溶液 20μL，注入 HPLC 柱中，测得的峰高从工作曲线中查出相应含量，R_t＝8.235。

四、数据记录

项目	1	2	3
相对极差/%			

五、数据处理

$$X=\frac{A}{m\times\frac{V_2}{V_1}}$$

式中 X——样品中己烯雌酚含量，mg/kg；

A——进样体积中己烯雌酚含量，ng；

m——样品的质量，g；

V_2——进样体积，μL；

V_1——样品甲醇提取液总体积，mL。

【制订实施方案】

步骤	实施方案内容	任务分工
1		
2		
3		
4		
5		
6		
7		

【确定方案】

1. 分组讨论高效液相色谱法测定香肠中己烯雌酚残留量过程，并分组派代表阐述流程；
2. 师生共同讨论，选出最佳方案。

【实施方案】

1. 领取仪器并检查仪器是否完好；
2. 领取试剂并配制溶液；
3. 按照最佳方案完成任务；
4. 数据记录并处理。

【考核评价】

见32页综合评价表。

任务3 食品中毒素的测定

子任务3-1 食品中黄曲霉毒素的测定——薄层色谱法

【任务描述】

食品中常含有黄曲霉毒素，利用薄层色谱法测定其含量是否达到标准，进而评价产品的质量。

【学习目标】

1. 素质目标：具备实验室安全意识、“质量第一”的责任意识、团队合作意识、环保意识、良好的实验习惯及职业素养、严谨的思维方法、实事求是的工作作风。

2. 知识目标：掌握薄层色谱法测定食品中黄曲霉毒素的原理及计算。

3. 能力目标：能制备薄层板，规范使用电子分析天平等分析仪器；能准确书写数据记录和检验报告。

【任务书】

任务要求：解读GB 5009.22—2016《食品安全国家标准　食品中黄曲霉毒素B族和G族的测定》。

一、方法提要

样品经提取、浓缩、薄层分离后，黄曲霉毒素B_1（$AFTB_1$）在紫外光（波长365nm）下产生蓝紫色荧光，根据其在薄层上荧光的最低检出量来测定含量。

该方法（薄层色谱法）适用于谷物及其制品、豆类及其制品、坚果及籽类、油脂及其制品、调味品中$AFTB_1$的测定。

二、仪器与试剂

1. 仪器、材料

（1）分析天平：准确度±0.0001g；

（2）圆孔筛：筛孔孔径为2.0mm；

（3）小型粉碎机；

（4）电动振荡器；

（5）全玻璃浓缩器；

（6）玻璃板：5cm×20cm；

（7）薄层板涂布器：可选购适用于黄曲霉毒素检测的商品化薄层板；

（8）展开槽：长 25cm，宽 6cm，高 4cm；

（9）紫外光灯：100～125W，带 365nm 滤光片；

（10）微量注射器或血色素吸管；

（11）容量瓶：10mL、100mL；

（12）移液管：5mL；

（13）具塞锥形瓶：250mL。

2. 试剂及溶液

除非另有说明，本方法所用试剂均为分析纯，水为 GB/T 6682 规定的一级水。

（1）苯-乙腈溶液（98＋2）：取 2mL 乙腈加入 98mL 苯中混匀。

（2）甲醇水溶液（55＋45）：取 550mL 甲醇加入 450mL 水中混匀。

（3）甲醇-三氯甲烷（4＋96）：取 4mL 甲醇加入 96mL 三氯甲烷中混匀。

（4）丙酮-三氯甲烷（8＋92）：取 8mL 丙酮加入 92mL 三氯甲烷中混匀。

（5）25g/L 次氯酸钠溶液（消毒用）：取 100g 漂白粉，加入 500mL 水，搅拌均匀。另将 80g 工业用碳酸钠（$Na_2CO_3 \cdot 10H_2O$）溶于 500mL 温水中，再将两液混合、搅拌，澄清后过滤。若用漂粉精制备，则碳酸钠的量可以加倍。所得溶液的浓度约为 25g/L。污染的玻璃仪器用 10g/L 次氯酸钠溶液浸泡半天或用 25g/L 次氯酸钠溶液浸泡片刻后，即可达到消毒效果。

（6）$AFTB_1$ 标准品（$C_{17}H_{12}O_6$）：纯度≥98%，或经国家认证并授予标准物质证书的标准物质。

（7）10.00μg/mL $AFTB_1$ 标准储备溶液：准确称取 1～1.2mg $AFTB_1$ 标准品，先加入 2mL 乙腈溶解后，再用苯稀释至 100mL，避光，置于 4℃冰箱保存。

（8）1.00μg/mL $AFTB_1$ 标准工作液：准确吸取 1mL 标准储备溶液于 10mL 容量瓶中，加苯-乙腈溶液至刻度，混匀。

（9）0.20μg/mL $AFTB_1$ 标准工作液：吸取 2.00mL 1.00μg/mL $AFTB_1$，置于 10mL 容量瓶中，加苯-乙腈溶液稀释至刻度。

（10）0.04μg/mL $AFTB_1$ 标准工作液：吸取 0.20μg/mL $AFTB_1$ 标准工作溶液 2.00mL 置于 10mL 容量瓶中，加苯-乙腈溶液稀释至刻度。

（11）氯化钠（NaCl）。

（12）三氟乙酸（CF_3COOH）。

（13）无水硫酸钠（Na_2SO_4）。

（14）硅胶 G：薄层色谱用。

注：以上试剂在试验时先进行一次试剂空白试验，如不干扰测定即可使用，否则需要逐一进行重新蒸馏。

三、测定过程

警示：整个操作需要在暗室条件下进行。

（1）样品提取

① 玉米、大米、小麦、面粉、薯干、豆类、花生、花生酱等。称取 20.00g 粉碎过筛试

样（面粉、花生酱不需要粉碎），置于250mL具塞锥形瓶中，加入30mL正己烷或石油醚和100mL甲醇水溶液，在瓶塞上涂上一层水，盖严防漏。振荡30min，静置片刻，将样品溶液置于分液漏斗中，待下层甲醇分清后，放出甲醇水溶液于另一具塞锥形瓶内。取20.00mL甲醇水溶液（相当于4g试样）置于另一125mL分液漏斗中，加入20mL三氯甲烷，振摇2min，静置分层，如出现乳化现象可滴加甲醇促使分层。放出三氯甲烷层，经盛有约10g预先用三氯甲烷湿润的无水硫酸钠的定量慢速滤纸过滤于50mL蒸发皿中，再加入5mL三氯甲烷于分液漏斗中，重复振摇提取，三氯甲烷层一并过滤于蒸发皿中，最后用少量三氯甲烷洗过滤器，洗液合并于蒸发皿中。将蒸发皿放在通风柜于65℃水浴上通风吹干，然后放在冰盒上冷却2～3min后，准确加入1mL苯-乙腈溶液（或将三氯甲烷用浓缩蒸馏器减压吹气蒸干后，准确加入1mL苯-乙腈溶液）。用带橡皮头的滴管的尖端将残渣充分混合，若有苯的结晶析出，将蒸发皿从冰盒上取出，继续溶解、混合，晶体消失，再用此滴管吸取上清液转移于2mL具塞试管中。

② 花生油、香油、菜油等。称取4.00g试样置于小烧杯中，用20mL正己烷或石油醚将试样溶解并移入125mL分液漏斗中。用20mL甲醇水溶液分次洗烧杯，洗液一并移入分液漏斗中，振摇2min，静置分层后，将下层甲醇水溶液移入第二个分液漏斗中，再用5mL甲醇水溶液重复振摇提取一次，提取液一并移入第二个分液漏斗中，在第二个分液漏斗中加入20mL三氯甲烷，以下按①中“振摇2min，静置分层……”操作。

③ 酱油、醋。称取10.00g试样于小烧杯中，为防止提取时乳化，加入0.4g氯化钠，移入分液漏斗中，用15mL三氯甲烷分次洗涤烧杯，洗液一并移入分液漏斗中。以下按①中“振摇2min，静置分层……”操作，最后加入2.5mL苯-乙腈溶液，此溶液每毫升相当于4g试样。或称取10.00g试样，置于分液漏斗中，再加入12mL甲醇（以酱油体积代替水，故甲醇与水的体积比仍约为55∶45），用20mL三氯甲烷提取，以下按①中“振摇2min，静置分层……”操作，最后加入2.5mL苯-乙腈溶液。

（2）测定-单向展开法。

① 薄层板的制备。称取约3g硅胶G，加相当于硅胶量2～3倍的水，用力研磨1～2min至成糊状后立即倒于涂布器内，推成5cm×20cm、厚度约0.25mm的薄层板三块。在空气中干燥约15min后，在100℃活化2h，取出，放入干燥器中保存。一般可保存2～3d，若放置时间较长，可再次活化后使用。

② 点样。将薄层板边缘附着的吸附剂刮净，在距薄层板下端3cm的基线上用微量注射器或血色素吸管滴加样品溶液。一块板可滴加4个点，点距边缘和点间距约为1cm，点直径约3mm。在同一块板上滴加点的大小应一致，滴加时可用吹风机的冷风边吹边加。滴加样式如下：

第一点：10.00μL $AFTB_1$标准工作液（0.040μg/mL）。

第二点：20.00μL样品溶液。

第三点：20.00μL样品溶液+10μL 0.04μg/mL $AFTB_1$标准工作液。

第四点：20.00μL样品溶液+10μL 0.20μg/mL $AFTB_1$标准工作液。

③ 展开与观察。在展开槽内加入10mL无水乙醚，预展12cm，取出挥发干燥。再于另一展开槽内加入10mL丙酮-三氯甲烷（8+92），展开10～12cm，取出。在紫外光下观察结果，方法如下。由于样品溶液点上加滴$AFTB_1$标准工作液，可使$AFTB_1$标准点与样品溶液中的$AFTB_1$荧光点重叠。如样品溶液为阴性，薄层板上的第三点中$AFTB_1$为

0.0004μg，可用于检查在样品溶液内 $AFTB_1$ 最低检出量是否正常出现；如为阳性，则起定性作用。薄层板上的第四点中 $AFTB_1$ 为 0.002μg，主要起定位作用。若第二点在 $AFTB_1$ 标准点的相应位置上无蓝紫色荧光点，表示试样中 $AFTB_1$ 含量在 5μg/kg 以下，如在相应位置上有蓝紫色荧光点，则需要进行确证试验。

④ 确证试验。为了证实薄层板上样品溶液荧光系由 $AFTB_1$ 产生的，加滴三氟乙酸，产生 $AFTB_1$ 的衍生物，展开后此衍生物的比移值在 0.1 左右。于薄层板左边依次滴加两个点。

第一点：0.040μg/mL$AFTB_1$ 标准工作液 10μL。

第二点：20.00μL 样品溶液。于以上两点各加一小滴三氟乙酸盖于其上，反应 5min，用吹风机吹热风 2min，使薄层板上的温度不高于 40℃，再于薄层板上滴加以下两个点。

第三点：0.040μg/mL$AFTB_1$ 标准工作液 10μL。

第四点：20.00μL 样品溶液。

再展开，在紫外光灯下观察样品溶液是否产生与 $AFTB_1$ 标准点相同的衍生物。未加三氟乙酸的第三、四两点，可依次作为标准工作液与样品溶液的衍生物空白对照。

⑤ 稀释定量。样品溶液中的 $AFTB_1$ 荧光点的荧光强度如与 $AFTB_1$ 标准点的最低检出量（0.0004μg）的荧光强度一致，则试样中 $AFTB_1$ 含量即为 5μg/kg。如样品溶液的荧光强度比最低检出量强，则根据其强度估计减少滴加体积或将样品溶液稀释后再滴加不同体积，直至样品溶液的荧光强度与最低检出量的荧光强度一致为止。滴加样式如下。

第一点：10.00μL$AFTB_1$ 标准工作液（0.040μg/mL）。

第二点：根据情况滴加 10.00μL 样品溶液。

第三点：根据情况滴加 15.00μL 样品溶液。

第四点：根据情况滴加 20.00μL 样品溶液。

四、数据记录

项目	1	2	3
相对极差/%			

五、数据处理

试样中 $AFTB_1$ 的含量按下面公式计算：

$$X=\frac{0.0004V_1f}{V_2m\times10^{-3}}$$

式中 X——试样中 $AFTB_1$ 的含量，μg/kg；

0.0004——$AFTB_1$ 的最低检出量，μg；

V_1——加入苯-乙腈溶液的体积，mL；

f——样品溶液的总稀释倍数；

V_2——出现最弱荧光时滴加样品溶液的体积，mL；

m——加入苯-乙腈溶液溶解时相当试样的质量，g。

计算结果保留至整数位。

【制订实施方案】

步骤	实施方案内容	任务分工
1		
2		
3		
4		
5		
6		
7		

【确定方案】

1. 分组讨论薄层色谱法测定食品中黄曲霉毒素过程，并分组派代表阐述流程；
2. 师生共同讨论，选出最佳方案。

【实施方案】

1. 领取仪器并检查仪器是否完好；
2. 领取试剂并配制溶液；
3. 按照最佳方案完成任务；
4. 数据记录并处理。

【考核评价】

见 32 页综合评价表。

子任务 3-2　食品中麻痹性贝类毒素的测定——液相色谱法

【任务描述】

测定食品中麻痹性贝类毒素是否满足国家技术标准的要求，进而评价产品的质量。

【学习目标】

1. 素质目标：具备实验室安全意识、“质量第一”的责任意识、团队合作意识、环保意识、良好的实验习惯及职业素养、严谨的思维方法、实事求是的工作作风。

2. 知识目标：掌握液相色谱法测定食品中的麻痹性贝类毒素的原理。

3. 能力目标：能规范使用液相色谱仪、电子分析天平等分析仪器，能准确书写数据记录和检验报告。

【任务书】

任务要求： 解读 GB 5009.213—2016《食品安全国家标准　贝类中麻痹性贝类毒素的测定》。

一、方法提要

试样中的麻痹性贝类毒素经 0.1mol/L 盐酸溶液提取，C_{18} 固相萃取柱和超滤离心净化，用液相色谱分离，衍生荧光检测，外标法定量。

该方法适用于牡蛎、扇贝等贝类及其制品中麻痹性贝类毒素的检测。

二、仪器与试剂

1. 仪器

（1）分析天平：准确度±0.0001g；

（2）液相色谱仪：配有荧光检测器，柱后衍生反应装置；

（3）离心机：转速≥2000r/min；

（4）固相萃取装置；

（5）涡旋振荡器；

（6）恒温水浴锅；

（7）pH 计；

（8）具塞离心管：15mL；

（9）容量瓶：10mL。

2. 材料

（1）C_{18} 固相萃取柱：500mg/3mL，或性能相当者。使用前依次用 6mL 甲醇和 6mL 水活化。

（2）超滤离心管：4mL，10KD。

（3）水相微孔滤膜：0.45μm。

3. 试剂及溶液

除非另有说明，本方法所用试剂均为分析纯，水为 GB/T 6682 规定的一级水。

（1）0.1mol/L 庚烷磺酸钠溶液：称取 20.2g 庚烷磺酸钠，用水溶解并稀释至 1000mL。

（2）0.5mol/L 磷酸溶液：称取 49.0g 磷酸，用水溶解并稀释至 1000mL。

（3）0.25mol/L 磷酸氢二钾溶液：称取 43.5g 磷酸氢二钾，用水溶解并稀释至 1000mL。

（4）1mol/L 氢氧化钾溶液：称取 56.1g 氢氧化钾，用水溶解并稀释至 1000mL。

（5）0.5mol/L 高碘酸溶液：称取 114.0g 二水合高碘酸，用水溶解并稀释至 1000mL。

（6）1mol/L 乙酸溶液：称取 60.0g 无水乙酸，用水溶解并稀释至 1000mL。

（7）0.01mol/L 乙酸溶液：量取 10.0mL 1mol/L 乙酸溶液，用水稀释至 1000mL。

（8）0.1mol/L 盐酸溶液：量取 9.0mL 盐酸，用水稀释至 1000mL。

(9) 流动相 A：量取 15.0mL 庚烷磺酸钠溶液、8.5mL 磷酸溶液，用约 450mL 水稀释，用氨水调 pH 至 7.2，用水定容至 500mL，过 0.45μm 水相微孔滤膜。

(10) 流动相 B：量取 20.0mL 庚烷磺酸钠溶液、45.0mL 磷酸溶液，用约 450mL 水稀释，用氨水调节 pH 至 7.2，用水定容到 500mL，过 0.45μm 水相微孔滤膜。

(11) 氧化液：量取 10.0mL 高碘酸溶液、100mL 磷酸氢二钾溶液，用约 450mL 水溶解，用氢氧化钾溶液调节 pH 至 9.0，用水定容至 500mL。

(12) 标准品：麻痹性贝类毒素 GTX1（25.4μg/mL）、GTX4（8.35μg/mL）、GTX2（39.2μg/mL）、GTX3（13.0μg/mL）、dcGTX2（34.6μg/mL）、dcGTX3（9.60μg/mL）、GTX5（16.0μg/mL）、neoSTX（15.7μg/mL）、STX（29.0μg/mL）、dcSTX（25.0μg/mL）标准溶液，避光保存于−20℃以下。

(13) 麻痹性贝类毒素标准储备液：准确吸取适量麻痹性贝类毒素标准溶液，用乙酸溶液稀释并定容，配制成一定浓度的标准储备液，避光保存于−20℃以下。

(14) 麻痹性贝类毒素混合标准溶液：分别准确吸取适量各麻痹性贝类毒素标准储备液，用乙酸溶液稀释并定容，配制成所需要质量浓度的混合标准溶液，现用现配。

(15) 麻痹性贝类毒素混合标准工作液：准确吸取适量麻痹性贝类毒素混合标准溶液，用乙酸溶液稀释并定容，配制成混合标准工作液。见表 7-5。

表 7-5　10 种麻痹性贝类毒素标准品的标准工作液质量浓度

毒素	质量浓度/(μg/mL)	标准工作液尝试浓度/(ng/mL)	毒素	质量浓度/(μg/mL)	标准工作液尝试浓度/(ng/mL)
GTX1	25.4	0、25.4、50.7、101、254、507、1014	dcGTX3	9.60	0、2.4、4.8、9.6、24、48、96
GTX4	8.35	0、8.35、16.7、33.4、83.5、167、334	GTX5	16.0	0、16、31.9、63.8、160、319、638
GTX2	39.2	0、9.8、19.6、39.2、98、196、392	neoSTX	15.7	0、7.85、15.7、31.4、78.5、157、314
GTX3	13.0	0、3.25、6.5、13、32.5、65、130	STX	29.0	0、7.25、14.5、29、72.5、145、290
dcGTX2	34.6	0、8.65、17.3、34.6、86.5、173、346	dcSTX	25.0	0、6.25、12.5、25、62.5、125、250

三、测定过程

1. 样品采集

从 2kg 以上样品中采取足够个数贝类，去壳使贝肉达 200g 以上。不能及时送检的新鲜贝类，开壳后将贝肉分离，将沥水后的 200g 贝肉放入 200mL 盐酸溶液中，置于 4℃保存，备检。

2. 试样制备

(1) 牡蛎、蛤及贻贝：用清水将贝类样品外表彻底洗净，切断闭壳肌，开壳，用蒸馏水淋洗内部去除泥沙及其他异物。将闭壳肌和连接在胶合部的组织分开，仔细取出贝肉，切勿割破贝体。严禁加热或用麻醉剂开壳。收集约 200g 贝肉分散置于筛子中沥水 5min（不要使肉堆积），分离出碎壳等杂物，将贝肉均质备用。

(2) 扇贝：取可食部分用作检测，均质后备用。

(3) 冷冻贝类：在室温下，使冷冻的样品（带壳或脱壳的）自然融化，开壳、淋洗、取肉、均质、备用。

(4) 贝类罐头：将罐内所有内容物（肉及液体）充分均质。如果是大罐，将贝肉沥水并收集沥下的液体，分别称重并存放固形物和汤汁，将固形物和汤汁按原罐装比例混合，均质后备用。

(5) 用酸保存的贝肉：沥去酸液，分别存放贝肉及酸液，备用。

(6) 贝肉干制品：干制品可于等体积盐酸溶液中浸泡 24～48h（4℃冷藏），沥去酸液，分别存放贝肉及酸液备用。

3. 试样提取

称取 5g（准确度±0.0001g）试样于 15mL 具塞离心管中，加入 10mL 盐酸溶液，振荡均匀。将离心管置于 100℃的沸水浴中，加热 5min，冷却后，以 5000r/min 离心 10min，上清液待净化。

4. 试样净化

将上清液过已活化好的 C_{18} 固相萃取柱，收集流出液，用水定容至 10mL。准确吸取 1mL（相当于 0.5g 试样）于超滤离心管中离心，滤液供液相色谱仪测定。

5. 空白试验

除不加试样外，采用与试样相同的操作步骤，得到空白溶液。

6. 仪器参考条件

(1) 色谱柱：C_8 柱，柱长 250mm，内径 4.6mm，粒径 5μm，或性能相当者；

(2) 温度：30℃；

(3) 流动相：流动相 A、流动相 B 和流动相 C（乙腈）；

(4) 流动相梯度洗脱，详见表 7-6；

表 7-6 流动相梯度洗脱

时间/min	流动相 A/%	流动相 B/%	流动相 C/%	流速/(mL/min)
0	100	0	0	1.0
20.0	100	0	0	1.0
20.5	0	93.5	6.5	0.9
45.0	0	93.5	6.5	0.9
45.5	100	0	0	1.0
60.0	100	0	0	1.0

(5) 柱后衍生：反应温度为 50℃，反应液流速（单位为 mL/min）梯度见表 7-7；

表 7-7 柱后衍生反应液流速梯度 单位：mL/min

反应液	时间					
	0min	25min	25.5min	45min	45.5min	60min
氧化液	0.4	0.4	0.8	0.8	0.4	0.4
乙酸溶液(1mol/L)	0.4	0.4	0.8	0.8	0.4	0.4

(6) 荧光检测：激发波长为 330nm，发射波长为 390nm；

(7) 进样量：100μL。

7. 标准曲线的制作

将不同浓度混合标准溶液分别注入液相色谱仪中，测定相应的峰面积，以标准溶液的质量浓度为横坐标，以峰面积为纵坐标，绘制标准曲线。麻痹性贝类毒素标准溶液的液相色谱图见图 7-4。

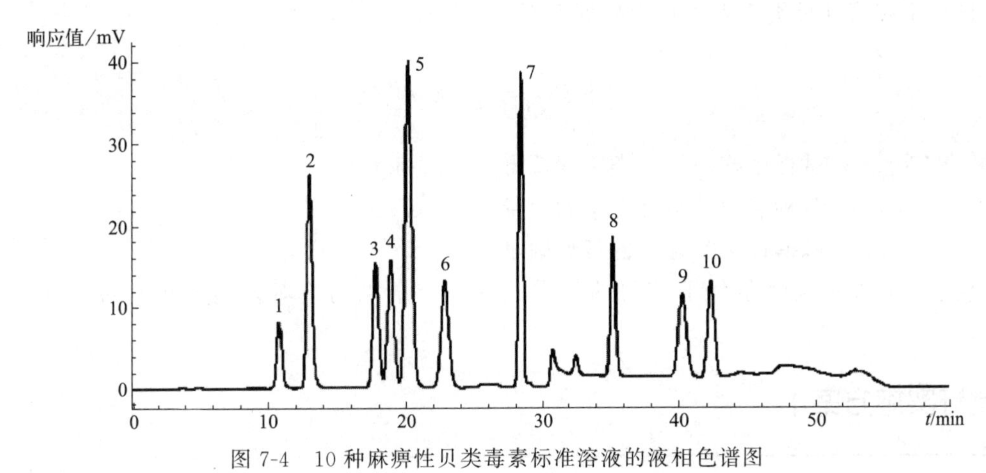

图 7-4 10 种麻痹性贝类毒素标准溶液的液相色谱图

1—16.7μg/L 麻痹性贝类毒素 GTX4；2—50.7μg/L 麻痹性贝类毒素 GTX1；3—4.8μg/L 麻痹性贝类毒素 dcGTX3；4—31.9μg/L 麻痹性贝类毒素 GTX5；5—17.3μg/L 麻痹性贝类毒素 dcGTX2；6—6.5μg/L 麻痹性贝类毒素 GTX3；7—19.6μg/L 麻痹性贝类毒素 GTX2；8—15.7μg/L 麻痹性贝类毒素 neoSTX；9—12.5μg/L 麻痹性贝类毒素 dcSTX；10—14.5μg/L 麻痹性贝类毒素 STX。

8. 试样溶液的测定

将试样溶液注入液相色谱仪中，得到相应的峰面积，根据标准曲线得到待测液中麻痹性贝类毒素的质量浓度。

四、数据记录

项目	1	2	3
相对极差/%			

五、数据处理

1. 试样中各种麻痹性贝类毒素含量根据下面公式计算：

$$X_i = \frac{\rho_i V}{m}$$

式中 X_i——试样中各种麻痹性贝类毒素的含量，μg/kg；

ρ_i——从标准曲线得到的试样溶液中麻痹性贝类毒素的质量浓度，ng/mL；

V——用于超滤的试样溶液体积，mL；

m——与超滤试样溶液相当的试样质量，g。

计算结果需要扣除空白值。计算结果保留三位有效数字。

2. 总毒力计算

试样中麻痹性贝类毒素总毒力根据下面公式计算：

$$STX_{eq}=\sum_{i}^{n}X_ir_i$$

式中 STX_{eq}——试样中麻痹性贝类毒素总毒力，μg/kg；

X_i——各种麻痹性贝类毒素的含量，μg/kg；

r_i——麻痹性贝类毒素的毒性因子。

精密度：在重复性条件下获得的两次独立测定结果的绝对差值不得超过算术平均值的15%。

【制订实施方案】

步骤	实施方案内容	任务分工
1		
2		
3		
4		
5		
6		
7		

【确定方案】

1. 分组讨论液相色谱法测定食品中麻痹性贝类毒素的过程，并分组派代表阐述流程；
2. 师生共同讨论，选出最佳方案。

【实施方案】

1. 领取仪器并检查仪器是否完好；
2. 领取试剂并配制溶液；
3. 按照最佳方案完成任务；
4. 数据记录并处理。

【考核评价】

见32页综合评价表。

任务4
食品中有害元素的测定

子任务 4-1　食品中铅含量的测定——石墨炉原子吸收光谱法

【任务描述】

利用石墨炉原子吸收光谱法测定食品中铅含量是否达到标准，进而评价产品的质量。

【学习目标】

1. 素质目标：具备实验室安全意识、“质量第一”的责任意识、团队合作意识、环保意识、良好的实验习惯及职业素养、严谨的思维方法、实事求是的工作作风。

2. 知识目标：掌握石墨炉原子吸收光谱法测定食品中铅含量的原理及计算。

3. 能力目标：能规范使用原子吸收光谱仪、电子分析天平等分析仪器，能准确书写数据记录和检验报告。

【任务书】

任务要求：解读 GB 5009.12—2023《食品安全国家标准 食品中铅的测定》。

一、方法提要

试样消解处理后，经石墨炉原子化，在 283.3nm 处测定吸光度。在一定浓度范围内铅的吸光度值与铅含量成正比，与标准系列比较定量。

该方法适用于各类食品中铅含量的测定。

二、仪器与试剂

1. 仪器、材料

（1）分析天平：准确度±0.0001g；

（2）原子吸收光谱仪：配石墨炉原子化器，附铅空心阴极灯；

（3）可调式电热炉；

（4）可调式电热板；

（5）微波消解系统：配聚四氟乙烯消解内罐；

（6）恒温干燥箱；

（7）压力消解罐：配聚四氟乙烯消解内罐；

（8）容量瓶：10mL、100mL、1000mL；

（9）移液管：5mL。

2. 试剂及溶液

除非另有说明，本方法所用试剂均为分析纯，水为 GB/T 6682 规定的二级水。

(1) 硝酸溶液（5+95）：量取 50mL 硝酸，缓慢加入 950mL 水中，混匀。

(2) 硝酸溶液（1+9）：量取 50mL 硝酸，缓慢加入 450mL 水中，混匀。

(3) 磷酸二氢铵-硝酸钯溶液：称取 0.02g 硝酸钯，加少量硝酸溶液（1+9）溶解后，再加入 2g 磷酸二氢铵，溶解后用硝酸溶液（5+95）定容至 100mL，混匀。

(4) 1000.0000mg/L 铅标准储备液：准确称取 1.5985g（准确度±0.0001g）硝酸铅［$Pb(NO_3)_2$，纯度>99.99%。或经国家认证并授予标准物质证书的一定浓度的铅标准溶液］，用少量硝酸溶液（1+9）溶解，移入 1000mL 容量瓶，加水至刻度，混匀。

(5) 1.00mg/L 铅标准中间液：准确吸取 1.00mL 铅标准储备液于 1000mL 容量瓶中，加入硝酸溶液（5+95）至刻度，混匀。

(6) 铅标准系列溶液：分别吸取 1.00mg/L 铅标准中间液 0.00mL、0.50mL、1.00mL、2.00mL、3.00mL 和 4.00mL 于 100mL 容量瓶中，加入硝酸溶液（5+95）至刻度，混匀。此铅标准系列溶液的质量浓度分别为 0.00μg/L、5.00μg/L、10.00μg/L、20.00μg/L、30.00μg/L 和 40.00μg/L。

注：可根据仪器的灵敏度及样品中铅的实际含量确定标准系列溶液中铅的质量浓度。

三、测定过程

1. 试样制备

注：在采样和试样制备过程中，应避免试样污染。

(1) 粮食、豆类样品　将样品去除杂物后，粉碎，储于塑料瓶中。

(2) 蔬菜、水果、鱼类、肉类等样品　将样品用水洗净，晾干，取可食部分，制成匀浆，储于塑料瓶中。

(3) 饮料、酒、醋、酱油、食用植物油、液态乳等液体样品　将样品摇匀。

2. 试样前处理

(1) 湿法消解　称取固体试样 0.2～3g（准确度±0.0001g）或准确移取液体试样 0.50～5.00mL 于带刻度消化管中，加入 10mL 硝酸和 0.5mL 高氯酸，在可调式电热炉上消解（参考条件：120℃/0.5～1h；升温至 180℃/2～4h；升温至 200～220℃/0.5～1h）。若消化液呈棕褐色，再加少量硝酸，消解至冒白烟，消化液呈无色透明或略带黄色，取出消化管，冷却后用水定容至 10mL，混匀备用。同时制备试剂空白溶液。亦可采用锥形瓶，于可调式电热板上，按上述操作方法进行湿法消解。

(2) 微波消解　称取固体试样 0.2～0.8g（准确度±0.0001g）或准确移取液体试样 0.50～3.00mL 于微波消解罐中，加入 5mL 硝酸，按照微波消解的操作步骤消解试样，消解条件参考表 7-8。冷却后取出消解罐，在电热板上于 140～160℃ 驱赶硝酸至 1mL 左右。消解罐放冷后，将消化液转移至 10mL 容量瓶中，用少量水洗涤消解罐 2～3 次，合并洗涤液于容量瓶中并用水定容至刻度，混匀备用。同时制备试剂空白溶液。

表 7-8　微波消解升温程序

步骤	设定温度/℃	升温时间/min	恒温时间/min
1	120	5	5

续表

步骤	设定温度/℃	升温时间/min	恒温时间/min
2	160	5	10
3	180	5	10

（3）压力罐消解　称取固体试样 0.2～1g（准确度±0.0001g）或准确移取液体试样 0.50～5.00mL 于消解内罐中，加入 5mL 硝酸。盖好内盖，旋紧不锈钢外罐，放入恒温干燥箱，于 140～160℃下保持 4～5h。冷却后缓慢旋松外罐，取出消解内罐，放在可调式电热板上于 140～160℃驱赶硝酸至 1mL 左右。冷却后将消化液转移至 10mL 容量瓶中，用少量水洗涤内罐和内盖 2～3 次，合并洗涤液于容量瓶中并用水定容至刻度，混匀备用。同时制备试剂空白溶液。

3. 仪器参考条件

根据各自仪器性能调至最佳状态。参考条件见表 7-9。

表 7-9　石墨炉原子吸收光谱法仪器参考条件

元素	波长/nm	狭缝宽度/nm	灯电流/mA	干燥	灰化	原子化
铅	283.3	0.5	8～12	85～120℃/40～50s	750℃/20～30s	2300℃/4～5s

4. 标准曲线的制作

按质量浓度由低到高的顺序分别将 10μL 铅标准系列溶液和 5μL 磷酸二氢铵-硝酸钯溶液（可根据所使用的仪器确定最佳进样量）同时注入石墨炉，原子化后测其吸光度值，以质量浓度为横坐标，吸光度值为纵坐标，制作标准曲线。

5. 试样溶液的测定

在与测定标准溶液相同的实验条件下，将 10μL 空白溶液或试样溶液与 5μL 磷酸二氢铵-硝酸钯溶液（可根据所使用的仪器确定最佳进样量）同时注入石墨炉，原子化后测其吸光度值，与标准系列溶液比较定量。

四、数据记录

项目	1	2	3
相对极差/%			

五、数据处理

试样中铅的含量根据下面公式计算：

$$X = \frac{(\rho - \rho_0) V \times 10^{-3}}{m}$$

式中　X——试样中铅的含量，mg/kg 或 mg/L；

ρ——试样溶液中铅的质量浓度，μg/L；

ρ_0——空白溶液中铅的质量浓度，μg/L；

V——试样消化液的定容体积，mL；

m——试样称样量或移取体积，g 或 mL。

当铅含量≥1.00mg/kg（或 mg/L）时，计算结果保留三位有效数字；当铅含量<1.00mg/kg（或 mg/L）时，计算结果保留两位有效数字。

精密度：在重复性条件下获得的两次独立测定结果的绝对差值不得超过算术平均值的 20%。

【制订实施方案】

步骤	实施方案内容	任务分工
1		
2		
3		
4		
5		
6		
7		

【确定方案】

1. 分组讨论石墨炉原子吸收光谱法测定食品中铅含量过程，并分组派代表阐述流程；
2. 师生共同讨论，选出最佳方案。

【实施方案】

1. 领取仪器并检查仪器是否完好；
2. 领取试剂并配制溶液；
3. 按照最佳方案完成任务；
4. 数据记录并处理。

【考核评价】

见 32 页综合评价表。

子任务 4-2　食品中镉含量的测定——石墨炉原子吸收光谱法

【任务描述】

利用石墨炉原子吸收光谱法测定食品中镉含量是否达到标准，进而评价产品的质量。

【学习目标】

1. 素质目标：具备实验室安全意识、“质量第一”的责任意识、团队合作意识、环保意

识、良好的实验习惯及职业素养、严谨的思维方法、实事求是的工作作风。

2. 知识目标：掌握石墨炉原子吸收光谱法测定食品中镉含量的原理及计算。

3. 能力目标：能规范使用原子吸收光谱仪、电子分析天平等分析仪器，能准确书写数据记录和检验报告。

【任务书】

任务要求：解读 GB 5009.15—2023《食品安全国家标准 食品中镉的测定》。

一、方法提要

试样经灰化或酸消解后，注入一定量样品消化液于原子吸收光谱仪石墨炉中，原子化后吸收 228.8nm 共振线，在一定浓度范围内，其吸光度值与镉含量成正比，采用标准曲线法定量。

该方法适用于各类食品中镉的测定。

二、仪器与试剂

1. 仪器、材料

(1) 分析天平：准确度±0.0001g；

(2) 原子吸收光谱仪：附石墨炉原子化器和镉空心阴极灯；

(3) 可调温式电热板；

(4) 可调温式电炉；

(5) 微波消解系统：配聚四氟乙烯消解内罐或其他合适的压力罐；

(6) 马弗炉；

(7) 恒温干燥箱；

(8) 压力消解罐：配聚四氟乙烯消解内罐；

(9) 容量瓶：10mL、100mL、1000mL；

(10) 移液管：5mL、10mL。

2. 试剂及溶液

除非另有说明，本方法所用试剂均为优级纯，水为 GB/T 6682 规定的二级水。

所用玻璃仪器均需要用硝酸溶液（1+4）浸泡 24h 以上，用水反复冲洗，最后用去离子水冲洗干净。

(1) 1%硝酸溶液：取 10.0mL 硝酸加入 1000mL 水中，混匀。

(2) 盐酸溶液（1+1）：取 500mL 盐酸慢慢加入 500mL 水中。

(3) 硝酸-高氯酸混合溶液（9+1）：取 9 份硝酸与 1 份高氯酸混合。

(4) 10g/L 磷酸二氢铵溶液：称取 10.0g 磷酸二氢铵，用 1%硝酸溶液溶解后定量移入 1000mL 容量瓶，用 1%硝酸溶液定容至刻度。

(5) 1000.0000mg/L 镉标准储备液：准确称取 1g（准确度±0.0001g）金属镉标准品（Cd，纯度为 99.99%，或经国家认证并授予标准物质证书的标准物质）于小烧杯中，分次加入 20mL 盐酸溶液（1+1）溶解，加入 2 滴硝酸，移入 1000mL 容量瓶中，用水定容至刻度，混匀。

(6) 100.00ng/mL 镉标准使用液：吸取镉标准储备液 10.00mL 于 100mL 容量瓶中，用 1%硝酸溶液定容至刻度，如此经多次稀释成每毫升含 100ng 镉的标准使用液。

(7) 镉标准系列工作液：准确吸取镉标准使用液 0.00mL、0.50mL、1.00mL、1.50mL、2.00mL、3.00mL 于 100mL 容量瓶中，用 1%硝酸溶液定容至刻度，即得到含镉量分别为 0.00ng/mL、0.50ng/mL、1.00ng/mL、1.50ng/mL、2.00ng/mL、3.00ng/mL 的标准系列工作液。

三、测定过程

1. 试样制备

(1) 干试样　粮食、豆类，去除杂质；坚果类去杂质、去壳。磨碎成均匀的样品，颗粒度不大于 0.425mm。储于洁净的塑料瓶中，并标记，于室温下或样品保存条件下保存备用。

(2) 鲜（湿）试样　蔬菜、水果、肉类、鱼类及蛋类等，用食品加工机打成匀浆或碾磨成匀浆，储于洁净的塑料瓶中，并标记，于−16～−18℃冰箱中保存备用。

(3) 液态试样　按样品保存条件保存备用。含气样品使用前应除气。

2. 试样消解

可根据实验室条件选用以下任何一种方法消解，称量时应保证样品的均匀性。

(1) 压力罐消解　称取干试样 0.3～0.5g（准确度±0.0001g）或鲜（湿）试样 1～2g（准确度±0.0001g）于聚四氟乙烯内罐，加硝酸 5mL 浸泡过夜。再加入 30%过氧化氢溶液 2～3mL（总量不能超过罐容积的 1/3）。盖好内盖，旋紧不锈钢外罐，放入恒温干燥箱，120～160℃保持 4～6h，在箱内自然冷却至室温，取出后加热驱赶硝酸至接近干燥，将消化液洗入 10mL 或 25mL 容量瓶中，用少量 1%硝酸溶液洗涤内罐和内盖 3 次，洗液合并于容量瓶中并用 1%硝酸溶液定容至刻度，混匀备用。同时制备试剂空白溶液。

(2) 微波消解　称取干试样 0.3～0.5g（准确度±0.0001g）或鲜（湿）试样 1～2g（准确度±0.0001g）置于微波消解罐中，加入 55mL 硝酸和 2mL 过氧化氢。微波消解程序可以根据仪器型号调至最佳条件。消解完毕，待消解罐冷却后打开，消化液呈无色或淡黄色，加热驱赶硝酸至接近干燥，用少量 1%硝酸溶液冲洗消解罐 3 次，将洗液转移至 10mL 或 25mL 容量瓶中，并用 1%硝酸溶液定容至刻度，混匀备用。同时制备试剂空白溶液。

(3) 湿法消解　称取干试样 0.3～0.5g（准确度±0.0001g）或鲜（湿）试样 1～2g（准确度±0.0001g）于锥形瓶中，放数粒玻璃珠，加入 10mL 硝酸-高氯酸混合溶液（1+9），加盖浸泡过夜，加一小漏斗在电热板上消解，若消化液变棕黑色，再加硝酸，直至冒白烟，消化液呈无色透明或略带微黄色，放冷后将消化液洗入 10～25mL 容量瓶中，用少量 1%硝酸溶液洗涤锥形瓶 3 次，洗液合并于容量瓶中并用 1%硝酸溶液定容至刻度，混匀备用。同时制备试剂空白溶液。

(4) 干法灰化　称取干试样 0.3～0.5g（准确度±0.0001g）、鲜（湿）试样 1～2g（准确度±0.0001g）或液态试样 1～2g（准确度±0.0001g）于瓷坩埚中，先小火在可调式电炉上炭化至无烟，移入马弗炉于 500℃灰化 6～8h，冷却。若个别试样灰化不彻底，加入 1mL 硝酸-高氯酸混合溶液（1+9）在可调式电炉上小火加热，将混合酸蒸干后，再转入马弗炉中于 500℃继续灰化 1～2h，直至试样灰化完全，呈灰白色或浅灰色。放冷，用 1%硝酸溶液将灰分溶解，移入 10mL 或 25mL 容量瓶中，用少量 1%硝酸溶液洗涤瓷坩埚 3 次，洗液合并于容量瓶中并用1%硝酸溶液定容至刻度，混匀备用。同时制备试剂空白溶液。

注：实验要在通风良好的通风橱内进行。对含油脂的样品，尽量避免用湿法消解，最好采用干法灰化，如果必须采用湿法消解，样品的取样量最大不能超过1g。

3. 仪器参考条件

根据所用仪器型号将仪器调至最佳状态。原子吸收光谱仪（附石墨炉原子化器及镉空心阴极灯）测定参考条件，见表7-10。

表7-10 石墨炉原子吸收光谱法仪器参考条件

元素	波长/nm	狭缝宽度/nm	灯电流/mA	干燥	灰化	原子化
镉	228.8	0.2～1.0	2～10	105/20s	400～700/20～40s	1300～2300/5s

背景校正为氘灯或塞曼效应。

4. 标准曲线的制作

将标准系列工作液按浓度由低到高的顺序各取20μL注入石墨炉，测其吸光度值，以标准工作液的浓度为横坐标，相应的吸光度值为纵坐标，绘制标准曲线并求出吸光度值与浓度关系的一元线性回归方程。标准系列工作液应不少于5个不同浓度的镉标准溶液，相关系数不应小于0.995。如果有自动进样装置，也可用程序稀释来配制标准系列工作液。

5. 试样溶液的测定

在与测定标准系列工作液相同的实验条件下，吸取样品消化液20μL（可根据使用仪器选择最佳进样量），注入石墨炉，测其吸光度值。代入标准系列的一元线性回归方程中求样品消化液中镉的含量，平行测定不少于两次。若测定结果超出标准曲线范围，用1%硝酸溶液稀释后再行测定。

6. 基体改进剂的使用

对有干扰的试样，和样品消化液一起注入石墨炉的是5μL基体改进剂10g/L磷酸二氢铵溶液，绘制标准曲线时也要加入与试样测定时等量的基体改进剂。

四、数据记录

项目	1	2	3
相对极差/%			

五、数据处理

试样中镉含量根据下面公式进行计算：

$$X=\frac{(c_1-c_0)V\times10^{-3}}{m}$$

式中 X——试样中镉含量，mg/kg或mg/L；

c_1——试样消化液中镉含量，ng/mL；

c_0——空白溶液中镉含量，ng/mL；

V——试样消化液定容总体积，mL；

m——试样质量或体积，g 或 mL。

以重复性条件下获得的两次独立测定结果的算术平均值表示，计算结果保留两位有效数字。

精密度：在重复性条件下获得的两次独立测定结果的绝对差值不得超过算术平均值的 20%。

【制订实施方案】

步骤	实施方案内容	任务分工
1		
2		
3		
4		
5		
6		
7		

【确定方案】

1. 分组讨论石墨炉原子吸收光谱法测定食品中镉含量过程，并分组派代表阐述流程；
2. 师生共同讨论，选出最佳方案。

【实施方案】

1. 领取仪器并检查仪器是否完好；
2. 领取试剂并配制溶液；
3. 按照最佳方案完成任务；
4. 数据记录并处理。

【考核评价】

见 32 页综合评价表。

子任务 4-3　食品中汞含量的测定——原子荧光光谱法

【任务描述】

利用原子荧光光谱法测定食品中汞含量是否达到标准，进而评价产品的质量。

【学习目标】

1. 素质目标：具备实验室安全意识、“质量第一” 的责任意识、团队合作意识、环保意识、良好的实验习惯及职业素养、严谨的思维方法、实事求是的工作作风。

2. 知识目标：掌握原子荧光光谱法测定食品中汞含量的原理及计算。

3. 能力目标：能规范使用原子荧光光谱仪、电子分析天平等分析仪器，能准确书写数据记录和检验报告。

【任务书】

任务要求：解读 GB 5009.17—2021《食品安全国家标准 食品中总汞及有机汞的测定》。

一、方法提要

试样用酸加热消解后，在酸性介质中，试样中汞被硼氢化钾或硼氢化钠还原成原子态汞，由载气（氩气）带入原子化器中，在汞空心阴极灯照射下，基态汞原子被激发至高能态，在由高能态回到基态时，发射出特征波长的荧光，其荧光强度与汞含量成正比，外标法定量。

该方法适用于食品中总汞的测定。

二、仪器与试剂

1. 仪器、材料

（1）分析天平：准确度±0.0001g；

（2）原子荧光光谱仪：配汞空心阴极灯；

（3）可调温式电热板：50～200℃；

（4）可调温式电炉；

（5）微波消解系统：配聚四氟乙烯消解内罐或其他合适的压力罐；

（6）马弗炉；

（7）恒温干燥箱：50～300℃；

（8）压力消解罐：配聚四氟乙烯消解内罐；

（9）超声水浴箱；

（10）匀浆机；

（11）高速粉碎机；

（12）容量瓶：25mL、100mL、1000mL；

（13）移液管：5mL、10mL；

（14）消化装置：锥形瓶、冷凝管。

注：玻璃器皿及聚四氟乙烯消解内罐均需要用硝酸溶液（1+4）浸泡 24h，用自来水反复冲洗，最后用去离子水或蒸馏水冲洗干净。

2. 试剂及溶液

除非另有说明，本方法所用试剂均为分析纯，水为 GB/T 6682 规定的一级水。

（1）硝酸溶液（1+9）：量取 50mL 硝酸，缓缓加入 450mL 水中，混匀。

（2）硝酸溶液（5+95）：量取 50mL 硝酸，缓缓加入 950mL 水中，混匀。

（3）5g/L 氢氧化钾溶液：称取 5.0g 氢氧化钾，用水溶解并稀释至 1000mL，混匀。

（4）5g/L 硼氢化钾溶液：称取 5.0g 硼氢化钾，用 5g/L 氢氧化钾溶液溶解并稀释至

1000mL，混匀。临用现配。

注：本方法也可用硼氢化钠作为还原剂：称取 3.5g 硼氢化钠，用 3.5g/L 氢氧化钠溶液溶解并定容至 1000mL，混匀。临用现配。

(5) 0.5g/L 重铬酸钾的硝酸溶液：称取 0.5g 重铬酸钾，用硝酸溶液（5+95）溶解并稀释至 1000mL，混匀。

(6) 1000.0000mg/L 汞标准储备液：准确称取 0.1354g（准确度±0.0001g）氯化汞[标准品：氯化汞（$HgCl_2$，纯度≥99%）]，用 0.5g/L 重铬酸钾的硝酸溶液溶解并转移至 100mL 容量瓶中，稀释并定容至刻度，混匀。于 2～8℃冰箱中避光保存，有效期 2 年。或经国家认证并授予标准物质证书的汞标准溶液。

(7) 10.00mg/L 汞标准中间液：准确吸取汞标准储备液 1.00mL 于 100mL 容量瓶中，用 0.5g/L 重铬酸钾的硝酸溶液稀释并定容至刻度，混匀。于 2～8℃冰箱中避光保存，有效期 1 年。

(8) 50.00μg/L 汞标准使用液：准确吸取汞标准中间液 1.00mL 于 200mL 容量瓶中，用 0.5g/L 重铬酸钾的硝酸溶液稀释并定容至刻度，混匀。临用现配。

(9) 汞标准系列溶液：分别吸取汞标准使用液 0.00mL、0.20mL、0.50mL、1.00mL、1.50mL、2.00mL、2.50mL 于 50mL 容量瓶中，用硝酸溶液（1+9）稀释并定容至刻度，混匀，相当于汞浓度为 0.00μg/L、0.20μg/L、0.50μg/L、1.00μg/L、1.50μg/L、2.00μg/L、2.50μg/L。临用现配。

三、测定过程

1. 试样预处理

(1) 粮食、豆类等样品　取可食部分粉碎均匀，装入洁净聚乙烯瓶中，密封保存备用。

(2) 蔬菜、水果、鱼类、肉类及蛋类等新鲜样品　洗净晾干，取可食部分匀浆，装入洁净聚乙烯瓶中，密封，于 2～8℃冰箱冷藏备用。

(3) 乳及乳制品　匀浆或均质后装入洁净聚乙烯瓶中，密封，于 2～8℃冰箱冷藏备用。

2. 试样消解

(1) 微波消解法　准确称取固体试样 0.2～0.5g（准确度±0.0001g，含水分较多的样品可适当增加取样量至 0.8g）或称取液体试样 1.0～3.0g（准确度±0.0001g），对于植物油等难消解的样品称取 0.2～0.5g（准确度±0.0001g），置于消解罐中，加入 5～8mL 硝酸，加盖放置 1h，对于难消解的样品再加入 0.5～1mL 过氧化氢，旋紧罐盖，按照微波消解仪的标准操作步骤进行消解（微波消解参考条件见表 7-11）。冷却后取出，缓慢打开罐盖排气，用少量水冲洗内盖，将消解罐放在可调温式电热板上或超声水浴箱中，80℃下加热或超声脱气 3～6min，驱赶除去棕色气体，取出消解内罐，将消化液转移至 25mL 容量瓶中，用少量水分 3 次洗涤内罐，洗涤液合并于容量瓶中并定容至刻度，混匀备用。同时制备空白溶液。

表 7-11　试样微波消解参考条件

步骤	温度/℃	升温时间/min	保温时间/min
1	120	5	5
2	160	5	10
3	190	5	25

(2) 压力罐消解法　称取固体试样 0.2～1.0g（准确度±0.0001g，含水分较多的样品可适当增加取样量至 2g），或准确称取液体试样 1.0～5.0g（准确度±0.0001g），对于植物油等难消解的样品称取 0.2～0.5g（准确度±0.0001g），置于消解内罐中，加入 5mL 硝酸，放置 1h 或过夜，盖好内盖，旋紧不锈钢外罐，放入恒温干燥箱，140～160℃下保持 4～5h，在箱内自然冷却至室温，缓慢旋松不锈钢外罐，将消解内罐取出，用少量水冲洗内盖，将消解内罐放在可调温式电热板上或超声水浴箱中，80℃下加热或超声脱气 3～6min，驱赶除去棕色气体。取出消解内罐，将消化液转移至 25mL 容量瓶中，用少量水分 3 次洗涤内罐，洗涤液合并于容量瓶中并定容至刻度，混匀备用。同时制备空白溶液。

(3) 回流消化法

① 粮食。称取试样 1.0～4.0g（准确度±0.0001g），置于消化装置锥形瓶中，加玻璃珠数粒，加入 45mL 硝酸、10mL 硫酸，转动锥形瓶防止局部炭化。装上冷凝管后，低温加热，待开始发泡停止加热，发泡停止后，加热回流 2h。如加热过程中溶液变棕色，再加入 5mL 硝酸，继续回流 2h，消解到样品完全溶解，一般呈淡黄色或无色，待冷却后从冷凝管上端小心加入 20mL 水，继续加热回流 10min，放置冷却后，用适量水冲洗冷凝管，冲洗液并入消化液中，将消化液经玻璃棉过滤于 100mL 容量瓶内，用少量水洗涤锥形瓶、滤器，洗涤液并入容量瓶内，加水至刻度，混匀备用。同时制备空白溶液。

② 植物油及动物油脂。称取试样 1.0～3.0g（准确度±0.0001g），置于消化装置锥形瓶中，加玻璃珠数粒，加入 7mL 硫酸，小心混匀至溶液颜色变为棕色，然后加入 40mL 硝酸。装上冷凝管后，低温加热，待开始发泡停止加热，发泡停止后，加热回流 2h。如加热过程中溶液变棕色，再加入 5mL 硝酸，继续回流 2h，消解到样品完全溶解，一般呈淡黄色或无色，待冷却后从冷凝管上端小心加入 20mL 水，继续加热回流 10min，放置冷却后，用适量水冲洗冷凝管，冲洗液并入消化液中，将消化液经玻璃棉过滤于 100mL 容量瓶内，用少量水洗涤锥形瓶、滤器，洗涤液并入容量瓶内，加水至刻度，混匀备用。同时制备空白溶液。

③ 薯类、豆制品。称取试样 1.0～4.0g（准确度±0.0001g），置于消化装置锥形瓶中，加玻璃珠数粒及 30mL 硝酸、5mL 硫酸，转动锥形瓶防止局部炭化。装上冷凝管后，低温加热，待开始发泡停止加热，发泡停止后，加热回流 2h。如加热过程中溶液变棕色，再加入 5mL 硝酸，继续回流 2h，消解到样品完全溶解，一般呈淡黄色或无色，待冷却后从冷凝管上端小心加入 20mL 水，继续加热回流 10min，放置冷却后，用适量水冲洗冷凝管，冲洗液并入消化液中，将消化液经玻璃棉过滤于 100mL 容量瓶内，用少量水洗涤锥形瓶、滤器，洗涤液并入容量瓶内，加水至刻度，混匀备用。同时制备空白溶液。

④ 肉、蛋类。称取试样 0.5～2.0g（准确度±0.0001g），置于消化装置锥形瓶中，加玻璃珠数粒及 30mL 硝酸、5mL 硫酸，转动锥形瓶防止局部炭化。装上冷凝管后，低温加热，待开始发泡停止加热，发泡停止后，加热回流 2h。如加热过程中溶液变棕色，再加入 5mL 硝酸，继续回流 2h，消解到样品完全溶解，一般呈淡黄色或无色，待冷却后从冷凝管上端小心加入 20mL 水，继续加热回流 10min，放置冷却后，用适量水冲洗冷凝管，冲洗液并入消化液中，将消化液经玻璃棉过滤于 100mL 容量瓶内，用少量水洗涤锥形瓶、滤器，洗涤液并入容量瓶内，加水至刻度，混匀备用。同时制备空白溶液。

⑤ 乳及乳制品。称取试样 1.0～4.0g（准确度±0.0001g），置于消化装置锥形瓶中，加玻璃珠数粒及 30mL 硝酸、10mL 硫酸，乳制品加入 5mL 硫酸，转动锥形瓶防止局部炭

化。装上冷凝管后，低温加热，待开始发泡停止加热，发泡停止后，加热回流 2h。如加热过程中溶液变棕色，再加入 5mL 硝酸，继续回流 2h，消解到样品完全溶解，一般呈淡黄色或无色，待冷却后从冷凝管上端小心加入 20mL 水，继续加热回流 10min，放置冷却后，用适量水冲洗冷凝管，冲洗液并入消化液中，将消化液经玻璃棉过滤于 100mL 容量瓶内，用少量水洗涤锥形瓶、滤器，洗涤液并入容量瓶内，加水至刻度，混匀备用。同时制备空白溶液。

3. 测定

（1）仪器参考条件　根据各自仪器性能调至最佳状态。光电倍增管负高压：240V；汞空心阴极灯电流：30mA；原子化器温度：200℃；载气流速：500mL/min；屏蔽气流速：1000mL/min。

（2）标准曲线的制作　设定好仪器最佳条件，连续用硝酸溶液（1＋9）进样，读数稳定之后，转入标准系列溶液测量，按由低到高浓度顺序测定标准溶液的荧光强度，以汞的质量浓度为横坐标，荧光强度为纵坐标，绘制标准曲线。

注：可根据仪器的灵敏度及样品中汞的实际含量微调标准系列溶液中汞的质量浓度范围。

（3）试样溶液的测定　转入试样测量，先用硝酸溶液（1＋9）进样，使读数基本归零，再分别测定处理好的空白溶液和试样溶液。

四、数据记录

项目	1	2	3
相对极差/%			

五、数据处理

试样中汞含量根据下面公式计算：

$$X=\frac{(\rho-\rho_0)V\times 10^{-3}}{m}$$

式中　X——试样中汞的含量，mg/kg；

ρ——试样溶液中汞的含量，μg/L；

ρ_0——空白溶液中汞的含量，μg/L；

V——试样消化液定容总体积，mL；

m——试样质量，g。

当汞含量≥1.00mg/kg 时，计算结果保留三位有效数字；当汞含量＜1.00mg/kg 时，计算结果保留两位有效数字。

精密度：样品中汞含量大于 1mg/kg 时，在重复性条件下获得的两次独立测定结果的绝对差值不得超过算术平均值的 10%；小于或等于 1mg/kg 且大于 0.1mg/kg 时，在重复性条件下获得的两次独立测定结果的绝对差值不得超过算术平均值的 15%；小于或等于 0.1mg/kg 时，在重复性条件下获得的两次独立测定结果的绝对差值不得超过算术平均值的 20%。

【制订实施方案】

步骤	实施方案内容	任务分工
1		
2		
3		
4		
5		
6		
7		

【确定方案】

1. 分组讨论原子荧光光谱法测定食品中汞含量的过程，并分组派代表阐述流程；
2. 师生共同讨论，选出最佳方案。

【实施方案】

1. 领取仪器并检查仪器是否完好；
2. 领取试剂并配制溶液；
3. 按照最佳方案完成任务；
4. 数据记录并处理。

【考核评价】

见 32 页综合评价表。

子任务 4-4　食品添加剂中砷的测定——二乙氨基二硫代甲酸银比色法

【任务描述】

利用二乙氨基二硫代甲酸银比色法测定食品添加剂中砷含量是否达到标准，进而评价产品的质量。

【学习目标】

1. 素质目标：具备实验室安全意识、“质量第一”的责任意识、团队合作意识、环保意识、良好的实验习惯及职业素养、严谨的思维方法、实事求是的工作作风。

2. 知识目标：掌握二乙氨基二硫代甲酸银比色法测定食品添加剂中砷的原理及计算。

3. 能力目标：能规范使用分光光度计、电子分析天平等分析仪器，能准确书写数据记录和检验报告。

【任务书】

任务要求：解读 GB 5009.76—2014《食品安全国家标准 食品添加剂中砷的测定》。

一、方法提要

在碘化钾和氯化亚锡存在下，将样品溶液中的高价砷还原为三价砷，三价砷与锌粒和酸产生的新生态氢作用，生成砷化氢气体，经乙酸铅棉花除去硫化氢干扰后，被溶于三乙醇胺-三氯甲烷中或吡啶中的二乙氨基二硫代甲酸银溶液吸收并作用，生成紫红色络合物，与标准系列溶液比较定量。

该方法适用于食品添加剂中砷的测定。

二、仪器与试剂

1. 仪器、材料

注：所用玻璃仪器均需要用硝酸溶液（1+4）浸泡 24h 以上，用水反复冲洗，最后用去离子水冲洗干净。

（1）分析天平：准确度±0.0001g；

（2）马弗炉；

（3）可调式电炉；

（4）电热板；

（5）砷测定装置，见图 5-7；

（6）容量瓶：5mL、50mL、100mL、1000mL；

（7）移液管：5mL、10mL。

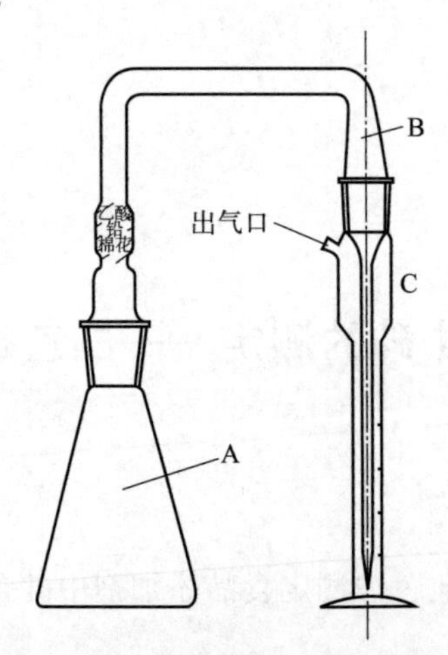

图 7-5　砷测定装置

A—锥形瓶：100mL 或 150mL（19 号标准口）；B—导气管：管口为 19 号标准口，与锥形瓶 A 密合时不应漏气，管尖直径为 0.5～1.0mm，与吸收管 C 接合部为 14 号标准口，插入后，管尖距管 C 底为 1～2mm；C—吸收管：管口为 14 号标准口，5mL 刻度，高度≥80mm。吸收管的材质应一致

2. 试剂及溶液

除非另有说明，本方法所用试剂均为分析纯，水为 GB/T 6682 规定的一级水。

(1) 硫酸溶液 (1+1)：量取 100mL 硫酸慢慢加入 100mL 水中，混匀，冷却后使用。

(2) 1mol/L 硫酸溶液：量取 28mL 硫酸，慢慢加入水中，用水稀释到 500mL。

(3) 盐酸溶液 (1+1)：量取 100mL 盐酸慢慢加入 100mL 水中，混匀，冷却后使用。

(4) 200g/L 氢氧化钠溶液：称取 20g 氢氧化钠用水溶解并定容至 100mL。

(5) 150g/L 硝酸镁溶液：称取 15g 硝酸镁用水溶解并定容至 100mL。

(6) 150g/L 碘化钾溶液：称取 15g 碘化钾用水溶解并定容至 100mL，贮于棕色瓶内（临用前配制）。

(7) 400g/L 氯化亚锡溶液：称取 20g 氯化亚锡，溶于 50mL 盐酸溶液。

(8) 吸收液 A：称取 0.25g 二乙氨基二硫代甲酸银，研碎后用适量三氯甲烷溶解。加入 1.0mL 三乙醇胺，再用三氯甲烷稀释至 100mL。静置后过滤于棕色瓶中，贮存于冰箱内备用。

(9) 吸收液 B：称取 0.50g 二乙氨基二硫代甲酸银，研碎后用吡啶溶解并稀释至 100mL。静置后过滤于棕色瓶中，贮存于冰箱内备用。

(10) 10g/L 酚酞乙醇溶液：称取 1.0g 酚酞溶于 100mL 乙醇溶液中。

(11) 100g/L 乙酸铅溶液：称取 10g 乙酸铅用水溶解并定容至 100mL。

(12) 0.1mg/mL 砷标准储备溶液：准确称取 0.1320g（准确度±0.0001g）于硫酸干燥器中干燥至恒重的三氧化二砷（As_2O_3 标准品，纯度为 99.99%或经国家认证并授予标准物质证书的标准物质），溶于 5mL 氢氧化钾溶液中。溶解后，加入 25mL 硫酸溶液，移入 1000mL 容量瓶中，加入新煮沸冷却的水稀释至刻度。

(13) 1μg/mL 砷标准使用液：临用前取 1.00mL 砷标准储备溶液，加入 1mL 硫酸溶液，移入 100mL 容量瓶中，加新煮沸冷却的水稀释至刻度。

(14) 乙酸铅棉花：将脱脂棉浸于 10%乙酸铅溶液中，2h 后取出晾干。

三、测定过程

1. 试样处理

(1) 无机试样处理　无机试样的“试样处理”可按相关标准规定的方法进行。

(2) 有机试样处理　有机试样的“试样处理”除按相关标准规定的方法外，一般按下述方法进行：

① 湿法消解。称取 5g 试样（准确度±0.0001g），置于 250mL 锥形瓶中，加入 10mL 硝酸，放置片刻（或过夜）后，于电热板上加热，待反应缓和后，取下并放置冷却，沿瓶壁加入 5mL 硫酸，再继续加热至瓶中溶液开始变成棕色后，不断滴加硝酸（如有必要可滴加些高氯酸），至有机质分解完全，继续加热至生成大量的二氧化硫白烟等，最后溶液应为无色或微黄色。冷却后加入 20mL 水煮沸，除去残余的硝酸至产生白烟为止。如此处理两次，放冷，将溶液移入 50mL 容量瓶中，用少量水洗涤锥形瓶 2～3 次，将洗涤液并入容量瓶中，最后用水补至刻度。取相同量的硝酸、硫酸，同时制备试剂空白溶液。

② 干灰化法。称取 5g 试样（准确度±0.0001g）于瓷坩埚中，加入 10mL 硝酸镁溶液，混匀，浸泡 4h，可调式电炉上低温或水浴上蒸干，再加入 1.00g 氧化镁粉末仔细盖在干渣上，用可调式电炉小火加热至炭化完全，将坩埚移入马弗炉中，在 550℃以下灼烧至灰化完全，冷却后取出，加适量水湿润灰分，加入酚酞乙醇溶液数滴，再滴加盐酸溶液（1+1）至酚酞红色褪去，然后将溶液移入 50mL 容量瓶中（必要时过滤），用少量水洗涤坩埚 3 次，

洗液并入容量瓶中，加水至刻度，混匀。取相同量的氧化镁、硝酸镁，同时制备试剂空白溶液。

2. 测定

(1) 吸收液的选择　可根据分析的需要选择吸收液 A 或吸收液 B。在测定过程中，样品、空白及标准溶液都应用同一吸收液。

(2) 限量试验

① 吸取一定量的试样溶液和砷标准使用液（含砷量不低于 5μg），分别置于锥形瓶（图 7-5）A 中，补加硫酸至总量为 5mL，加水至 50mL。

② 于①的各瓶中加入 3mL 碘化钾溶液，混匀后放置 5min。分别加入 1mL 氯化亚锡溶液，混匀，再放置 15min。再各加入 5g 无砷金属锌，立即塞上装有乙酸铅棉花的导气管 B，并使导气管 B 的尖端插入盛有 5.0mL 吸收液 A 或吸收液 B 的吸收管 C 中，室温反应 1h，取下吸收管 C，用三氯甲烷（吸收液 A）或吡啶（吸收液 B）将吸收液体积定容到 5.0mL。

③ 经目视比色或用 1cm 比色皿，于 515nm 波长（吸收液 A）或 540nm 波长（吸收液 B）下，测定吸收液的吸光度。试样溶液的色度或吸光度不得超过砷的标准使用液的色度或吸光度。

3. 定量测定

(1) 吸取 25mL（或适量）试样溶液及同量的试剂空白溶液，分别置于锥形瓶 A 中，补加硫酸至总量为 5mL，加水至 50mL 混匀。

(2) 吸取 0.00mL、2.00mL、4.00mL、6.00mL、8.00mL、10.00mL 1μg/mL 砷标准使用液，分别置于锥形瓶 A 中，加水至 40mL，再加入 10mL 硫酸溶液（1+1），混匀。

(3) 向试样溶液、试剂空白溶液及砷标准使用液中各加入 3mL 碘化钾溶液，混匀，放置 5min，再分别加入 1mL 氯化亚锡溶液，混匀，放置 15min 后，各加入 5g 无砷金属锌，立即塞上装有乙酸铅棉花的导气管 B，并使导气管 B 的尖端插入盛有 5.0mL 吸收液 A 或吸收液 B 的吸收管 C 中，室温反应 1h，取下吸收管 C，用三氯甲烷（吸收液 A）或吡啶（吸收液 B）将吸收液体积定容到 5.0mL。用 1cm 比色皿，于 515nm 波长（吸收液 A）或 540nm 波长（吸收液 B）处，用零管调节仪器零点，测吸光度，绘制标准曲线并计算试样溶液的砷含量。

四、数据记录

项目	1	2	3
相对极差/%			

五、数据处理

试样中砷含量根据下面公式计算：

$$c=\frac{(m_1-m_2)V_1}{mV_2}$$

式中　c——试样中砷的含量，mg/kg（或 mg/L）；

m_1——试样溶液中砷的质量，μg；

m_2——试剂空白溶液中砷的质量，μg；

V_1——试样处理后定容体积，mL；

V_2——测定时所取试样溶液体积，mL；

m——样品质量（体积），g（或 mL）。

计算结果保留两位有效数字。

精密度：在重复性条件下获得的两次独立测定结果的绝对差值不得超过算术平均值的 10%。

【制订实施方案】

步骤	实施方案内容	任务分工
1		
2		
3		
4		
5		
6		
7		

【确定方案】

1. 分组讨论二乙氨基二硫代甲酸银比色法测定食品添加剂中砷的过程，并分组派代表阐述流程；
2. 师生共同讨论，选出最佳方案。

【实施方案】

1. 领取仪器并检查仪器是否完好；
2. 领取试剂并配制溶液；
3. 按照最佳方案完成任务；
4. 数据记录并处理。

【考核评价】

见 32 页综合评价表。

阅读材料

中国第一位获诺贝尔奖的科学家——屠呦呦

屠呦呦，1930 年 12 月 30 日生于浙江省宁波市。1951 年，屠呦呦考入北京大学医学院药学系。1955 年在国家卫健委中医研究院（现中国中医科学院）中药研究所工作。1956 年，全国掀起防治血吸虫病的高潮，她对有效药物半边莲进行了生药学研究；后来，又完成了比较复杂的中药银柴胡的生药学研究。

1959 至 1962 年，屠呦呦参加国家卫健委全国第三期西医离职学习中医班，系统地学习了中医药知识。她深入药材公司，向老药工学习中药鉴别及炮制技术，并参与北京市的炮制经验总结，从而对药材的品种真伪和道地质量以及炮制技术有了进一步的认识。

1969 年，中国中医研究院接受抗疟药研究任务，屠呦呦担任科技组组长。她领导课题组从系统收集整理历代医籍、本草、民间方药入手，在收集 2000 余方药基础上，编写了《抗疟单验方集》，对其中的 200 多种中药开展实验研究，历经 380 多次失败，利用现代医学和方法进行分析研究并不断改进提取方法，终于在 1971 年获得青蒿抗疟的成功。

1972 年，屠呦呦和同事在青蒿中提取到了一种分子式为 $C_{15}H_{22}O_5$ 的无色结晶体，这是一种熔点为 156～157℃的活性成分，他们将这种无色的结晶体物质命名为青蒿素。青蒿素为一种具有“高效、速效、低毒”优点的新结构类型抗疟药，对各型疟疾特别是抗性疟有特效。1986 年青蒿素获得了一类新药证书（86 卫药证字 X-01 号），1979 年获“国家发明奖”。

1973 年，屠呦呦合成出了双氢青蒿素，以证实其羟基（氢氧基）族的化学结构，但当时她却不知道自己合成出来的这种化学物质以后被证明比天然青蒿素的效果还要强得多。

1977 年 3 月，以“青蒿素结构研究协作组”名义撰写的论文《一种新型的倍半萜内酯——青蒿素》发表于《科学通报》（1977 年第 3 期）。

1978 年，“523”项目的科研成果鉴定会最终认定青蒿素研制成功，将中药青蒿抗疟成分定名为青蒿素。

1981 年 10 月，在北京召开的由世界卫生组织等主办的国际青蒿素会议上，屠呦呦以首席发言人的身份作《青蒿素的化学研究》的报告，获得高度评价。会议认为“青蒿素的发现不仅增加一个抗疟新药，更重要的意义还在于发现这一新化合物的独特化学结构，它将为合成设计新药指出方向”。

1985 年，屠呦呦任中国中医科学院中药研究所研究员。1992 年“双氢青蒿素及其片剂”获一类新药证书（92 卫药证字 X-66、67 号）和“全国十大科技成就奖”。

1992 年，针对青蒿素成本高、对疟疾难以根治等缺点，发明出双氢青蒿素（抗疟疗效为前者 10 倍的“升级版”）。2001 年，屠呦呦被聘为博士生导师。

2011 年 11 月 15 日，中国中医科学院在北京举行“2011 年科技工作大会”。会上授予屠呦呦中国中医科学院杰出贡献奖，奖励屠呦呦青蒿素研究团队 100 万元人民币。

2015 年 12 月 7 日，屠呦呦获诺贝尔生理学或医学奖，并用中文发表《青蒿素的发现：传统中医献给世界的礼物》的主题演讲。

2019 年 6 月，屠呦呦在“青蒿素抗药性”等研究上获得新突破，并提出合理应对方案。在“抗疟机理研究”“抗药性成因”“调整治疗手段”等方面取得新突破，提出应对“青蒿素抗药性”难题的切实可行治疗方案，获得世界卫生组织和国内外权威专家的高度认可。

任务单元 6

食品包装材料及容器的分析

食品包装是食品生产中不可缺少的环节。过去人们只重视食品本身的卫生安全，对食品包装材料卫生安全的重视不够。因此，我国食品包装材料的卫生安全质量与世界先进水平相比存在着很大差距，食品包装及容器的原材料、辅助材料、半成品、成品存在着卫生安全的隐患。近年来，国家对食品卫生安全出台了相应的法律法规，不断加大监督检查力度，实行了 QS 认证和市场准入制度。带有 QS 标志的产品代表着由经过国家批准的食品生产企业生产，这些企业必须经过强制性检验合格，没有食品质量安全市场准入标志的食品不得出厂销售。另外，国家及各省、自治区、直辖市相继成立了食品安全委员会，充分表明国家对食品安全问题的高度重视。

用于食品包装的材料很多，根据使用的材料来源和用途可分为塑料包装材料、纸包装材料、橡胶包装材料、玻璃包装材料、陶瓷包装材料、金属包装材料、复合包装材料、木质包装材料、竹质包装材料等。

任务 1
食品中塑料包装材料分析

子任务 1-1　食品中塑料包装材料总迁移量的测定

【任务描述】

塑料包装材料按形态可分为塑料膜（包括非复合塑料膜和复合塑料膜）、塑料片（包括单层塑料片和复合塑料片）。塑料包装材料具有质量轻、耐腐蚀、耐酸碱、耐冲击等特点。根据食品安全国家标准，应符合相应的理化指标。通过对总迁移量、高锰酸钾消耗量、重金属（以 Pb 计）、脱色试验等分析，评价产品质量。

迁移量用于考察从食品包装品迁移至食品中的潜在能力以及迁移物质的有无毒性。例如，某种物质的迁移程度取决于材料中该物质的浓度、材料基质中该物质结合或流动的程度、包装材料的厚度、与材料接触食物的性质（干的、含水的、多脂肪的、酸性的、含酒精的）、该物质在食品中的溶解性、接触持续的时间以及接触的温度。

【学习目标】

1. 素质目标：具备实验室安全意识、“质量第一”的责任意识、团队合作意识，环保意识、良好的实验习惯及职业素养、严谨的思维方法、实事求是的工作作风。

2. 知识目标：掌握食品中塑料包装材料总迁移量的测定原理及计算。

3. 能力目标：能规范使用电子分析天平等分析仪器，能准确书写数据记录和检验报告。

【任务书】

任务要求： 解读GB 31604.8—2021《食品安全国家标准　食品接触材料及制品　总迁移量的测定》。

一、方法提要

试样采用水基食品模拟物、化学替代溶剂（如正己烷、异辛烷、95%乙醇溶液、正庚烷），在选定的迁移试验条件下进行迁移试验，将迁移试验所得浸泡液蒸发并干燥后，扣除相应空白得到试样向水基食品模拟物、化学替代溶剂迁移的所有非挥发性物质的总量。

该方法适用于食品接触材料及制品总迁移量的测定。

二、仪器与试剂

1. 仪器、材料

（1）分析天平：准确度±0.0001g；

（2）电热恒温干燥箱；

（3）电热恒温水浴锅或其他电热设备；

（4）蒸发皿：玻璃或陶瓷，5～250mL；

（5）玻璃干燥器：配有硅胶或无水氯化钙等干燥剂；

（6）滤纸：定性快速滤纸；

（7）无尘擦拭纸。

2. 试剂及溶液

除非另有说明，本方法所用试剂均为分析纯，水为GB/T 6682规定的三级水。

（1）10%（体积分数）乙醇溶液；

（2）20%（体积分数）乙醇溶液；

（3）50%（体积分数）乙醇溶液；

（4）95%（体积分数）乙醇溶液；

（5）4%（体积分数）乙酸；

（6）正己烷；

（7）异辛烷；

（8）三氯甲烷；

（9）正庚烷。

三、测定过程

1. 样品的采取及制备

（1）取样方法　将食品包装用的聚乙烯、聚苯乙烯、聚丙烯每批按0.1%采取试样，小批时取样数不少于10只（以500mL/只计，小于500mL/只时，试样相应加倍取量）。其中半数供分析用，另半数保存两个月，以备作仲裁分析用，分别注明产品名称、批号、取样日期。试样洗净备用。

（2）浸泡条件

① 水：60℃浸泡2h。

② 4%乙酸：60℃浸泡2h。

③ 65%乙醇：室温浸泡2h。

④ 正己烷：室温浸泡2h。

浸泡液按接触面积每平方厘米加入2mL，在容器中加入浸泡液以2/3～4/5容积为准。

2. 水基食品模拟物、化学替代溶剂总迁移量的测定

蒸发皿在使用前，洗净并沥干水分，在（100±5)℃电热恒温干燥箱中烘干2h，然后在干燥器中冷却0.5h后称重，重复烘干、冷却、称重，直至恒重（即前后两次称量质量差不超过0.5mg)，最后一次称量的质量即为空蒸发皿的质量。

取已恒重的空蒸发皿，向其中加入迁移试验所得浸泡液200mL（若蒸发皿规格低于200mL，则需要分次蒸干)，置于不高于各浸泡液沸点10℃的水浴上蒸干，将蒸发皿底的水滴用滤纸或无尘擦拭纸吸去（蒸发皿底不得残留纸纤维)，再将蒸发皿置于（100±5)℃电热恒温干燥箱中干燥2h后取出，在干燥器中冷却0.5h后称量，重复烘干、冷却、称重，直至恒重，最后一次称量的质量即为带有试样蒸发残渣的蒸发皿质量。带有试样蒸发残渣的蒸发皿质量减去空蒸发皿的质量即为试样测定用浸泡液残渣的质量。

3. 三氯甲烷提取物的测定

本测定步骤适用于产品标准中规定需要检测三氯甲烷提取的食品接触材料及制品。向“2. 水基食品模拟物、化学替代溶剂总迁移量的测定”所得残渣中加入三氯甲烷20mL，润湿残渣，用滤纸过滤，将滤液收集到已恒重的蒸发皿中，再分别用20mL三氯甲烷对残渣提取两次。然后用少许三氯甲烷冲洗滤纸，滤液并入蒸发皿中，按“2. 水基食品模拟物、化学替代溶剂总迁移量的测定”步骤蒸干，获得试样测定用浸泡液经三氯甲烷提取的残渣质量。

4. 空白试验

按2.、3. 处理未与食品接触材料及制品接触的水基食品模拟物、化学替代溶剂、三氯甲烷，得到空白浸泡液的残渣质量、空白浸泡液经三氯甲烷提取的残渣质量。

四、数据记录

项目	1	2	3
相对极差/%			

五、数据处理

1. 非密封制品类食品接触材料及制品

除盖子、垫圈、连接件等密封制品（以下简称密封制品）以外的食品接触材料及制品，总迁移量以 mg/dm^2 表示时，根据下面公式计算：

$$X_1=\frac{(m_1-m_2)V}{V_1 S}$$

式中　X_1——非密封制品类食品接触材料及制品的总迁移量，mg/dm^2；

m_1——试样测定用浸泡液残渣的质量，mg；

m_2——空白浸泡液的残渣质量，mg；

V——迁移试验所得试样浸泡液的总体积，mL；

V_1——测定用浸泡液的体积，mL；

S——试样与浸泡液接触的面积，dm^2。

2. 密封制品类食品接触材料及制品

密封制品类食品接触材料及制品的总迁移量以 mg/dm^2 表示时，根据下面公式计算：

$$X_2=\frac{(m_1-m_2)V}{V_1 S}\times\frac{S_0}{S_0+S_3}$$

式中　X_2——密封制品类食品接触材料及制品的总迁移量，mg/dm^2；

m_1——试样测定用浸泡液残渣的质量，mg；

m_2——空白浸泡液的残渣质量，mg；

V——迁移试验所得试样浸泡液的总体积，mL；

V_1——测定用浸泡液的体积，mL；

S——试样与浸泡液接触的面积，dm^2；

S_0——密封制品实际使用中与食品接触的面积，dm^2；

S_3——密封制品实际适配容器与食品接触的面积，dm^2。

【制订实施方案】

步骤	实施方案内容	任务分工
1		
2		
3		
4		
5		
6		
7		

【确定方案】

1. 分组讨论测定食品中塑料包装材料总迁移量的过程，并分组派代表阐述流程；
2. 师生共同讨论，选出最佳方案。

【实施方案】

1. 领取仪器并检查仪器是否完好；
2. 领取试剂并配制溶液；
3. 按照最佳方案完成任务；
4. 数据记录并处理。

【考核评价】

见32页综合评价表。

子任务 1-2　食品中塑料包装材料高锰酸钾消耗量的测定

【任务描述】

通过对试样用浸泡液浸泡后测定其高锰酸钾消耗量，确定可溶出有机物质的含量，进而评价产品的质量。

【学习目标】

1. 素质目标：具备实验室安全意识、“质量第一”的责任意识、团队合作意识、环保意识、良好的实验习惯及职业素养、严谨的思维方法、实事求是的工作作风。

2. 知识目标：掌握食品中塑料包装材料高锰酸钾消耗量测定的原理及计算。

3. 能力目标：能规范使用滴定装置、电子分析天平等分析仪器，能准确书写数据记录和检验报告。

【任务书】

任务要求： 解读GB 31604.2—2016《食品安全国家标准　食品接触材料及制品 高锰酸钾消耗量的测定》。

一、方法提要

试样用浸泡液浸泡后测定其高锰酸钾消耗量，表示可溶出有机物质的含量。

该方法适用于食品接触材料及制品中高锰酸钾消耗量的测定。

二、仪器与试剂

1. 仪器、材料

(1) 分析天平：准确度±0.0001g；

(2) 锥形瓶：250mL；

(3) 棕色滴定管：50mL；

(4) 滴定台：配蝴蝶夹。

2. 试剂及溶液

除非另有说明，本方法所用试剂均为分析纯，水为GB/T 6682规定的三级水。

(1) 硫酸 (1+2)；

(2) 0.0020mol/L高锰酸钾标准滴定溶液；

(3) 0.010mol/L草酸标准滴定溶液。

三、测定过程

1. 样品的采取及制备

同“总迁移量的测定”。

2. 锥形瓶的处理

取蒸馏水100mL，置于250mL锥形瓶中，加入5mL硫酸 (1+2)、5mL高锰酸钾，煮沸5min，弃去溶液，用蒸馏水冲洗锥形瓶2～3次，备用。

3. 滴定

准确移取100.00mL浸泡液（有残渣则需要过滤）置于上述处理过的250mL锥形瓶，加入5mL硫酸 (1+2) 及10.00mL 0.002000mol/L高锰酸钾标准滴定溶液，再加入2粒玻璃珠，煮沸5min后，趁热加入10.00mL 0.01000mol/L草酸标准滴定溶液。再用0.002000mol/L高锰酸钾标准滴定溶液滴定至微红色，0.5min内不褪色，记录最后的消耗高锰酸钾标准滴定溶液的体积。

另取100mL蒸馏水，按上述方法做试剂空白试验。

四、数据记录

项目	1	2	3
相对极差/%			

五、数据处理

试样中高锰酸钾消耗量根据下面公式计算：

$$X=\frac{(V_1-V_2)c\times 31.6}{100\times 10^{-3}}$$

式中 X——试样中高锰酸钾消耗量，mg/L；

V_1——试样浸泡液滴定时消耗高锰酸钾溶液的体积，mL；

V_2——试剂空白滴定时消耗高锰酸钾溶液的体积，mL；

c——高锰酸钾标准滴定溶液的物质的量浓度，mol/L；

31.6——与1.00mL 0.2000mol/L高锰酸钾标准滴定溶液相当的高锰酸钾的质量，mg。

计算结果保留三位有效数字。

精密度：在重复性条件下获得的两次独立测定结果的绝对差值不得超过算术平均值的10%。

【制订实施方案】

步骤	实施方案内容	任务分工
1		
2		
3		
4		
5		
6		
7		

【确定方案】

1. 分组讨论食品中塑料包装材料高锰酸钾消耗量的测定过程，并分组派代表阐述流程；

2. 师生共同讨论，选出最佳方案。

【实施方案】

1. 领取仪器并检查仪器是否完好；

2. 领取试剂并配制溶液；

3. 按照最佳方案完成任务；

4. 数据记录并处理。

【考核评价】

见32页综合评价表。

子任务1-3 食品中塑料包装材料重金属检测

【任务描述】

通过对试样用浸泡液浸泡后检测其重金属的含量，进而评价产品的质量。

【学习目标】

1. 素质目标：具备实验室安全意识、“质量第一”的责任意识、团队合作意识、环保意识、良好的实验习惯及职业素养、严谨的思维方法、实事求是的工作作风。

2. 知识目标：掌握食品中塑料包装材料重金属检测的原理及计算。

3. 能力目标：能规范使用电子分析天平等分析仪器，能准确书写数据记录和检验报告。

【任务书】

任务要求：解读 GB 4806.9—2016《食品安全国家标准　食品接触用金属材料及制品》。

一、方法提要

浸泡液中重金属（以铅计）与硫化钠作用，在酸性溶液中形成黄棕色硫化铅，颜色与标准比较不得更深，即表示重金属含量符合标准。

该方法适用于食品接触用金属材料及制品重金属检测。

二、仪器与试剂

1. 仪器、材料

（1）分析天平：准确度±0.0001g；

（2）量筒：100mL；

（3）容量瓶：100mL、1000mL；

（4）吸量管：20mL；

（5）比色管：50mL。

2. 试剂及溶液

除非另有说明，本方法所用试剂均为分析纯，水为 GB/T 6682 规定的三级水。

（1）硫化钠溶液：称取 5g 硫化钠，溶于 10mL 水和 30mL 甘油的混合液中，或将 30mL 水和 90mL 甘油混合后分成二等份，一份加入 5g 氢氧化钠溶解后通入硫化氢气体（硫化亚铁加稀盐酸）使溶液饱和后，将另一份水和甘油混合液倒入，混合均匀后装入瓶中，密闭保存。

（2）100.00μg/mL 铅标准储备溶液：准确称取 0.1598g 硝酸铅，溶于 10mL 10%硝酸中，移入 1000mL 容量瓶内，加水稀释至刻度。

（3）10.00μg/mL 铅标准使用溶液：准确移取 10.00mL 铅标准储备溶液，置于 100mL 容量瓶中，加水稀释至刻度。

三、测定过程

1. 样品的采取及制备

同“总迁移量的测定”。

2. 铅的检测

准确移取 20.00mL 4%乙酸浸泡液置于 50mL 比色管中，加水至刻度。另取 2.00mL 铅标准使用溶液置于 50mL 比色管中，加入 20mL 4%乙酸溶液，加水至刻度，混匀，两液中各加硫化钠溶液 2 滴，混匀后，放置 5min，以白色为背景，从上方或侧面观察，试样呈现的颜色不能比标准溶液更深。

四、数据记录

项目	1	2	3
相对极差/%			

五、数据处理

结果的表述：呈色大于标准溶液，重金属［以铅（Pb）计］报告值>1。

【制订实施方案】

步骤	实施方案内容	任务分工
1		
2		
3		
4		
5		
6		
7		

【确定方案】

1. 分组讨论食品中塑料包装材料重金属检测过程，并分组派代表阐述流程；
2. 师生共同讨论，选出最佳方案。

【实施方案】

1. 领取仪器并检查仪器是否完好；
2. 领取试剂并配制溶液；
3. 按照最佳方案完成任务；
4. 数据记录并处理。

【考核评价】

见32页综合评价表。

子任务1-4　塑料包装材料中环氧乙烷和环氧丙烷的测定

【任务描述】

测定塑料包装材料中环氧乙烷和环氧丙烷是否满足国家技术标准的要求，进而评价产品的质量。

【学习目标】

1. 素质目标：具备实验室安全意识、“质量第一”的责任意识、团队合作意识、环保意识、良好的实验习惯及职业素养、严谨的思维方法、实事求是的工作作风。

2. 知识目标：掌握塑料包装材料中环氧乙烷和环氧丙烷测定的原理。

3. 能力目标：能规范使用气相色谱仪、电子分析天平等分析仪器，能准确书写数据记录和检验报告。

【任务书】

任务要求：解读 GB 31604.27—2016《食品安全国家标准　食品接触材料及制品　塑料中环氧乙烷和环氧丙烷的测定》。

一、方法提要

样品中环氧乙烷或环氧丙烷经 *N*，*N*-二甲基乙酰胺（DMAC）提取后，采用顶空进样，在色谱柱中环氧乙烷或环氧丙烷与内标物乙醚及其他组分分离，用氢火焰离子化检测器检测。按标准加入法绘制标准曲线，以内标法定量。

该方法适用于塑料食品接触材料及制品中环氧乙烷和环氧丙烷的测定。

二、仪器与试剂

1. 仪器、材料

（1）分析天平：准确度±0.0001g；

（2）气相色谱仪：配备氢火焰离子化检测器（FID）和顶空自动进样器；

（3）微量注射器：10μL、100μL、1000μL；

（4）顶空瓶：20mL，配备铝盖和丁基橡胶或硅树脂橡胶隔垫，隔垫接触样品一面应涂有聚四氟乙烯。

（5）机械振荡器；

（6）容量瓶：10mL、50mL；

（7）移液管：5mL。

2. 试剂及溶液

除非另有说明，本方法所用试剂均为分析纯，水为 GB/T 6682 规定的一级水。

（1）*N*，*N*-二甲基乙酰胺，色谱纯，色谱图上与环氧乙烷或环氧丙烷有相同保留时间的杂质峰面积占比不得超过1%。

（2）环氧乙烷，纯度≥99%，或经国家认证并授予标准物质证书的标准物质。

（3）环氧丙烷，纯度≥99%，或经国家认证并授予标准物质证书的标准物质。

（4）乙醚，纯度≥99.5%，或经国家认证并授予标准物质证书的标准物质。色谱图上与环氧乙烷或环氧丙烷有相同保留时间的杂质峰面积占比不得超过1%。

（5）1.00mg/mL 环氧乙烷标准储备液：称取 50mg（准确度±0.0001g）环氧乙烷，用 DMAC 溶解后，定容至 50mL。溶液在 4℃下避光密封储存，有效期为 2 个月。

(6) 1.00mg/mL 环氧丙烷标准储备液：称取 50mg（准确度±0.0001g）环氧丙烷，用 DMAC 溶解后，定容至 50mL。溶液在 4℃下避光密封储存，有效期为 2 个月。

(7) 环氧乙烷、环氧丙烷混标中间溶液：分别量取 5mLDMAC 置于 6 个 10mL 容量瓶中，用微量注射器分别吸取 0.00μL、40.00μL、100.00μL、200.00μL、300.00μL、400.00μL 环氧乙烷标准储备液置于上述 6 个容量瓶中，再用微量注射器分别吸取 0.00μL、40.00μL、100.00μL、200.00μL、300.00μL、400.00μL 环氧丙烷标准储备液置于上述 6 个容量瓶中，用 DMAC 定容至刻度。其中，环氧乙烷的浓度分别为 0.00μg/mL、4.00μg/mL、10.00μg/mL、20.00μg/mL、30.00μg/mL、40.00μg/mL，环氧丙烷的浓度分别为 0.00μg/mL、4.00μg/mL、10.00μg/mL、20.00μg/mL、30.00μg/mL、40.00μg/mL。溶液在 4℃下避光密封储存，有效期为 2 个月。

(8) 1.00mg/mL 乙醚内标储备液：称取 50mg（准确度±0.0001g）乙醚，用 DMAC 溶解后，定容至 50mL。溶液在 4℃下避光密封储存，有效期为 2 个月。

(9) 30.00μg/mL 乙醚内标中间溶液：量取 5mLDMAC 置于 100mL 容量瓶中，再吸取 3.00mL 乙醚内标储备液置于该容量瓶中，用 DMAC 定容。溶液在 4℃下避光密封储存，有效期为 2 个月。

三、测定过程

1. 试样处理

可溶于 DMAC 的试样直接称量；不溶于 DMAC 的试样，使用冷冻研磨仪或剪刀等切割工具将其破碎成大小小于 1mm×1mm 后，尽快称量。切割样品时，不可使其发热变软。

2. 标准加入法标准工作溶液制备

分别称取 6 份质量为（0.2000±0.005）g 的试样置于 6 个顶空瓶中，分别吸取 1.00mLDMAC 置于 6 个顶空瓶中。分别用微量注射器准确加入 10μL 环氧乙烷、环氧丙烷混标中间溶液于 6 个顶空瓶中，再分别用微量注射器准确加入 10μL 的乙醚内标中间溶液后，尽快用盖密封。添加到试样中的环氧乙烷、环氧丙烷的标准工作溶液浓度分别为 0.00mg/kg、0.20mg/kg、0.50mg/kg、1.00mg/kg、1.50mg/kg、2.00mg/kg，内标乙醚含量为 1.50mg/kg。对于可溶于 DMAC 的试样，用机械振荡器以每两秒一次的频率振荡顶空瓶直至试样溶解；对于不溶于 DMAC 的试样，用机械振荡器以每两秒一次的频率振荡顶空瓶 4h。

注：标准工作溶液浓度是由添加到试样中环氧乙烷（或环氧丙烷）总量除以试样质量得到的，单位为 mg/kg。

3. 仪器参考条件

(1) 顶空进样器条件　顶空进样器条件列出如下：

① 样品平衡时间：可溶于 DMAC 的样品为 30min，不溶于 DMAC 的样品为 60min；

② 顶空瓶温度：100℃；

③ 定量环温度：105℃；

④ 传输线温度：110℃。

(2) 气相色谱条件　气相色谱条件列出如下：

① 色谱柱：键合苯乙烯-二乙烯苯的 PLOT 柱，柱长 30m，内径 0.32mm，膜厚 20μm；

② 进样口温度：200℃；

③ 进样方式：分流进样，分流比为 1∶1；

④ 检测器温度：300℃；

⑤ 柱温箱：50℃下恒温 10min，以 10℃/min 升温至 100℃并恒温 15min，以 20℃/min 升温至 220℃并恒温 10min；

⑥ 载气：氮气；

⑦ 载气流速：5.7mL/min；

⑧ 氢气流速：30mL/min；

⑨ 空气流速：400mL/min。

4. 标准曲线的制作

按照测定条件，将标准工作溶液依次进样测量。以添加到试样中环氧乙烷（或环氧丙烷）的浓度为横坐标（x 轴），单位以 mg/kg 表示，以环氧乙烷（或环氧丙烷）峰面积与乙醚峰面积比值为纵坐标（y 轴）绘制标准曲线，如图 8-1 所示。环氧乙烷、环氧丙烷标准的顶空气相色谱图，如图 8-2 所示。

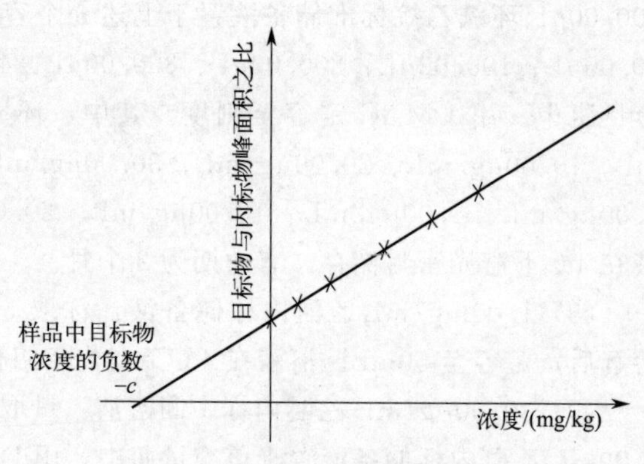

图 8-1　标准加入法的标准曲线图

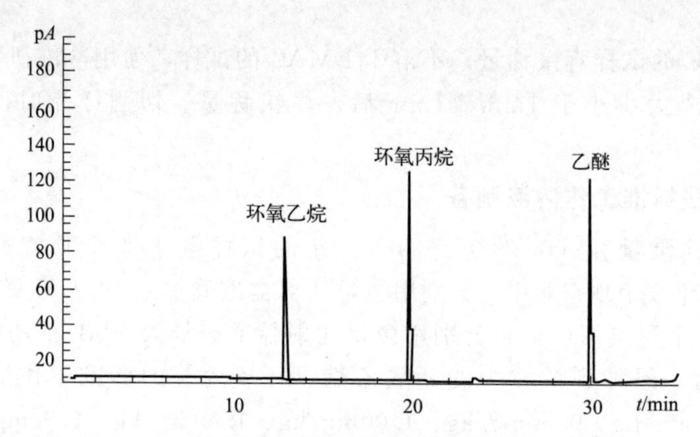

图 8-2　环氧乙烷、环氧丙烷标准的顶空气相色谱图

同时，根据下面公式计算标准曲线的回归参数：

$$y_i = ax_i + b$$

式中　y_i——环氧乙烷（或环氧丙烷）与乙醚峰面积比值；

a——标准曲线的斜率；

x_i——添加到试样中环氧乙烷（或环氧丙烷）的浓度，mg/kg；

b——标准曲线的截距。

5. 试样溶液的测定

根据标准加入法的原理，试液不需要再单独进行测定，试样中环氧乙烷（或环氧丙烷）含量可由标准加入法的标准曲线的制作得出。

四、数据记录

项目	1	2	3
相对极差/%			

五、数据处理

1. 图表测定法

根据外延法，将图 6-1 中标准曲线回延至 x 轴，在 x 轴上的截距为 c 的绝对值与试样中环氧乙烷（或环氧丙烷）的浓度值相等，从标准曲线图上可直接读取试样中环氧乙烷（或环氧丙烷）的含量，mg/kg。

2. 回归参数计算法

根据回归参数 a、b，试样中的环氧乙烷（或环氧丙烷）的含量，根据下面公式计算：

$$c_i = \frac{b}{a}$$

式中 c_i——试样中环氧乙烷（或环氧丙烷）的含量，mg/kg；

b——标准曲线的截距；

a——标准曲线的斜率。

计算结果保留两位有效数字。

精密度：在重复性条件下获得的两次独立测定结果的绝对差值不得超过其算术平均值的 10%。

【制订实施方案】

步骤	实施方案内容	任务分工
1		
2		
3		
4		
5		
6		
7		

【确定方案】

1. 分组讨论塑料包装材料中环氧乙烷和环氧丙烷的测定过程，并分组派代表阐述流程；
2. 师生共同讨论，选出最佳方案。

【实施方案】

1. 领取仪器并检查仪器是否完好；
2. 领取试剂并配制溶液；
3. 按照最佳方案完成任务；
4. 数据记录并处理。

【考核评价】

见 32 页综合评价表。

任务 2 食品用橡胶制品中有害物质的检测

子任务 2-1 食品用橡胶制品中挥发物的测定

【任务描述】

测定食品用橡胶制品中挥发物是否满足国家技术标准的要求，进而评价产品的质量。

【学习目标】

1. 素质目标：具备实验室安全意识、“质量第一”的责任意识、团队合作意识、环保意识、良好的实验习惯及职业素养、严谨的思维方法、实事求是的工作作风。

2. 知识目标：掌握食品用橡胶制品中挥发物测定的原理。

3. 能力目标：能规范使用真空干燥箱、电子分析天平等分析仪器，能准确书写数据记录和检验报告。

【任务书】

任务要求：解读 GB/T 5009.64《食品用橡胶垫片（圈）卫生标准的分析方法》。

一、方法提要

将样品置于138～140℃、85.3kPa 的真空度时，抽空 2h。将失去的质量减去干燥失重即为挥发物的质量。

二、仪器与试剂

1. 仪器、材料

（1）分析天平：准确度±0.0001g；

（2）真空干燥箱；

（3）真空泵；

（4）样品筛。

2. 试剂及溶液

丁酮。

三、测定过程

准确称取2.00～3.00g（准确度±0.0001g）20～60目之间的样品，置于已干燥至恒重的25mL烧杯内，加入20mL丁酮，用玻璃棒搅拌，完全溶解后，用电扇加速溶剂的蒸发至浓稠状态，将烧杯移入真空干燥箱内，使烧杯倾斜成45°，密闭真空干燥箱，开启真空泵，保持温度为138～140℃，真空度为85.3kPa，干燥2h后，将烧杯移至干燥器内，冷却30min，称量。计算挥发物含量，减去干燥失重后不得超过1%。

四、数据记录

项目	1	2	3
相对极差/%			

五、数据处理

样品挥发物的含量（X，g/100g）根据下面公式计算：

$$X=\frac{m_3}{m_1-m_0}-\frac{m_1-m_2}{m_1-m_0}\times 100$$

式中 m_3——样品在138～140℃、85.3kPa下干燥2h失去的质量，g；

m_1——样品和烧杯的质量，g；

m_2——干燥后样品和烧杯的质量，g；

m_0——烧杯的质量，g。

【制订实施方案】

步骤	实施方案内容	任务分工
1		
2		
3		
4		
5		
6		
7		

【确定方案】

1. 分组讨论食品用橡胶制品中挥发物的测定过程，并分组派代表阐述流程；
2. 师生共同讨论，选出最佳方案。

【实施方案】

1. 领取仪器并检查仪器是否完好；
2. 领取试剂并配制溶液；
3. 按照最佳方案完成任务；
4. 数据记录并处理。

【考核评价】

见 32 页综合评价表。

子任务 2-2 食品用橡胶制品中可溶性有机物的测定

【任务描述】

测定食品用橡胶制品中可溶性有机物是否满足国家技术标准的要求，进而评价产品的质量。

【学习目标】

1. 素质目标：具备实验室安全意识、“质量第一”的责任意识、团队合作意识、环保意识、良好的实验习惯及职业素养、严谨的思维方法、实事求是的工作作风。
2. 知识目标：掌握食品用橡胶制品中可溶性有机物测定的原理。
3. 能力目标：能规范使用真空干燥箱、电子分析天平等分析仪器，能准确书写数据记录和检验报告。

【任务书】

任务要求：解读 GB/T 5009.64《食品用橡胶垫片（圈）卫生标准的分析方法》。

一、方法提要

样品经浸泡液浸取后，用高锰酸钾氧化浸出液中的有机物。测定高锰酸钾消耗量来表示样品可溶出有机物的情况。

二、仪器与试剂

1. 仪器、材料

（1）分析天平：准确度±0.0001g；

(2) 锥形瓶，250mL；

(3) 棕色滴定管，50mL；

(4) 滴定台：配蝴蝶夹。

2. 试剂及溶液

(1) 硫酸（1+2）；

(2) 0.002000mol/L 高锰酸钾标准滴定溶液；

(3) 0.01000mol/L 草酸标准滴定溶液。

三、测定过程

1. 样品的采取及制备

(1) 采样　以日产量作为一个批号，从每批中均匀取出 500g，装于干燥清洁的玻璃瓶中，并贴上标签，注明产品名称、批号及取样日期。半数供化验用，半数保存两个月，备作仲裁分析用。

(2) 样品预处理　将试样用洗涤剂洗净，自来水冲洗，再用蒸馏水淋洗，晾干、备用。称取橡胶垫片三片 20g（准确度±0.0001g）（若不足 20g 可多取）置于烧杯中。按每克试样加入 20mL 浸泡液，向烧杯中加入 400mL 水，在 60℃下浸泡 0.5h。

2. 测定

准确移取 100.00mL 浸泡液置于锥形瓶中，加入 5mL 硫酸（1+2）和 10.00mL 0.002000mol/L 高锰酸钾标准滴定溶液，再加入玻璃珠 2 粒，加热煮沸 5min 后，趁热加入 10.00mL 0.01000mol/L 草酸标准滴定溶液，再以 0.002000mol/L 高锰酸钾标准滴定溶液滴定至微红色，记下最后滴定时消耗高锰酸钾标准滴定溶液的体积。另取 100.00mL 蒸馏水，按同样方法做试剂空白试验。

四、数据记录

项目	1	2	3
相对极差/%			

五、数据处理

样品高锰酸钾消耗量根据下面公式计算：

$$\text{高锰酸钾消耗量(mg/L)} = \frac{(V_1 - V_2)c \times 31.6}{100 \times 10^{-3}}$$

式中　V_1——样品浸泡液滴定时所消耗高锰酸钾的体积，mL；

V_2——试剂空白滴定时消耗高锰酸钾的体积，mL；

c——高锰酸钾标准滴定溶液的浓度，mol/L；

31.6——与 1mL 0.200mol/L 高锰酸钾标准溶液相当的高锰酸钾的质量，mg。

【制订实施方案】

步骤	实施方案内容	任务分工
1		
2		
3		
4		
5		
6		
7		

【确定方案】

1. 分组讨论食品用橡胶制品中可溶性有机物的测定过程，并分组派代表阐述流程；
2. 师生共同讨论，选出最佳方案。

【实施方案】

1. 领取仪器并检查仪器是否完好；
2. 领取试剂并配制溶液；
3. 按照最佳方案完成任务；
4. 数据记录并处理。

【考核评价】

见 32 页综合评价表。

子任务 2-3　食品用橡胶制品中锌的测定

【任务描述】

测定食品用橡胶制品中的锌是否满足国家技术标准的要求，进而评价产品的质量。

【学习目标】

1. 素质目标：具备实验室安全意识、“质量第一”的责任意识、团队合作意识、环保意识、良好的实验习惯及职业素养、严谨的思维方法、实事求是的工作作风。

2. 知识目标：掌握食品用橡胶制品中锌测定的原理。

3. 能力目标：能规范使用真空干燥箱、电子分析天平等分析仪器，能准确书写数据记录和检验报告。

【任务书】

任务要求： 解读 GB/T 5009.64《食品用橡胶垫片（圈）卫生标准的分析方法》。

一、方法提要

锌离子在酸性条件下与亚铁氰化钾作用生成亚铁氰化锌，产生浑浊，与标准浊度比较定量。最低检出限为2.5mg/L。

二、仪器与试剂

1. 仪器、材料

（1）分析天平：准确度±0.0001g；

（2）比色管：25mL；

（3）容量瓶：100mL、1000mL；

（4）移液管：10mL。

2. 试剂及溶液

（1）5g/L亚铁氰化钾溶液。

（2）200g/L亚硫酸钠溶液：临用时新配。

（3）盐酸（1+1）。

（4）100g/L氯化铵溶液。

（5）100.00μg/mL锌标准储备溶液：准确称取0.1000g锌，加入4mL盐酸（1+1），溶解后移入1000mL容量瓶中，加水稀释至刻度。

（6）10.00μg/mL锌标准使用液：准确移取10.00mL锌标准储备溶液，置于100mL容量瓶中，加水稀释至刻度。

三、测定过程

吸取2.00mL 4%乙酸浸泡液，置于25mL比色管中，加水至10mL。

吸取0.00mL、0.50mL、1.00mL、2.00mL、3.00mL、4.00mL锌标准使用液（相当于0.00μg、5.00μg、10.00μg、20.00μg、30.00μg、40.00μg锌），分别置于25mL比色管中，各加入2mL 4%乙酸，再各加水至10mL。于试样及标准比色管中各加入1mL盐酸（1+1）、10mL 100g/L氯化铵溶液、0.1mL 200g/L亚硫酸钠溶液，摇匀，放置5min后，向各比色管中加入0.5mL 5g/L亚铁氰化钾溶液，加水至25mL，混匀。放置5min后，目视比较浊度定量。

四、数据记录

项目	1	2	3
相对极差/%			

五、数据处理

样品锌含量：目视比较法测定浊度。

【制订实施方案】

步骤	实施方案内容	任务分工
1		
2		
3		
4		
5		
6		
7		

【确定方案】

1. 分组讨论食品用橡胶制品中锌的测定过程，并分组派代表阐述流程；
2. 师生共同讨论，选出最佳方案。

【实施方案】

1. 领取仪器并检查仪器是否完好；
2. 领取试剂并配制溶液；
3. 按照最佳方案完成任务；
4. 数据记录并处理。

【考核评价】

见 32 页综合评价表。

阅读材料

愿以身许国的核物理学家——王淦昌

王淦昌，中国科学院资深院士，我国著名的核物理学家，“两弹一星功勋奖章”获得者。他一生致力于科学研究上的求新与创造，他的名字始终和科学上的重大发现紧紧联系在一起：探测中微子、宇宙线研究、发现反西格玛负超子、两弹突破、大型X光机、惯性约束聚变……

1925 年，王淦昌考进清华学校，在物理系学习。就读清华期间，他亲眼看到了西方列强对中国的凌辱和当时政府的软弱无能，这逐渐使这位热血青年成熟起来。承蒙老师启迪：“归根到底是因为我们国家太落后了，如果我们像历史上汉朝、唐朝那样先进、那样强大，谁敢欺侮我们呢？要想我们的国家强盛，必须发展科技教育，我们重任在肩啊！”师言醍醐灌顶。1930 年，王淦昌考取了德国柏林大学，继续研究生学习，师从著名核物理学家莱斯·梅特纳。他是这位女科学家唯一的中国学生。1934 年春，在苦学 4 年取得博士学位后，他毅然决定回国。有教授想挽留他，“中国那么落后，你回去是没有前途的”“要知道科学是没有国界的”他坚定地说，“科学虽然没有国界，但科学家是有祖国的！我出来留学就是为了更好地报效我的祖国，中国目前是落后，但她会强盛起来的。”

如果说，淡泊名利的王淦昌让一代又一代的科学家懂得勿忘初心，那他 50 多年前掷地有声的一句话，“我愿以身许国”，足以气壮山河。

1959 年，苏联背信弃义撕毁了援助中国建设原子能工业的协定，企图把我国原子能事业扼杀在摇篮里。党中央决定自力更生建设核工业。

1961 年 4 月 1 日，从苏联回国不久的王淦昌精神抖擞地奉命来到主管原子能工业的第二机械工业部办公大楼，原来他接到了第二机械工业部的一纸通知：刘杰约他即刻见面。在办公室，刘杰与钱三强向王淦昌传达了中央的重要决定：希望他参加中国的核武器研究，并要他放弃自己的研究方向，改作他不熟悉但是国家迫切需要的应用性研究，最后问他是否愿意改名。王淦昌毫无迟疑，当即写下了“王京”两个字，并掷地有声地说：“我愿以身许国！”这句脱口而出的话，是从他心里迸发出来的，这句话不是什么豪言壮语，它意味着，在以后的若干年中，不能在世界学术领域抛头露面，不能交流学术成果，不能获得最前沿的科技信息，不能按照自己的兴趣进行科学探索，更不能实现自己成为世界顶尖科学家、摘取诺贝尔奖的梦想。

从此以后，王淦昌毅然放弃了自己得心应手的物理学基础研究工作，全心全意投入到一个全新的领域秘密研制核武器，开始负责物理实验方面的工作，在中国科学界隐姓埋名整整“失踪”了 17 年。

多年后，说起当时毫不犹豫的决定，王淦昌说：“我认为国家的强盛才是我真正的追求，那正是我报效国家的时候。”

附　录

常见的指示剂

酸碱指示剂

名　　称	变色范围(pH)	颜色变化	配制方法
甲基橙	3.1～4.4	红～黄	1g/L 水溶液
溴酚蓝	3.0～4.6	黄～紫	0.4g/L 乙醇溶液
溴甲酚绿	3.8～5.4	黄～蓝	1g/L 乙醇溶液
甲基红	4.4～6.2	红～黄	1g/L 乙醇溶液
溴甲酚紫	5.2～6.8	黄～紫	1g/L 乙醇溶液
溴百里酚蓝	6.0～7.6	黄～蓝	1g/L50%乙醇溶液
酚酞	8.2～10.0	无～红	10g/L 乙醇溶液

酸碱混合指示剂

名称	变色点(pH)	颜色		配制方法
		酸色	碱色	
溴甲酚绿-甲基红	5.1	酒红	绿	3 份 1g/L 溴甲酚绿乙醇溶液 1 份 2g/L 甲基红乙醇溶液
甲基红-亚甲基蓝	5.4	红紫	绿	2 份 1g/L 甲基红乙醇溶液 1 份 1g/L 亚甲基蓝乙醇溶液
溴甲酚紫-溴百里酚蓝	6.7	黄	蓝紫	1 份 1g/L 溴甲酚紫钠盐水溶液 1 份 1g/L 溴百里酚蓝钠盐水溶液
溴百里酚蓝-酚红	7.5	黄	紫	1 份 1g/L 溴百里酚蓝钠盐水溶液 1 份 1g/L 酚红钠盐水溶液

金属指示剂

名　　称	颜色		配制方法
	化合态	游离态	
铬黑 T(EBT)	红	蓝	1. 称取 0.50g 铬黑 T 和 2.0g 盐酸羟胺，溶于乙醇，用乙醇稀释至 100mL，使用前制备(加入三乙醇胺)； 2. 将 1.0g 铬黑 T 与 100.0gNaCl 研细，混匀
磺基水杨酸	红	无	10g/L 水溶液
PNA	红	黄	2g/L 乙醇溶液
K-B 指示剂	红	蓝	0.50g 酸性铬蓝 K 中加入 1.250g 萘酚绿，再加入 25.0gK_2SO_4 研细，混匀
Cu-PAN(CuY+PAN)	Cu-PAN 红	CuY-PAN 浅绿	0.05mol/LCu^{2+}溶液 10mL 中，加入 pH=5～6 的 HAc 缓冲溶液 5mL、1 滴 PAN 指示剂，加热至 60℃左右，用 EDTA 滴至绿色，得到约 0.025mol/L 的 CuY 溶液。使用时取 2～3mL 置于试液中，再加数滴 PAN 溶液

氧化还原指示剂

名　　称	变色点 电压伏	颜色		配制方法
		氧化态	还原态	
二苯胺磺酸钠	0.85	紫	无	5g/L 水溶液

续表

氧化还原指示剂				
名　　称	变色点 电压伏	颜色		配制方法
		氧化态	还原态	
邻菲罗啉-Fe(Ⅱ)	1.06	淡蓝	红	将 0.5g$FeSO_4 \cdot 7H_2O$溶于100mL 水中,加入2滴硫酸,再加入0.5g邻菲罗啉
淀粉				1g 可溶性淀粉中加入少许水调成糊状,在搅拌下注入100mL 沸水中,微沸 2min,放置,取上层清液使用(若要保持稳定,可在研磨淀粉时加入1mgHgI_2)

参考文献

[1] 中华人民共和国国家标准．食品卫生检验方法．理化部分．北京：中国标准出版社，2012.
[2] 周光理．食品分析与检验技术．北京：中国轻工业出版社，2020.
[3] 大连轻工业学院等八校．食品分析．北京：中国轻工业出版社，2002.
[4] 武汉大学化学系．仪器分析．北京：高等教育出版社，2001.
[5] 刘长春，等．食品检验工（高级）．2版．北京：机械工业出版社，2012.
[6] 中国食品添加剂和配料协会．食品添加剂手册．3版．北京：中国轻工业出版社，2012.
[7] 陈家华，等．现代食品分析新技术．北京：化学工业出版社，2004.
[8] 张意静．食品分析技术．北京：中国轻工业出版社，2001.
[9] 穆华荣．食品检验技术．北京：化学工业出版社，2005.
[10] 王晶，王林，黄晓蓉．食品安全快速检测技术．北京：化学工业出版社，2003.
[11] 黄晓钰，等．食品化学综合实验．北京：中国农业大学出版社，2002.
[12] 程华荣，于淑萍．食品分析．2版．北京：化学工业出版社，2009.
[13] 张英．食品理化与微生物检测实验．北京：中国轻工业出版社，2004.
[14] 朱克永．食品检测技术．北京：科学出版社，2004.
[15] 武汉大学．分析化学．4版．北京：高等教育出版社，2000.
[16] 金明琴．食品分析．北京：化学工业出版社，2008.
[17] 王一凡．食品检验综合技能实训．北京：化学工业出版社，2009.
[18] 刘杰．食品分析实验．北京：化学工业出版社，2009.
[19] 李京东．食品分析与检验技术．2版．北京：化学工业出版社，2016.
[20] 夏德强．样品采集与处理技术．北京：化学工业出版社，2015.